地方志災異資料叢刊

第二編

21

于春媚 賈貴榮 編

國家圖書館出版社

第二十一册目録

【民國】台州府志

喻長霖、柯驊威等纂修

民國二十五年(1936)鉛印本

台州府志卷一百三十二

大事略一

歷史於一朝大事俱載本紀而史公復撮舉漢興以來諸大事載於將相名臣年表中名曰大事記所以提其綱也方志大事則始見於吳郡圖經續紀然多關於遺聞軼事而非犖犖大者嘉定陳志於水旱寇變略繫於秩官表時代之下蓋隱用史公之例宏治謝志因之惟稍嫌簡漏康熙張志別自爲篇較爲詳贍近世諸志於時政兵事祥異或編爲表或彙爲記標以大事尤爲有法今用其意別爲之略至於郡縣廢置名稱變遷其已詳於沿革表者則不復贅及焉

周顯王四十六年（史記集解）楚威王大敗越殺王無彊盡取故吳地至浙江北越以此散諸族子爭立或爲王或爲君濱於江南海上（史記越世家）

今台州臨海縣是也（史記正義）

漢章帝元和二年久雨害稼（臨海舊志）

順帝陽嘉元年二月海賊曾旌攻東部都尉詔緣海縣各屯兵戍（後漢書順帝紀）

先是永建六年十二月壬申客星芒氣長二尺餘西南指色蒼白在牽牛六度客星芒氣白

上海游民習勤所承印

爲兵豢牛爲吳越後一年會稽曾於等千餘人燒句章殺長吏又殺鄞鄮長取官兵拘殺吏民攻東部都尉續漢天文志東部都尉是時治章安三國志虞翻傳注

吳大帝黃龍三年十月會稽南始平言嘉禾生宋書符瑞志

南始平今天台也

赤烏三年大疫臨海舊志

□□年靈龜出章安宋書符瑞志

十二年八月癸丑白鳩見於章安三國志吳主傳注引吳錄

太元二年廢齊王孫奮爲庶人徙章安孫奮傳

奮字子揚權第五子以殺傳相謝慈坐廢孫奮傳

會稽王太平三年秋七月封故齊王奮爲章安侯三國志吳主傳

烏程侯元興元年封故僕射屈晃子緒爲東陽亭侯孫和傳注引吳歷

詳忠義屈晃傳

建衡二年誅章安侯奮及其五子國除孫奮傳

孫皓左夫人王氏卒皓哀念過甚朝夕哭臨數月不出由是民間或謂皓死訛言奮與上虞侯奉當有立者奮母仲姬墓在豫章豫章太守張俊疑其或然掃除墳塋皓聞之車裂俊夷三族誅奮及其五子國除孫奮傳

鳳皇三年臨海太守奚熙非論國政遣三都督何植收熙熙發兵自衛部曲殺熙送建業夷三族三國主傳

會稽妖言章安侯奮當爲天子臨海太守奚熙與會稽太守郭誕書非論國政誕但白熙書不白妖言送付建安作船遣三都督何植收熙熙發兵自衛斷絕海道熙部曲殺熙送首建業夷三族三國主傳江表傳曰皓左夫人死皓哀愍思念葬於苑中已葬之後皓治喪於內半年不出國人見葬太奢麗皆謂皓已死所葬者是也皓舅子何都顏狀似皓云都代立臨海太守奚熙信僞言舉兵欲還誅都都叔父植時爲備海督擊殺熙夷三族裴注

連歲不稼秀而不實晉臨海志臨海得毛人劉敬叔異苑

晉武帝泰始元年冬十二月丁卯封皇弟鑒爲樂安王晉書武帝紀

鑒字大明初封臨泗亭侯武帝踐阼封樂安王永康七年薨子殤王籍立薨無子齊王冏以

上海游民習勤所承印

子沭紹纂後 晉書文六王傳

晉樂安今仙居縣 浙江通志

二年封侯史光爲臨海侯 晉書本傳

史光字孝明東萊掖人咸熙初爲洛陽典農中郎將泰始初拜散騎常侍兼侍中 本傳 二年正月遣持節四方循省風俗除禨祝之不在祀典者 武帝紀 及還奏事稱旨轉城門校尉進爵臨海侯 本傳

吳烏程侯天璽元年得石樹 宋書符瑞志

郡吏伍曜在海水際得石樹高三尺餘枝莖紫色詰屈傾靡有光采山海經所載玉碧樹之類也 符瑞志

晉武帝咸寧三年秋八月癸亥立皇子瑋爲始平王 武帝紀

瑋字彥度武帝第五子初封始平王太康末徙封於楚 本傳

晉始平今天台縣 浙江通志

惠帝元康元年封裴楷爲臨海侯食邑二千戶 晉書本傳

楷字叔則聞喜人累官太子少師本傳永平元年三月誅太傅楊駿惠帝紀楷以姻親坐去官太保衛瓘太宰汝南王亮稱楷貞正不阿宜蒙爵土乃封臨海侯食邑二千戶本傳

元帝時封惠帝女爲臨海公主惠羊后傳

臨海公主先封淸河洛陽之亂爲人所略傳賣吳興錢溫溫以送女女遇主酷元帝鎭建鄴主訴縣自言元帝誅溫及女改封臨海宗正曹統尙之羊后傳

成帝咸和二年十一月歷陽太守蘇峻反三年六月峻將韓晃攻宣城成帝紀臨海諸山縣並反應賊揚州刺史王舒分兵悉討平之王舒傳

賊將韓晃既破宣城轉入故鄣長城是時臨海新安諸山縣並反應賊舒分兵討平之王舒傳

三年六月辛卯大雷破郡府內小屋柱十枚殺人五行志

穆帝永和五年二月癸丑太守藍田述言郡界木連理宋書符瑞志

海西太和六年六月郡大水稻稼蕩沒黎庶饑饉晉書五行志

安帝隆安三年十一月甲寅妖賊孫恩陷會稽安帝紀臨海周冑等殺長吏應之孫恩傳太守新蔡王崇委官逃遁衞將軍謝琰輔國將軍劉牢之逆擊走之安帝紀

恩字靈秀琅邪人世奉五斗米道叔父泰師事杜子恭傳祕術孝武帝謂其知養性之方累官新安太守私集徒衆會稽內史謝輶發其謀會稽王道子誅之恩聚合亡命得百餘人攻上虞殺縣令襲會稽害內史王凝之有衆數萬於是會稽謝鍼吳郡陸瓌吳興丘尫義興許允之臨海周胄永嘉張永及東陽新安等凡八郡俱起殺長吏應之衆數十萬自號征東將軍號其黨曰長生人朝廷遣謝琰劉牢之討之恩逃海朝廷以琰為會稽內史率徐州文武戍海浦（孫恩傳）

四年四月孫恩寇浹口五月己卯會稽內史謝琰為恩所敗死之恩轉寇臨海（安帝紀）

恩復入餘姚破上虞進至邢浦琰遣參軍劉宣之距破之恩縮少日復寇邢浦害謝琰朝廷大震遣將軍桓不才孫無終高雅之擊之恩復還於海於是復遣牢之東屯會稽吳國內史袁山松築扈瀆壘緣海備恩（孫恩傳）

五年十一月下邳太守劉裕破孫恩恩自浹口奔臨海（宋書武帝紀）

恩復入浹口雅之敗績牢之進擊恩復還於海轉寇扈瀆害袁山松仍浮海向京口牢之率衆西擊未達而恩已至劉裕乃總兵緣海距之及戰恩衆大敗北寇廣陵陷之浮海而北劉

裕與劉敬宣并軍躡之於郁洲累戰恩復大敗沿海還南裕又截復大破恩於扈瀆（孫恩傳）及海鹽又破之三戰並大獲俘馘以萬數恩自是饑饉疾疫死者大半自浹口奔臨海（宋武帝紀）

元興元年三月臨海太守辛景擊孫恩斬之（安帝紀）桓玄用事恩復寇臨海太守辛景討破之恩窮戚乃赴海自沈妖黨及妓妾謂之水仙投水從死者百數餘（孫恩傳）

人衆餓死（宋書天文志）

孫恩寇臨海人衆餓死戶口殆盡（晉書天文志）富室皆衣羅紈懷金玉閉門相守餓死（通鑑）

孫恩餘衆推盧循爲主五月桓玄遣劉裕征之（宋武帝紀）裕將虞丘進於臨海石步固與循相守二十餘日（虞丘進傳）循自臨海入東陽（宋武帝紀）

循司空從事中郎湛之曾孫娶孫恩妹恩作亂與循通謀恩亡餘衆推爲主後攻交州爲刺史杜慧度所敗投水死（盧循傳）

宋明帝泰始二年封蔡興宗樂安縣伯（宋書本傳）

興宗考城人累遷尚書右僕射領衛尉又領兗州大中正封始昌縣伯固辭不許封樂安縣

伯邑三百戶國秩吏力終以不受宋書本傳

宋樂安今仙居縣浙江通志

五年臨海賊帥田流自稱東海王剽掠臨鹽殺鄞令東土大震通鑑

臨海亡命田流自號東海王逃竄會稽鄞縣邊海山谷中立屯營分布要害官軍不能討叅始五年帝遣直後聞人襲說降之授流龍驤將軍流受命將黨與出行途海鹽放兵大掠而反是冬殺鄞令耿猷東土大震南齊書周山圖傳

六年命龍驤將軍周山圖討田流平之通鑑

山圖東屯浹口廣設購募流爲其副暨挈所殺別帥杜連海濟生各擁衆自守至明年山圖分兵掩討皆平之山圖傳

孝武帝大明五年閏九月壬寅改封歷陽王子頊爲臨海王宋書孝武帝紀

子頊字孝列孝武帝第七子大明四年年五歲封歷陽王食邑二千戶仍爲冠軍將軍吳興太守五年改封臨海王戶邑如先孝武十四王傳

齊高帝建元元年封鎮西司馬崔慧景爲樂安縣子南齊書本傳

慧景字君山武城人太祖受禪封樂安縣子三百戶（本傳）

齊樂安今仙居縣（浙江通志）

□□年封高帝女爲臨海公主王彬尚之（南史王綸之傳）

彬字思文齊武帝起爲宮彬獻賦文辭典麗尚齊高帝女臨海長公主拜駙馬都尉（王綸之傳）

武帝永明十一年七月鬱林王即位十一月辛亥封曲江公昭秀爲臨海王（南齊書鬱林王紀）

昭秀字懷尚文惠太子第三子永明中封曲江公十年爲濟陽太守鬱林即位封臨海郡王

王二千戶明帝建武二年改封巴陵王（南齊書文二王傳）

梁武帝天監五年四月始豐縣獲八目龜一（梁書武帝紀）

梁敬帝太平元年春正月己亥東揚州刺史張彪圍臨海太守王懷振懷振於剡巖二月庚戌遣

周文育陳蒨討之（梁書敬帝紀）

彪圍懷振懷振遣使求救陳世祖與周文育輕兵往會稽以掩彪後彪將沈泰開門納世祖

世祖盡收其部曲家累彪至又破走若邪村民斬彪傳其首（陳書世祖紀）

是年盜劫臨郡庾持劉澄討平之（陳書庾持傳）

上海游民習勤所承印

陳世祖剋張彪鎮會稽令持監臨海郡以貪縱失民和爲山盜所劫幽執十旬陳世祖遣劉澄討平之持乃獲免（虞持傳）

陳文帝天嘉四年十二月詔護軍將軍章昭達進軍建安以討陳寶應信威將軍益州刺史余孝頃督會稽東陽臨海永嘉諸軍自東道會之（陳書世祖紀）

陳寶應納周迪復共寇臨川（陳書章昭達傳）章昭達於東興南城破迪世祖因命昭達都督衆軍由建安南道渡嶺又命余孝頃都督會稽東陽臨海永嘉諸軍與假節宣猛將軍前監臨海郡陳思慶等自東道會之昭達踰東興嶺頓於建安孝頃又自臨海道襲於晉安寶應據建安之湖際逆拒王師水陸爲柵昭達深溝高壘不與戰但命軍士伐木爲簰俄而水盛乘流放之突其水柵仍水步薄之寶應衆潰身奔山草間窘而就執送都斬之（陳書陳寶應傳）

廢帝光大二年十一月甲寅太后廢帝爲臨海王（陳書廢帝紀）帝仁弱無人君器世祖每慮不堪繼業既居冢嫡廢立事重是以依違積載及疾將大漸召高宗詔曰吾欲遵太伯之事高宗初未達旨後寤乃拜伏涕泣固辭其後宣太后依詔廢帝（本紀）子至澤大建元年襲封臨海嗣王（陳書世祖王皇后傳）

宣帝太建元年改封東興縣侯婁忌爲樂安縣侯（陳書婁忌傳）

忌字無畏開喜人天嘉五年封東興縣侯邑六百戶至是授東陽太守改封樂安縣侯邑一千戶（本傳）

陳樂安令仙居（浙江通志）

後主至德四年立皇弟叔顯爲臨海王（陳書高宗二十九王傳）

叔顯字季明高宗第三十子（二十九王傳）

隋文帝開皇十年十一月婺州人汪文進會稽人高智慧等皆舉兵反自稱天子署置百官樂安蔡道人饒州吳世華等皆自稱大都督攻陷州縣詔上柱國內史令越國公楊素討平之（隋書高祖紀）

素將李景擊智慧於蒼嶺（李景傳）張奫破世華於臨海（張奫傳）

浙江賊帥高智慧自號東揚州刺史船艦千艘屯據要害楊素擊平之智慧逃入海賊帥汪文進自稱天子據東陽署其徒蔡道人爲司空守樂安楊進討悉平之又破永嘉賊帥沈孝徹於是步道向天台指臨海郡逐捕遺逃寇前後百餘戰智慧遁守閩越（楊素傳）

恭帝義寧二年沈法興據毗陵以臨海縣置海州（元和郡縣志）

上海游民習勤所承印

或云是年陷臨海康熙志恐非詳攷異

唐高祖武德三年沈法興爲李子通所併四年討平李子通於臨海縣置海州元和郡縣志

或云杜伏威討子通曾至臨海舊城爲伏威所築廣志釋恐非詳攷異

五年改海州爲台州六年輔公祏叛州陷七年平公祏仍置台州元和郡縣志

公祏遣將徐紹宗侵海州輔公祏傳或以紹宗所侵之海州卽台州恐非詳考異

高宗咸亨五年以新羅王法敏弟右驍衛員外大將軍臨海郡公仁問爲新羅王新唐書東夷傳

時法敏納高麗叛衆略百濟地守之帝怒詔削官爵以其弟仁問爲新羅王自京師歸國東夷傳

永昌□年五月得連理木於海中嘉定志

里人馮羲得於海中凡三株一高一尺五寸連理者九枝一高一尺四寸連理者五十枝一高七寸五分連理者七十枝其年郡司馬孟詵表進云中有白石抑之聲甚清皮日休送從勉游天台詩亦有行過石樹凍無烟之句注云滑山有石連理木滑山今赤城山也嘉定志

元宗開元中大蛇與鯉鬬廣異記

天寶元年樂安李生蒜（萬曆仙居志）

舊傳天寶中此州李木生一枚呼爲蒜蒜俄而祿山叛乃先兆也（嘉定志）

三載二月海賊吳令光等抄掠台明命河南尹裴敦復將兵討之（通鑑）

二月丁丑河南尹裴敦復晉陵太守劉同昇南海太守劉巨鱗討吳令光閏月令光伏誅（新唐書元宗紀）

肅宗寶應元年（四月代宗即位）八月辛未台州人袁晁反（新代宗紀）陷台州遂陷浙東州縣（舊代宗紀）改元寶勝以建丑爲正月（新李光弼傳）十二月甲戌李光弼遣兵擊晁於衢州破之（通鑑）

晁本鞭背吏擒賊有負粟其類以反（新韓滉傳）殘剽州縣（新李光弼傳）民疲於賦斂者多歸之（通鑑）九月癸卯陷信州十月乙卯陷溫明二州十二月甲戌光弼遣麾下破其衆於衢州（新李光弼傳）

代宗廣德元年三月丁未袁傪破袁晁之衆於浙東四月庚辰李光弼奏生擒袁晁浙東州縣盡平（舊本紀）

晁連結郡縣積衆二十萬盡有浙江之地御史中丞袁傪東討奏王栖曜與李長爲偏將聯

上海游民習勤所承印

日十餘戰生擒晁收復郡邑十六（新唐書王栖曜傳）擒僞公卿數十人州縣大具桎梏請必生致闕下袁傪曰此惡百姓何足煩人乃笞將遂之（國史補）授栖曜常州別駕浙西都知兵馬使（新唐書王栖曜傳）

李光弼部將張伯儀討平晁功第一擢睦州刺史（新唐書張伯儀傳）左衛率李自良從討晁積閥至試殿中監（新唐書李自良傳）左武衛中郎將柏良器以部兵隸浙西擒平晁（新唐書柏良器傳）

（劉長卿和袁郎中破賊後軍行過剡中山水謹上太尉（即李光弼）詩剡路除荊棘王師罷鼓鼙農歸滄海畔圍解赤城西赦罷陽春發收兵太白低遠峯來馬首橫吹入猿啼蘭渚催新幄桃源識故蹊已聞開閣待誰許臥東溪（天台集）按詩題[illegible][illegible]袁郎中即袁傪也）

二年十一月癸丑袁晁伏誅給復溫台明三州一年（新唐書本紀）

大曆四年黃巖大旱（新唐書五行志）

偏將勿鷹逐斬於杭之大滌洞既雨因謠紿以歸（新唐書五行志）

德宗貞元十四年十二月壬寅明州將栗鍠殺其刺史盧雲以反（新唐書本紀）十五年二月庚辰浙東觀察使裴肅擒栗鍠於台州斬之（通鑑）

鍠誘山越爲亂陷浙東郡縣肅召州兵討平之（舊唐書裴休傳）擒鍠以獻斬於獨柳樹（舊唐書德宗紀）肅河南濟源人帥台州兵討平山賊因紀其事號平戎記上之德宗嘉賞焉（舊唐書裴休傳）

憲宗元和十二年六月水害稼（新五行志）

五色雲見於州（嘉定志）柳宗元爲郎中丞浙東奏五色雲狀右臣得管內台州奏乃日五色雲見者一州官吏僧道耆老悉皆瞻睹已具奏聞非其驗事據者伏以慶雲上瑞王者嘉符煥彩彰之在天知聖德之昭感伏惟陛下化孚有截道洽無垠承天地之貞明順陰陽之和氣紛紛郁郁自東而祖西若煙非煙一旬兩再至欽符古籍事舉前聞伏乞宣付史官以昭簡冊（河東集）

穆宗長慶二年蝗（新五行志）

文宗開成四年饑（新五行志）

五年夏疫（新五行志）

武宗會昌五年旱（康熙志）

宣宗大中十三年（八月懿宗即位）冬十二月浙東賊帥裘甫攻陷象山進逼剡縣觀察使鄭祗德遣討擊副使劉勍副將范居植將兵三百合台州軍共討之（通鑑）

裘甫攻陷象山官軍屢敗明州城門晝閉進逼剡縣有衆百人浙東騷動（通鑑）鄭祗德遣兵討之（綱目）

懿宗咸通元年春正月乙卯浙東軍與裘甫戰於桐柏觀前（胡注桐柏觀在台州唐興縣天台山）范居植死劉勍

上海游民習勤所承印

僅以身免乙丑陷剡縣三月遣兵掠台州破唐興又自將萬餘人抵寧海殺其令通鑑陳仲道嘉定志而據之通鑑

正月乙丑甫帥其徒千餘人陷剡縣越州大恐鄭祗德遣其將沈君縱副將張公署望海鎮將李珪將新卒五百擊甫二月辛卯戰於剡西官軍大敗三將皆死於是山海諸盜及它道無賴亡命之徒四面雲集衆至三萬分為三十二隊其小帥有謀略者推劉暀勇力推劉慶劉從簡甫自稱天下都知兵馬使改元羅平鑄印曰天平三月遣兵掠台州破唐興己巳甫自將萬餘人掠上虞癸酉入餘姚東破慈溪入奉化抵寧海殺其令而據之分兵圍象山通鑑

三月以前安南都護王式為浙江觀察使發忠武義成淮南諸道兵授之四月拔唐興五月克寧海六月擒裘甫械送京師通鑑

朝廷知祗德懦怯以式為觀察使四月式至西陵甫遣使請降乙未式入越州通鑑閱賊用騎兵乃閱所部得吐番回鶻遷隸數百發龍陂監牧馬用之新王式傳閱諸營見卒及土團子弟得四千人使導諸軍分路討賊命宣歙將白琮浙西將凌茂貞帥本軍北來將韓宗政等帥土團合千人石宗本帥騎兵為前鋒自上虞趨奉化解象山之圍號東路軍又以義成將白宗

建忠武（武字據胡注補）將遊召楚淮南將萬璘帥本軍與台州唐興軍合號南路軍癸卯南路軍拔賊沃洲寨甲辰拔新昌寨破賊將毛應天進拔唐興五月辛亥東路軍破賊將孫馬騎於寧海戊午南路軍大破賊將劉暉毛應天於唐興南谷斬應天先是式以兵少奏更發忠武義成軍及昭義軍詔從之三道兵至越州式命忠武將張茵將三百人屯唐興斷賊南出之道義成將高羅銳將三百人益以台州土兵徑趨寧海攻賊巢穴昭義將跌跌戣將四百人益東路軍斷賊入明州之道庚申南路軍大破賊於海游鎮（胡注在寧海南九十里）賊入甬溪洞（胡注在寧海西南百餘里與唐興縣界又西則梢溪產鐵）戊辰官軍屯於洞口賊出洞戰又破之己巳高羅銳襲賊別帥劉平天寨破之自是諸軍與賊十九戰賊連敗高羅銳克寧海收其逃散之民得七千餘人式曰賊窘且饑必逃入海入海則歲月間未可擒也命羅銳軍海口以拒之（胡注海口在寧海東北四十餘里今案嘉定志作在縣北五十里）又命望海鎮將雲思益浙西將王克容將水軍巡海澨思益等遇賊將劉從簡於寧海東賊不虞水軍遽至皆棄船走山谷得其船十七盡焚之式曰賊無所逃矣惟黃罕嶺可入剡（胡注黃罕嶺在奉化縣西北剡縣之東其路深險度黃罕嶺則平川四十里至剡今案嘉定志作王愛山在寧海縣西六十里與天台分界裘甫從此山道去今父老猶能言之通鑑作黃罕嶺誤）恨無兵守之雖然亦成擒矣甫既失寧海乃率其徒屯南陳館下（胡注南陳館在寧海西南

六十餘里衆尚萬餘人辛未東路軍破賊將孫馬騎於上䣕邨胡注上䣕邨在寧海西北四十餘里今謂之上𥻳山今按嘉定志作縣西北七十里賊將王皋懼請降戊寅東路軍大破甫於南陳館斬首數千級賊委棄繒帛盈路以緩追者趹跌袋令士卒敢顧者斬毋敢犯者賊果自黃罕嶺遁去六月甲申復入剡諸軍失甫不知所在義成將張茵在唐興獲俘將苦之俘曰賊入剡矣苟舍我我請爲軍導從之茵後甫一日至剡壁其東南式趣東南兩路軍會於剡辛卯圍之庚子夜甫及劉暀劉慶從百餘人出降遙與諸將語離城數十步官軍趣斷其後遂擒之壬寅甫等至越州式腰斬暀慶等二十餘人械甫送京師八月斬於東市通鑑

賊黨劉從簡突圍走七月台州刺史李師望募得其首獻之通鑑浙東郡縣皆平舊懿宗紀時剡城猶未下諸將已擒甫不復設備劉從簡帥壯士五百突圍走諸將追至大蘭山胡注今明州奉化縣西北有大蘭山從簡據險自守七月丁巳諸將共攻克之台州刺史李師望募賊相捕斬之以自贖所降數百人得從簡首獻之胡注大蘭既破從簡走入台州界方爲其黨所殺通鑑

僖宗乾符四年二月通鑑浙西突陳將王郢新僖宗紀攻台州陷之刺史王葆退守唐興通鑑閏二月郢衆降郢走明州敗死綱目

浙西狼山鎮將遏使王郢等六十九人有戰功節度使趙隱賞以職名而不給衣糧郢等論訴不獲遂刦庫兵作亂(通鑑)乾符二年四月(新僖宗紀)聚黨萬衆燒刦蘇常(程匡柔唐補紀)入海轉掠二浙南及福建大爲人患(通鑑)三年七月鎮海軍節度使裴璩戰敗之(新僖宗紀)郢因溫州刺史魯寔請降寔爲論奏勑郢詣闕郢擁兵遷延半年不至固求望海鎮使朝廷不許以郢爲右率府率其先所掠之財並令給與四年正月郢誘寔入舟中執之將士從寔者皆奔潰朝廷聞之以右龍武大將軍宋皓爲江南諸道招討使徵兵萬五千餘人受皓節度二月郢攻陷望海鎮掠明州又攻台州陷之刺史王葆退守唐興詔二浙福建各出舟師討之裴璩嚴兵設備不與戰密招其黨朱實降之散其徒六七千人勑以實爲金吾將軍於是郢黨離散餘衆至明州(通鑑)埇橋鎮遏使劉巨容以筒箭射郢死(新劉巨容傳)餘黨皆平(通鑑)

中和元年九月臨海賊杜雄(新僖宗紀)劉文(吳越備史)陷台州(新僖宗紀)害刺史羅虬(吳越備史)

雄字昌符(谷湘撰墓碑)台州楊梅鎮人初與其黨劉文俱爲草寇文以雄爲副害刺史羅虬(吳越備史)

二年劉文自爲刺史三年以杜雄爲刺史(嘉定志)

劉文與杜雄同攻越爲劉漢宏所敗降之漢宏以文知明州(九國志)文爲楊僎所敗其黨杜宗

自寧海率鄉民據泰化平嘉鎮將黃晟以所部擊之執杜宗等不殺盡驅還台州獲其粟帛悉歸於本道（備史）初文既改刺明州因以雄刺台州加御史大夫明年兼大司憲轉左貂錫以竹使符（杜雄鼓碑）實則文自使守郡後方因本道界之郡符耳（嘉定志）

四年饑疫（五燈元會）

光啓二年冬十月丙辰杭州刺史董昌攻越州浙東觀察使劉漢宏奔於台州十二月丙午台州刺史杜雄執漢宏降於董昌昌自稱浙東觀察使（新僖宗紀）三年（嘉定志）奏授雄爲德化軍使（吳越備史）

中和二年漢宏遣弟漢宥攻杭州爲董昌所敗昌復使錢鏐屢敗之光啓二年鏐率諸將攻越漢宏率麾下六百人走台州鏐斬其母妻於市（新劉漢宏傳）杜雄使偏將方師立縶漢宏於驛亭北叢皆醉遂執漢宏歸越董昌奏授雄爲德化軍使（吳越備史）三年加雄工部尚書秋遷刑部尚書昭宗嗣位嘉其威武謂執政曰資宇方擾獨海郡有武不用豈非以德行化乎因命以德化爲軍號文德元年加雄兵部攏紀初加右揆大順初加左揆乾寧二年加司空四年冬十一月卒（杜雄鼓碑）

昭宗乾寧四年十一月丙子錢鏐陷台州（新昭宗紀）

唐滕王元嬰子修珍封臨海公紀王慎子懸封樂安縣公（新唐書宗室世系表）桂州刺史孫成封樂安男（宰相世系表）寶德遠封樂安男（寶德元傳）

未詳何年封姑附於末

梁太祖開平元年封錢鏐為吳越王（新五代史吳越世家）台州屬焉（方輿考）

唐明宗天成四年秋七月台州大水請軍儲三十萬斛（吳越備史）

宋太宗太平興國三年吳越王錢俶舉族歸於京師國除（吳越世家）

隳台州城（嘉定志）

吳越歸版圖隳其城示不設備所存惟滄牆（嘉定志）

淳化二年八月丁卯朔詔兩浙諸州先是錢俶日募民掌榷酤酒醞壞吏猶督其課民無以償台州千一百四十四石並毀棄之勿復責其值（續通鑑長編）

□年寧海得瑞米郡以聞（嘉定志引會要）

淳化中出於寧海縣南二十五里地名九頃民應氏田中其稻生雙米郡以聞（會要）

真宗咸平元年永安縣王旺妻產三男（宋史五行志）

上海游民習勤所承印

六年大饑　康熙志

景德二年發州兵五千救福州　嘉定志

仁宗天聖元年漁人得異蝦中使吳仲華上聞詔賜名神蝦　嘉定志

漁人得之海中長三尺餘前二鉗二寸許末有紅鬚尺餘首如數升器若紿甚狀雙目十二足文如虎豹五彩皆具而狀魁梧尤異中使吳仲華給其象以聞詔賜名神蝦必殊有賦　嘉定志

明道元年二月壬子除明溫台三州海岩沙地民稅　續通鑑長編

康定元年溫台府巡檢軍士鄂陵等殺巡檢使張懷信迸掠數十州境　涑水紀聞

內殿溫台巡檢張懷信性苛虐號張列挈鄂陵等不勝怨忿殺之遂寇掠數十州境亡入古城泉州商人邵保以私財募人之古城取鄂陵等七人而歸梟首廣市慶曆三年正月廣南東路轉運司奏入乞旌賞詔補殿侍監南劍州酒稅　涑水紀聞

慶曆五年夏六月大水壞郛郭殺人數千漕使田瑜憲使王㚟來振之　蘇夢齡台州新城記

蘇夢齡紀略曰慶曆五年夏六月臨海郡大水壞城郭殺人數千官寺民室倉帑財積一朝掃地化爲塗泥後數日郡吏乃始得其遺骸於山谷間與死者相枕藉哭泣莫知其所措主計

田佚險阻之饑驚爲乘得而覆象饑而而纘之間其食則撫饑而見饑餅問其衣則豐纘而顛倒甚間其於則草芟而漸海爲備風寫於穢窮盜充於郊乃喟然曰茲不可以久生矣饑邑移文其鄉督繼用度以衣食之和更賑糶弼自安讌然遂民始知其可遭之禍且免以寧言狀朝廷將奪而發蠹以水不潤下之沴因以必復之責竊於外蠹故所饑亡不幾於時可憲王佚茇赤讀端而會端（赤城集）

六年秋七月庚寅戶部員外郎兼侍御史知雜事梅摯上言海水入台州殺人（續通鑑長編）時數有災異摯引洪範上變戒曰王省惟歲謂王總羣吏如歲四時有不順則省其職今日食於春地震於夏雨水於秋一歲而變及三時此天意以陛下省職未至而丁寧戒告也伊洛暴漲漂廬舍海水入台州殺人民浙江潰防黃河溢埽所謂水不潤下陛下宜責躬修德以迴上帝之佑陰不勝陽則災異衰止而盛德日起矣（宋台州梅摯傳）

至和元年大水城不沒者數尺（嘉定志）

嘉祐六年大水城復壞（嘉定志）

神宗熙寧二年五月州民延賞等九人年各百歲以上並授本州助教（宋史本紀）

元豐五年五月乙未詔除杭台等十州撲買場務積欠淨利過月錢三萬餘緡（續通鑑長編）從司農寺丞韓宗良請也（續通鑑長編）

哲宗元祐五年夏四月丙辰戶部言台發備銀坑興發乞逐州應管合發上供并無額官錢并就截應付買銀上京從之續通鑑長編

徽宗大觀二年秋七月大雨竟月萬歷天台志

政和元年九月辛巳詔以陳瓘送台州羈管續通鑑

詳寓賢傳

政和二年大水壞城溺死者無數康熙志

三年臨海陳公輔上舍釋褐及第宋史本傳

四年槐木連理宋史五行志

五年寧海有旱禾一稃二米凡三石進獻於朝寧海志

重和元年徽宗紀黃巖萬歲鄉民陳兆兒妻一產四子州以聞詔改萬歲鄉爲繁昌鄉嘉定志

宣和二年冬十月睦州清溪民方臘起爲亂仙居呂師囊合衆應之宋史童貫傳白塔寨巡檢郯進尉徐默成戰死之遂陷仙居城康熙志

師囊仙居十四都人家頗饒貲異謀久嘗出金以博惡少歡人有急稍爲排之名遂聞一時

呼爲呂信陵人莫測其奸也宣和二年睦州方臘亂師囊陰結之適以輸稅入城渡下石非見水中影隱隱有王者被服乃驚曰彼將輸稅我我猶輸稅人耶遂煽惑鄉民爲亂應婺亡命多應之衆至數萬餘鼓行而東白塔寨巡檢鄒進經尉徐默咸堵禦死之遂攻陷仙居城焚縣治勢及郡康熙仙居志

三年三月戊申呂師囊攻州城不克解圍去辛亥又圍州城不克解圍去四月戊辰攻州城紀事本末（此條據陳瀛新志轉錄檢宋史紀事本末無此文未悉是何紀事本末）戶曹滕膺擊敗之康熙志

詳名宦傳

五月仙居賊俞道安陷樂淸樂淸志

道安方臘之黨也陷樂淸將渡江巡檢陳莘往捕死之宋史丁仲修傳

總制姚平仲張思正帥師討呂師囊平之赤其族康熙志

姚平仲張思正駐兵仙居再築城嘉定志時有楊震弓馬絕倫從折可求討方臘追襲至黃巖獲賊將呂師囊進秩五等蕭智禮氏姓譜

是歲寇金七佛陷黃巖侵掠近境滕膺發兵敗之謝良齊賀氏二女傳

金七佛陷黃巖侵掠近境有二寇忽巫下而言曰我三山小娘巖之神肆來救汝汝慎勿東東鄉兵盛此北去無虞也寇東望旌旗滿山乃北時郡司戶滕膺正發兵伏其處寇被紲過伏敗滕膺屬雖從怨表賀氏二娥奏之朝賀氏二女傳

高宗建炎三年十二月庚子帝移幸溫台宋史高宗紀

十二月五日車駕至明州十五日登舟至定海十九日至昌國二十五日早得越州李鄴奏李正民乘桴記言金人分兵自諸暨趨嵊縣徑入明州乃議移舟之溫台以避之續通鑑

四年正月丙午帝次台州章安鎮高宗紀

先十二月二十六日啓行自是連日南風舟行雖穩而日僅數十里二十九日歲除四年正月朔大風從海中二日北風稍勁晚泊台州港中三日早至章安鎮駐舟乘桴記泊金鼇山下步入祥符寺寺僧悟講主見有衣戰袍者十六人中有貴領者坐頃之問寺僧有襍食否時方修歲儀乃取炊餅五枚以進食其三已又食其半悟講主復擷園蔬羹以盞蹤進之有旨取一內人乃借民間小竹輿乘之以來立語良久復令登舟晚遂復幸金鼇雲麓漫鈔先是有人題詩云牡蠣灘頭一艇橫夕陽多處待潮生與君不負登臨約同向金鼇背上行帝問誰題

僧對過客帝惡之方啜茶以其餘發於詩上（徐夢莘北盟會編）或云初帝在潛邸泰州人徐神翁能知前來事登聞言於徽宗召至以賓禮待之一日獻是詩及帝航海次章安鎮灘淺擱舟落帆於鎮之福濟寺以候潮顧問左右曰此何山曰金鼇山又問此何所曰牡蠣灘因默思神翁之詩乃屏去警蹕易衣徒步見此詩在寺壁間題墨若新方知其爲異人也（輟耕錄案金山志載徐元用約東坡遊金山詩云斷港灘頭一艇橫夕陽西下大江平與君不負生平約同上金鼇背上行與此詩大致相同宋丞[illegible]誤）先是帝遣權戶部員外郎李承邁往台州刷錢帛聞帝至乃與知台州晁公爲抗來從官迎拜於道左（揮麈三錄）司理何昌世亦民請從入城帝嘉勞再三輟御衣尺許賜曰朕南渡事力未辦獨汝能盡忠可執此爲照特改宣教郎除大理寺丞（萬姓統譜）山下有黃椒村村之婦女聞天子至咸來瞻拜龍顏歡聲如雷曰不圖今日得覩天日帝喜勅夫人各自遂便故至今邨婦皆呼夫人（輟耕錄）百官憂餒食缺會發運使宋煇自秀州金山村海船運米八萬斛錢帛十萬貫匹是日至（李心傳朝野雜記）知溫州盧知原亦繇海道轉粟及金綺十餘萬至台州召見稱獎擢右文殿修撰（宋史盧知原傳）是日得餘姚把隘官陳彥報敵兵至縣迎擊乃退帝心稍安（乘桴錄）丁未御史中丞趙鼎自明州還行在遂與從官六人同對舟次（繫年要略）蓋帝即以御舟所泊爲行在不復登陸也自是連日居

舟中（咸學標高宗幸台致）

錢武肅王鏐裔孫駙馬會稽郡王景臻之子榮國公忱侍秦魯國大長公主入覲帝大悅賜第台州由是錢武肅王鐵券藏於台州崇和門內美德坊（從宋積慶堂記參錢錄錄）

庚戌金人再犯明州張俊師敗於高橋遁回台州（繫年要錄）

正月西風起金人乘之復攻明州張俊與劉洪道坐城樓上遣兵掩擊殺傷大當金人奔北死於江者無數夜拔砦去屯餘姚且請濟師於兀朮後七日敵再至（宋史張俊傳）俊擊之於高橋戰數合（寶慶四明志）虜北益兵復來（中興小記）遂託以上旨召扈從八日（王趙秀航海記）引兵趨入台州（張俊傳）

丁巳張俊自台州赴行在（續通鑑）

俊隨趨行在意恐金人小舟濟師而來力不能拒十四日執□人一名至行在戮之（擇陳三錄）

辛酉帝發章安鎮（高宗紀）

戊午上元節夜大雷雨（錢克小歷）初未雨時有二航爲風飄近犯御舟問之乃販柑者帝悉買散禁衛令食瓤取皮爲椀貯油其中點燈隨潮放之風息波平如數萬點紅星浮滄海而居人皆登金鼇山望之既而大雷雨帝頗不懌（北盟會編）次日帝謂宰臣曰常聞其風前史以爲君弱

臣强四夷兵不制是夕破明州五行志夜又大雨雹電乘勝破定海以舟師來襲御舟張公裕
以大船擊退之高宗紀庚申劉洪道奏金人大至然尚未知明州已陷繫年要錄時統制官李偉屯
黄巖有旨候金人至台前來溫州帝以章安鎮不可居進發行五十六里有一小島林木茂
盛乃台州壽聖院之下院見壁間小榜云金人侵犯爲今上皇帝消災祈福帝大喜賜寺僧
金并紫衣仍令禮部賜額北盟會編壬戌雷雨又作高宗紀癸亥泊青隩門乘桴錄甲子泊溫州港口
高宗紀帝自初二月進台港十八日離章安鎮首尾計在台半月餘嘗登金鰲南望白楓山之
勝舉舟渡江遊清修寺清修治平三年所賜額也帝顧從臣索筆書清修風景千年在滄海
烟嵐一笑開之句會通紀更於僧房題二詩曰古寺青山春更妍長松修竹翠含烟汲泉擬欲
增茶具暫就僧房借榻眠久坐方知春晝長都中心地自清涼人人圓覺何曾覺但見塵勞
盡日忙四朝詩選
丁卯台州守臣晁公爲棄城遁高宗紀
三月辛酉御舟發溫州高宗紀乙丑次台州松門寨丙寅至港口凡五日始出台州境至定海縣
繫年要錄

上海游民習勤所承印

乙丑至松門寨是夕風順御舟與宰執以下諸船先後行不相見御舟過淺幾覆丙寅至港口乃迎見凡五日始出台州境 繫年要錄

紹興二年十月丙辰禁溫台二州民結集社會 高宗紀

十六年二龍鬬於黃巖斷江水中 乾隆黃巖志

十七年天台木連理 萬歷天台志 生於闡法寺楓楡其幹三分三合 天台志

十八年李椿年建行經界法 嘉定志 俾編戶實耕其產依土風水色認兩稅畝授帖其武藏之官於是州縣無隱田 嘉定志

五月癸未 高宗紀 保信軍節度使浙東副總管 李顯忠傳 李顯忠以私取故妻於金降爲平海軍承宣使台州居住 高宗紀

先是僉使詣言顯忠私遣過界詔令分析會顯忠上恢復之策於朝秦檜怒乃奏顯忠不遵稟聞止用申狀故落職除授平海軍承宣使提舉台州崇道觀本州居住 紹興通紀

二十年海寇犯章安鎭以徽猷閣待制蕭振知台州振請殿前水軍統制王交同捕 繫年要錄 克之

宋史蕭振傳

海寇朱聚犯台之林門寨寧安鎮勢益熾以蕭振知台州振請王交同捕具艦入海大敗賊一方以寧繫年要略

二十二年芝草生於天台縣圃嘉定志凡二一本是時臨海亦送雙蓮花雙蓮子郡守張昌作詩有熠熠朱草邇年秀的的丹蕖並蒂香之句嘉定志

二十四年自夏四月不雨至秋九月五穀無收人多流亡萬曆天台志

孝宗隆興元年六月癸亥參知國事汪澈能戊辰落資政殿學士台州居住孝宗紀以右諫議王大寶劾其督師荊襄不能節制坐視方城之敗故也續通鑑

是年甘露降於黃巖欒山孝子周彥通母墓松上乾隆黃巖志郡守陳巖肖紀以詩曰負土築新阡松楸手親栽結廬居墓旁孺慕感靈飆風雨猶益精誠時神動天帝三賀神澤箸霖露酒松栢覲見瑞露枝顆滄洲蓋聚初含紅日光凝顆金絲綴珠分隆密甘香飛芝瑞氣亭午若凝脂青絲聚千穗亦誠千里傳冠蓋日相隨（黃巖志）

二年春旱艱食宋史五行志五

螟 康熙志

五月詔溫台處徽不通水路其二稅物帛許依折法以銀折輸數外妄有科折計贓定罪 宋史食貨志

乾道元年二月寒敗首種損蠶麥 五行志三 夏亡麥 五行志五

二年饑 乾隆黃巖志

九月丙午地震 康熙志

三年螟 五行志

四年八月十五日甘露降 嘉定志

降於州天慶觀聖祖殿前古松上狀如璽旒羽流采食之味甘而香 嘉定志

五年饑 五行志

十月戊子振溫台二州被水貧民以守臣監司失職降責有差 孝宗紀

是年夏秋凡三大風雨漂民廬壞田稼人畜溺死者甚衆黃巖縣爲甚郡守陳巖肖不以聞

黜削 五行志

六年夏旱甚五行志

八年黄巖斷江岸兩田中有聲如釜鳴者半月乾隆黄巖志

九年久旱無麥苗五行志四秋饑五行志五民不聊生萬曆天台志

九月大火五行志

大火經夕至於翌日燬漏半燔州獄縣治酒務及居民七千餘家五行志城闉壞宏治志

淳熙元年大旱五行志四饑甚五行志五竹花實似麥乾隆黄巖志

二年大雨壞城宏治志大水秋大風雹康熙志

三年四月癸巳天台臨海二縣大風雹傷麥五行志

八月大水五行志振之高宗紀

八月辛巳大風雨至於壬午海溢溪流合激爲大水決江岸壞民廬溺死者甚衆五行志

五年八月海鰌出於寧海縣海濱人多患疫嘉定志

出於寧海縣鐵場港乘潮而上形長十餘丈皮黑如牛揚鬐鼓鬣噴水至半空皆成烟霧人疑其龍也潮退閣泥中不能動但聞咤咤然閱人兩日死識者呼爲海鰌爭斧其肉煎爲油

以其介竹作臼自是海濱人多患疫焉嘉定志

六年秋水壞圩田五行志

七年大旱五行志四大饑五行志五

五月戊辰謝廓然自刑部尚書除端明殿學士簽書樞密院事宰輔表

八年旱朱子集

正月庚午知台州唐仲友言鰥寡孤獨之人請依乾道九年例取撥常平義倉振給從之續通鑑

唐仲友以是請帝曰常平米令低價出糶若義倉則本是民間寄納在官以備旱潦既遇荒歲自合還以與民況台州自有義倉米乃令振濟續通鑑

八月甲寅謝廓然自權參知政事除同知樞密院事九月兼權參知政事宰輔表

浙東常平使者朱熹進對論荒政請蠲田賦身丁錢沿江浙淮北三十八郡並免之五行志

九年饑五行志

六月丁巳謝廓然自同知樞密院致仕宰輔表戊午卒續通鑑

七月浙東常平使者朱熹巡歷至台州按劾知寧海縣王辟綱不職朱子集

奏狀曰臣昨爲親見寧海人戶流移已曾具奏竊慮深軫聖懷自到本州即行詢究見得本縣流移人戶已是千有餘口其知縣宣教郎王辟綱恬然不恤亦無申報委是不職竊恐將來轉添事繁夥必是不能了辦欲望聖慈特賜罷黜或依已得指揮與監廟一次仍特不理作自陳須至奏聞者朱子集

又奏免納台州丁絹朱子集

奏狀曰今者本路諸州例遭災旱而台州丁錢最重下戶尤以爲苦欲望聖慈許將台州五縣第五等人戶今年丁絹特與蠲放庶幾千里饑民得免追呼決撻之擾不勝幸甚又狀曰臣巡歷至台州據屬縣人戶陳狀稱遂年身丁每丁合納本色絹三尺五寸并錢七十一文被州縣發承抑納絹七尺其實本州每丁只發納上供三尺五寸卻將錢七十一文令人戶倍輸折納本色竊念本州縣人戶連遭荒旱細民艱食見蒙追催緊急無所從出乞將通作多納理作今年合納其今年倍納乞理爲來年合納之數臣喚到台州與級楊松年陸迅等供據照案例臨海五縣人戶合納丁絹除第一等止第四等係將丁產稅錢併紐科納絹帛外所有第五等丁絹檢準建炎三年十一月三日德音節文兩浙人戶歲出丁鹽錢每丁納

錢二百二十七文並令納絹一丈綿一兩已是太重自第五等以下人戶一半依舊折納外
餘一半折納見錢台州人戶身丁每丁供鹽稅錢一百四十一文足折納絹七尺自紹興三
年二月正將第五等人戶丁鹽錢除一半折納絹三尺五寸外有一半折納見錢七十文足
五分計減退本色絹數是致闕少絹帛支遣本州於紹興四年相度貼支官錢從納其市朝
廷獲准聖旨令台州椿管見錢與人戶納到數目依市價買發得不科敷騷擾本州自紹興
四年以後卻將第五等人戶合納一半丁錢七十文五分足紐納絹三尺五寸照得第五等
人戶計一十九萬九千八十四丁合納丁鹽錢二萬八千七百貫八百四十四文除一半納
本色外有一半止合納丁錢一萬四千三百五十貫四百二十二文足本州卻將上件丁錢
紐作本色絹三尺五寸催納計絹一萬六千五百九十匹一丈二尺以致人戶陳理今來若
放免一半丁絹卻合催納一半丁錢一萬四千三百五十貫四百二十二文足其所免上件
丁絹本州逐年自有支用趲那紬絹一萬六千二百餘匹可以通那充官兵等支遣不礙起
發上供綱運之數臣照對台州諸縣連年災傷細民重困若不優加存恤必見流移其第五
等人戶所納丁稅既有元降建炎三年指揮許納一半見錢自不應並納本色今來台州若

免納一半丁絹本州自有趙勝紬絹可以通那支遣不礙起發上供之數委無相妨臣已行下台州及臨海等縣遵照建炎三年獲降聖旨令人戶逐年每丁送納絹三尺五寸并一半見錢七十文五分足免致重困貧民下戶不得仍相追戾科抑外須至奏聞者朱子集

又奏興黃巖縣水利朱子集

奏狀曰臣體訪到本州黃巖縣界分闊遠近來出穀最多一州四縣皆所仰給其餘波尚能陸運以濟新昌嵊縣之闕然其田皆係邊山瀕海舊有河涇堰閘以時啓閉方得灌溉收成無所損失近年以來多有廢壞去處雖累曾開淘修築又緣所費浩瀚不能周徧臣竊惟水利修則黃巖可無水旱之災黃巖熟則台州可無饑饉之苦其爲利害委的非輕遂於降到錢內支一萬貫付本縣及土居宣教郎林鼐承節郎蔡鎬公共措置給貸食利人戶相度急切要害去處先次興工候向後豐熟年分卻行拘納其林鼐曾任明州定海縣丞敦篤曉練爲衆所稱蔡鎬曾任武學諭沈審果決可以集事但本縣知縣范直與不甚曉事恐難倚仗欲乞依本受已獲降到指揮特與嶽廟理作自陳別選清强官權攝縣事庶幾興役救荒不至闕誤伏候勅旨朱子集

又奏劾知台州唐仲友不法朱子年譜

唐仲友與丞相王淮同里爲姻家吏部尚書鄭丙侍御史張大經交薦之遷江西提刑未行熹行部至台訟仲友者紛然宋史朱熹傳因蘖得其促限催稅違法擾民貪汙淫虐蓄養亡命偷盜官錢僞造官會等事節次劾之仍送紹興司理院鞫實朱子年譜章三上王淮匿不以聞熹論愈力仲友亦自辨淮乃以熹章進呈上令宰屬看詳都司陳庸等乞令浙西提刑委清彊官體究仍令熹速往旱傷州郡相視熹時留台未行既奉詔益上章論前後六上淮不得已奪仲友江西新命辭不拜遂歸朱熹傳

八月朱熹去台州朱子集

自七月十五日出巡取道嵊縣迤邐入台州按視措置振恤事件八月十八日起離台州赴處州朱子集

永寧江澄是年丞相杜範生黃巖志

十月乙丑生於黃巖杜曲里黃中輔重建清獻公祠堂記

十年水孝宗紀

十一年獲海賊首領續通鑑

二月癸酉詔前以溫台被水守臣王之望陳巖肖不即聞奏振恤遲緩之望特降一官巖肖落職放罷近台州獲海賊首領溫州獲次首領王之望陳巖肖各有捕賊之勞以功補過之望放罷能巖肖與宮觀續通鑑

十二年九月水五行志

十三年正月雪深丈餘凍死者甚衆五行志

十二年雨雹雪深丈餘自十二月至次年正月不解民凍死者甚衆康熙志

十四年七月旱甚至於九月乃雨五行志

九月晦天台大雪踰丈萬曆天台志

十五年七月黃巖縣水敗田廬五行志

光宗紹熙三年六月辛丑陳騤自禮部尙書除同知樞密院事宰輔表

七月壬申天台仙居二縣大雨連旬五行志三大水連夕漂浸民居五百六十餘壞田傷稼五行志一

四年三月辛巳陳騤自同知樞密院事除參知政事宰輔表

上海新民智書局承印

旱五行志

自六月不雨至於八月五行志

五年七月丙午陳騤知樞密院事八月丙申兼參知政事

十二月己巳罷知樞密院事宰輔表

五年十二月芝草生於臨海縣獄嘉定志

生於縣獄柱間七葉三層葩釆可愛李繩朋爲之記嘉定志

八月辛丑水五行志

寧宗慶元元年正月乙巳蠲貧民身丁折帛錢一年寧宗紀

四月己未謝深甫自中奉大夫試御史中丞兼侍讀除端明殿學士簽書樞密院事宰輔表

六月壬申台州及屬縣大風雨山洪海濤並作漂浸田廬無算死者蔽川漂沈旬日至於七月

甲寅黃巖縣水尤甚常平使者莫漳以緩於振恤坐免五行志

九月己酉蠲被災民丁絹寧宗紀

二年正月庚寅謝深甫自簽書樞密院事除參知政事宰輔表

六月辛未黃巖大雨水有山自徙臨海縣湧潭山亦自移五行志

黃巖大雨水有山自徙五十餘里其聲如雷草木冢墓皆不動而故址潰爲淵潭五行志

壬申台州颶風暴雨連夕五行志三溉海湖壞田廬五行志五

三年正月癸卯以謝深甫兼知樞密院事寧宗紀

六月辛未黃巖縣大石自隕雷雨甚至山水瀵涌五行志

是年大亡麥民饑多殍五行志大疫萬曆天台志

四年八月丙子謝深甫自參知政事除知樞密院事兼參知政事宰輔表

五年秋水漂風廬人多溺死五行志振之寧宗紀

六年閏二月庚寅謝深甫自知樞密院事遷金紫光祿大夫除右丞相宰輔表

六月封謝深甫申國公十月進岐國公十二月進魯國公徐自明宋宰輔編年錄

嘉泰二年天台民賈甫卿獻瑞麥一莖六穗萬曆天台志

三年正月己卯謝深甫罷右丞相宰輔表

四年四月丙午錢象祖自吏部尚書除同知樞密院事宰輔表

開禧元年四月戊戌錢象祖自同知樞密院事除參知政事兼知樞密院事宰輔表

二年三月乙巳錢象祖罷參知政事宰輔表

七月壬辰大風雨駕海潮壞屋殺人五行志

三年四月戊辰錢象祖自資政殿學士提舉萬壽觀兼侍讀除參知政事十一月甲戌兼知樞密院事十二月辛酉授正奉大夫兼國用使除右丞相兼樞密使宰輔表

嘉定元年十月丙子錢象祖除特進左丞相兼樞密使十二月戊辰罷宰輔表

是歲閩婺國番船寇松門巡司失印記降級松門遺事

二年七月壬辰大風雨激海濤漂圮二千二百八十餘家溺死尤衆五行志

五年六月丁丑水壞田廬五行志

七年大亡麥五行志

八年旱甚五行志大饑乾隆黃巖志

春旱首種不入至八月始雨臨海縣志

九年五月大水漂田廬害稼五行志

是歲瑞芝生於黃巖學舍（乾隆黃巖志）

十年饑剽盜起（五行志）

十四年旱甚（五行志）四蟊賊爲災（五行志）

十七年二月癸巳蠲台州逋賦十萬餘緡（寧宗紀）

理宗寶慶二年六月丙申賜進士王會龍及第（理宗紀）

九月大水壞屋人溺死（康熙志）

三年秋復大水（康熙志）

紹定二年夏旱（王象祖應侯生祠記）

九月丁卯大水（理宗紀）

是年夏旱秋潦九月乙丑朔復雨丙寅加驟丁卯天台仙居水自西來海自南溢俱會於城下防者不戒襲朝天門大翻栝蒼門城以入雜決崇和門側城而出平地高丈有七尺死人民踰二萬凡物之蔽江塞港入於海者三日（黃䇓記）天台沿溪居民順流而逝一二十里無人煙（萬曆天台志）仙居縣壞田地一萬七千二十四畝零（康熙志）

上海游民習勤所承印

冬十月壬戌詔台州水災除民田租及茶鹽酒酤諸雜稅郡縣抑納者監司察之理宗紀

癸酉前郡守令本路倉使葉棠開燮馳來至則收遺餓籍戶口頒錢米助舂築池徵榷閣賦稅日以所見聞奏乞大賜予會郡守趙某得嗣併以郡屬棠棠亟請不俟得旨征榷予一年凡官錢皆如之秋租減其七明年夏賦捐其半頒錢米以振卹城築者合緡斛幾百萬以災傷輕重爲差州郭重於諸縣臨海重於天台仙居天台仙居重於寧海黃巖重者數倍輕者稱均葉嗣紀 時天台知縣潘箸孫亦奏減本年租賦十之三不差夫以防農平價振饑民賴以甦天台志

三年十二月丁卯冊命貴妃謝氏爲皇后理宗紀

后諱道清天台人案臨海人父渠伯祖深甫宋史后紀傳 生母毛氏孕后時嫡使溺是毛自言夜夢五色雲附體嫡大怒足揣其腹曰產皇后耶既而產后台郡論小 后生而黧黑瞖一目渠伯早卒家產益破壞后嘗躬親汲飪初深甫爲相有援立楊太后功太后德之理宗即位議擇中宮太后命選謝氏諸女后獨在室兄弟欲納入宮諸父擇伯不可曰即奉詔納女當厚奉資裝異時不過一老宮婢事奚益會元夕縣有鵲來巢燈山衆以爲后妃之祥擇伯不能止乃供送

后就道后旋病疹良已膚蛻瑩白如玉醫又藥去目瞖本傳寶慶三年四月戊戌宣引詣慈明殿進見理宗紀時賈涉女有殊色同本選中及入宮理宗意欲立賈太后曰謝女端重有福宜正中宮左右亦皆竊語曰不立眞皇后乃立假皇后邪帝不能奪遂定立后初封通義郡夫人本傳紹定二年六月丁巳進封夫人三年九月丙午進封貴妃十二月丁卯册爲皇后理宗紀后既立賈貴妃專寵貴妃薨閻貴妃又以色進后處之裕如略不介懷太后心賢之而帝禮遇愈加焉開慶初元兵渡江理宗議遷都平江慶元后諫不可恐搖動民心乃止理宗崩度宗立咸淳三年尊爲皇太后號壽和聖福進封三代父渠伯魏王祖深甫曾祖景之皆爲王宗族男女皆進秩賜封賚有差度宗崩瀛國公即位尊爲太皇太后太后年老且疾大臣屢請垂簾同聽政彊之乃許加封五代太后以兵興費繁痛自裁節汰慈元殿提舉以下宮省汎索緡錢月萬京朝官聞難往往避匿遁去太后命揭榜朝堂曰我國家三百年待士大夫不薄吾與嗣君遭家多難爾小大臣不能出一策以救時艱內則畔官離次外則委印棄城避難偷生尚何人爲亦何以見先帝於地下乎天命未改國法尚存凡在官守者尚書省即與轉一資負國逃者御史覺察以聞德祐元年六月朔日食既太后削聖福以應天變宋

亡瀛國公與全后入朝太后以疾留杭是年八月至京師降封壽春郡夫人越七年終年七十四無子兒奭宋時封郡王姪棨兩浙鎮撫大使尚榮郡公主貺璽兆節度使端平初爲干國政云 傳本

端平元年以賈貴妃弟似道爲籍田令 宋史

嘉熙三年大旱荒 石屏集

陸復古詩四野盡饑北百年無此荒旱不遺夏早晚稻炎蟲傷富室無儲粟農家已絕糧走人相告語往裡倚茫茫旱源井爲塵三農哭歲饑當秋絲價貴出廣米船稀救死知若拙謀

生恐計非固窮行乎事辦采北山薇饑緣偏生事客其不瘦飢饑知歲豐歉實保國安危世綬到極處人心無賴時客來談盜賊相對各愁用附預錮年事騷騷紛價高人將委溝壑誰

胃發倉廒閣招魚枯死荒村犬饑饑與人同一飽安得米千艘順落數十（一作千）中飢民及（一作殺）萬家兩多憂增麥春好忍看花鬢攜破田水占晴喉晚暖老農如鬼瘦不

作作生涯（石屏集）

四年荐饑 石屏集

戴復古詩正月雖是見連年旱魃興自憲多變故何可望登熟一有回天力升米百錢價諾放所不恤綿愛國懷被增逆歲遭饑饉民間氣索然十家九不爨（一作餉）升米百錢饑慄

凍飢塞地窖窟風雪天人無告急處閉戶抱愁眠餓走拋家舍縱橫死路岐有天不雨粟無地可埋尸劫數憐如此吾曹忍見之官司行賑恤不過是文移乘時有閉糴有穀貴如金寒

上瞻糠核蔬民饑石心可俱飢欲死郡邑病相從到處閉愁嘆僵屍淚隔擠杵臼收盡殺蛛絲網蓋黑蝻飢食草木竭聚斫山林人語無生意鳥啼空好音作實穀價貴無赤貧如金去

識未爲歉今年始是凶穀高三倍價人到十分窮險斷矛頭米愁聞飯後鐘新來慰心處隴麥早芃芃（石屏集）

秋八月臨海大火（謝采伯密齋筆記）

淳祐元年以賈似道爲湖廣總領（賈似道傳）

春黃巖饑民得竹米以食（車若水竹米記）

嘉熙以來黃巖頻歲不稔淳祐元年春米斗錢八百民采薇葛木皮食之時竹華於山以爲不祥已而華者成實其狀如稻而色紺碧或紫其實肥於麥粒有半薇葛盡試采炊之香美甘潤與稻麥不殊人日可一二斗斗可米四升病者起羸者漸復及麥民忘其困車若水有記（赤城後集）

二年六月丙子杜範除端明殿學士同簽書樞密院事（宰輔表）

三年加賈似道戶部侍郎（本傳）

四年正月壬寅杜範進同知樞密院事丁巳除資政殿學士知婺州十二月授右丞相兼樞密使（宰輔表）

五年賈似道以寶章閣直學士爲沿江制置副使知江州兼江西路安撫使再遷京湖制置使

兼知江陵府 本傳

夏四月甲申填星犯上相星丙戌杜範薨贈少傅諡清獻 理宗紀

九年加賈似道資文閣學士京湖安撫制置大使 本傳

應繇封臨海郡侯 本傳

繇字之道昌國人 本傳

十年賈似道以端明殿學士移鎮兩淮 本傳

八月甲寅大水 理宗紀

十二年六月丙寅 理宗紀 大水冒城郭漂室廬死者甚衆 五行志 遣使振恤存問除今年田租 理宗紀

時嚴衢婺信台處劍邵同日大水冒城郭漂室廬人民死者以萬數徐清叟奏曰唐五行志曰取財過度則陰失其節而水溢今日國課所入未免增直取羸而商賈告病此水之所由應也漢關中大水翟䂓以爲親后身之故故今日少抑宦官戚畹亦可以回天意矣 宋無名氏宋季三朝政要

寶祐元年七月庚寅大水詔發豐儲倉米并各州義廩振之 理宗紀

二年加賈似道同知樞密院事臨海郡開國公（本傳）

閏六月乙亥路分董槱等擒獲海寇（理宗紀）

台州海寇積年民罹其害路分董槱洎進士周自中等擒獲詔槱官一轉餘推賞有差（理宗紀）

三年三月黃巖霪雨（乾隆黃巖志）

四年加賈似道參知政事

五年加賈似道知樞密院事（賈似道傳）

八月丙戌火（理宗紀）

六年以賈似道爲樞密使兩淮宣撫大使（本傳）

開慶元年命賈似道軍漢陽援鄂即軍中拜右丞相兼太子太師封衛國公明年召入朝百官郊勞（宋史）

景定三年十月甲子葉夢鼎自試吏部尚書除端明殿學士同簽書樞密院事兼太子賓客（宰輔表）

是年進封寧海伯（本傳）

四年九月甲午以葉夢鼎簽書樞密院事（理宗紀）

五年五月辛卯以葉夢鼎同知樞密院事兼權參知政事十一月乙未除參知政事宰輔表

七月癸巳謝奕昌卒贈少師追封臨海郡王謚莊懿理宗紀

度宗咸淳元年加賈似道太師封魏國公本傳

三年以賈似道平章軍國重事三日一朝本傳

正月辛丑壽和太后冊寶禮成度宗紀 追封三代父謝渠伯魏王祖深甫曾祖景之皆魯王后妃傳

高平郡夫人謝氏等二十二人各進封特封有差度宗紀

八月辛未葉夢鼎除特進右丞相兼樞密使宰輔表

五年正月癸亥葉夢鼎罷右相依前少保特授觀文殿大學士判福州兼管內勸農使福建路安撫大使馬步軍都總管進封信國公宰輔表

命賈似道六日一朝本傳

六年命賈似道十日一朝入朝不拜本傳

九月壬子大水己卯詔發義倉米四千石幷發豐儲倉米三萬石振遭水家度宗紀

七年十月丙申少傅嗣秀王與澤薨詔贈少師追封臨海郡王度宗紀

是年葉夢鼎進封臨海郡侯以明堂恩進封臨海郡公本傳

八年十二月甲寅葉夢鼎除少傅右丞相兼樞密使堅辭不拜宰輔表

十年賈似道母死詔以鹵簿葬之起復似道入朝本傳

瀛國公德祐元年賈似道出師次蕪湖師潰奔揚州本傳

賈似道有罪免放循州籍其家本傳

監押官鄭虎臣殺賈似道於漳州本傳

十二月庚子吳堅除簽書樞密院事

癸卯謝堂賜同進士出身除同知樞密院事宰輔表

二年正月辛未吳堅自簽書除左丞相兼樞密使宰輔表

是月宋以國降於元元詔阿剌罕同左丞董文炳率高興等攻浙東溫台諸郡元史阿剌罕傳戊子知

台州楊必大降於元宋史瀛國公紀

察訪使趙與檡命機宜趙若愁帥師守台州至而城陷東甌金石志洪師中趙若愁墓志

張世傑奉吉王昰據台州元左丞董文炳追之世傑遁元史董文炳傳

世傑举吉王昰據台州元勅文炳進兵所過禁士馬無敢履踐田麥曰在倉者吾既食之在野者汝又踐之新邑之民何以續命是以感之不忍以兵相向次台州世傑遁諸將先俘州民文炳下令曰台人首效順於我我不暇有故世傑據之其民何罪敢有不縱所俘者以軍法論得免者數萬口董文炳傳

二月宋丞相文天祥航海至台州四月至瑞安無名氏昭忠錄

二年正月除天祥右丞相兼樞密使使如軍中請和與元丞相伯顏抗論皋亭山伯顏怒拘之北至鎮江天祥與其客杜滸十二人夜亡入眞州天祥未至時揚有脫歸兵言密遣丞相入眞州說降李庭芝信之以爲天祥來說降也使苗再成亟殺之再成不忍紿天祥出相城壘遣二路分覘天祥果說降者卽殺之二路分與天祥語見其忠義不忍殺以兵道之揚抵城下聞門者談制置司下令備文丞相甚急衆相顧吐舌乃東入海道至高郵泛海宋史本傳二月至通州入浙東昭忠錄抵台州亂礁洋天祥覽其勝云青翠萬疊如畫圖中舟行石間天巧捷出令人應接不暇孤愁絶中爲之心廣目明是行爲不虛因題詩一首舟東行仙巖大報忠祠錄者曰前有賊舡行數十里見十餘舟張帆與口意甚惡梢人亟取仙巖港路避之遙見洞山

雙峯天祥疑爲雁宕賦一律登岸陸行暮抵張和孫家宿爲賦芟漪室詩有消聲隨地到直節與天通之句署曰清江劉洙書蓋自渡淮後即變姓名也（蟫瑛過台始末傳）復由仙巖鯉浦繞魚西樵渚入海門由杜瀆等登金鼇山哭拜高宗御座下作感遇詩浮椒江過三江口至黃巖舍舟陸行（金蘭詩集）寄詩與和孫云魏睢變張祿越蠡改陶朱誰料文山氏姓劉名是洙和孫始知爲天祥遂檄召壯勇泛海艘欲往從之四月八日天祥至溫州（過台始末）

是年元行軍總管張宏範師次台州（元名臣事略）

浙東叛宏範討之師次台州拔之衆請屠城宏範不許誅其首禍者而已台民感之宏範字仲疇定興人後封淮陽王謚獻武（元名臣事略）

元兵至太學博士權本州事王珏本州教授邵囦（宏治志）侍郎陳仁玉（台州外書）棄城遁遂倡義兵堅壁以守城陷珏囦死之（宏治志）黃巖牟大昌拒戰於黃土嶺敗績死之屠其家（康熙志）

台州府志卷一百三十二

大事略一攷異

會旌　案後漢書順帝紀作會旌續天文志作會於錢氏大昕異考曰古書旌或作旍於或是鈴之僞

不載永寧長韓晏賀齊討商升事　台州外書漢建安元年候官長商升爲王郎起兵孫策遣永寧長韓晏討升繼以賀齊代晏升乞盟賊帥張雅詹彊等不從齊大破之八年鄒臨六千戸別屯蓋竹齊轉擊降之見吳志賀齊傳今案賀齊傳王朗奔東冶候官長商升爲朗起兵孫策遣永寧長韓晏領南部都尉將兵討升以齊爲永寧長晏爲升所敗齊又代晏領都尉事案南部都尉治候官是時商升爲候官長爲王朗起兵故命韓晏領南部都尉討之晏敗復令齊代領都尉事晏齊皆由永寧長遷南部都尉既遷南部則與永寧無涉且是時永寧已分析郡國志永寧永和三年以章安縣東甌鄉爲縣是今溫州及處州松陽等七縣地與章安無涉更不得牽引也至擊降鄒臨等乃齊進兵建安時事則蓋竹亦屬閩地未必即臨海之蓋竹也今不敢采

不載求夷洲事　台州外書吳黃龍二年正月吳主權遣將軍衛溫諸葛直將甲士萬人浮海求夷洲亶州亶洲絕遠不可至得夷洲數千人而還見通鑑徐堅初學記臨海有夷洲臨海記云在郡三十里衆夷所居也今案此事見三國志吳主傳及後漢書東夷傳李賢注引沈瑩臨海水土志曰夷洲在臨海東南去郡二千里土地無霜雪草木不死四面是山谿人皆髡髮穿耳女人不穿耳土地饒沃既生五穀又多魚肉有犬尾短如麕尾狀此夷舅姑子婦臥息共一大床略不相避地有銅鐵唯用鹿觡爲矛以戰鬭磨礪青石以作弓矢取生魚肉雜貯大瓦器以鹽鹵之歷月餘日乃啖食之以爲上肴也案如所言確係東夷之屬與吾台絕不同臨海水土志本云去郡二千里赤城志遺蹟門引臨海記作在郡三十里洪氏札記以爲傳寫之誤是矣而戚氏乃采入兵患非是今不取

建衡二年誅章安侯奮　案孫奮傳建衡二年民間或謂皓死訛言奮當立皓聞之誅奮是奮死在建衡二年也孫皓傳鳳凰三年會稽妖言章安侯奮當爲天子似奮此時尚存通鑑遂以奮誅在此年攷異引江表傳及裴注仍疑而未決以爲不知奮死果在何年洪氏札記以奮死在建衡二年至鳳凰三年會稽妖言言奮當爲天子此是敘述前事非奮至此年尚存

今姑從之

不載陳敏反　台州外書晉永興二年二月右將軍陳敏反稱楚公敏弟斌東略諸郡遂有吳越之地今案此事見晉書惠帝紀及陳敏傳言有吳越之地則臨海郡或在其內然在敏傳並無一字及臨海今不采

臨海公主　嘉定志惠帝女爲臨海公主下嫁曹純今案晉書惠賈皇后傳作曹統尚之今作純形近而誤

晉咸和三年六月辛卯大雷破府內小屋柱十枚殺人　案晉志宋志俱作三年舊府縣志作二年恐誤

宋孝武帝大明五年改封歷陽王子頊爲臨海王　案此事見宋書孝武帝紀及孝武十四王傳嘉定志引晉時且云見晉史誤矣

不載宋始平王子鸞　南史宋始平孝敬王子鸞傳字孝羽孝武第八子大明四年封襄陽王尋改封新安明帝即位改封始平浙江通志引之注云宋始平今天台縣今案宋書州郡志臨海太守下始豐令吳立曰始平晉武太康元年更名雍州始平太守晉武帝太始二年分

京兆扶風立始平令魏立元和郡縣志晉武帝以雍州有始平改爲始豐據此是天台在宋名始豐不名始平宋時始平乃雍州郡縣也浙江通志誤采今不取

梁大同三年不戢山賊起　康熙臨海志梁大同三年歲星掩建星是年台紹山賊大起今案隋書天文志大同三年三月乙丑歲星掩建星占曰有反臣其年會稽山賊起未確指臨海今不采

陳後主至德四年立皇弟叔爲臨海王　汲古閣本陳書後主紀誤臨海爲臨江高宗二十九王傳不誤

不戢高勱封樂安侯　唐書宰相世系表高勱隋洮州刺史樂安侯浙江通志采入封爵門注云隋樂安今仙居今案隋平陳廢臨海郡爲縣諸縣並省入其時止有臨海一縣安有樂安惟弋陽郡有樂安縣見隋書地理志通志誤采今不取

沈法興以臨海縣置海州　康熙府志唐武德二年沈法興稱帝國號梁遂陷臨海次年爲李子通所滅四年杜伏威執子通歸於唐六年輔公祏反使其將徐紹宗來侵今案此事甚可疑臧氏外書云隋書地理志台州本海州武德四年改從隋志平陳廢臨海郡爲縣屬永嘉

無海州故前人定爲義興間沈法興據江表時僭置惟引唐書輔公祏傳遣其將徐紹宗侵海州語謂所侵卽台州則未塙公祏事在武德五六年間時已改台州不宜仍稱海州且公祏承李子通杜伏威後其叛亂多在江淮去台千五六百里何能遣將遠侵台考附志東海郡下注云梁置南北二青州東魏改爲海州處愷傳轉爲海州刺史實卽東海郡史於前代州郡猶舊稱有之未有一時羣賊僭正之州既經更置猶襲而稱之者隋紀大業十二年東海人杜伏威作亂十三年齊郡賊杜伏威渡淮攻陷歷陽郡公祏之反亦在江淮焉知紹宗所侵非卽東海郡舊名海州邪又杜伏威滅李子通後其地南屬嶺東至海臨海或號令所及若足跡並未至台廣志繹言台城伏威所築似亦難信今案咸說是也輔公祏傳遣將徐紹宗侵海州下又云徐紹宗屯青州山以拒戰則必非台州可知但元和郡縣志言義興二年沈法興據毗陵以臨海縣置海州武德三年爲李子通所併四年平李子通於臨海縣置海州五年改海州爲台州六年輔公祏叛州陷七年平公祏仍置台州舊唐書地理志同則法興公祏當日雖未親至台而台地實爲所有李吉甫以唐人紀唐事當得其實故從之至新唐志及嘉定志與元和志所言年數互異已詳沿革攷異中

上海游民習勤所承印

垂拱四年不載雨桂子事　新唐書五行志垂拱四年三月雨桂子於台州旬餘乃止占曰天雨草木人多死案嘉定志亦載其事言降於臨海縣境芳香有桂味食之和暢郡司馬孟銑以聞今案封氏聞見記曰垂拱四年三月桂子降於台州臨海縣界十餘日乃止司馬孟銑安撫使狄仁傑以聞編之史策月中云有蟾蜍玉兔并桂樹相傳如此自昔未有親見之者曆家之說月行南北道假令此月上當台州之分則他年桂月豈獨無子何至此日方始降也又月徑千里周迴三千里桂子若下彌漫三千里亦不當專在台州咫尺之地日月麗天各有限域豈須洞無底而有桂子漏乎宋之問台州詩云桂子月中落天香雲外飄文士倘奇非實事也今案封說是也故不取

永昌□年得連理木　案嘉定志作三年攷永昌無三年今闕

袁晁　舊唐書代宗紀寶應元年八月台州賊袁晁陷台州連陷浙東州縣二年三月丁未袁傪破袁晁之衆於浙東四月庚辰河南副元帥李光弼奏生擒袁晁浙東州縣盡平新唐書代宗紀寶應元年八月辛未台州人袁鼂反九月癸卯袁鼂陷信州十月乙卯陷溫明二州十二月甲戌李光弼及袁鼂戰敗之二年十一月袁鼂伏誅給復溫台明三州一年案寶應

二年即廣德元年惟袁晁之平舊書在四月新書在次年十一月新書李光弼傳廣德元年
擒袁晁通鑑廣德元年四月庚辰李光弼奏擒袁晁皆與舊書同豈生擒在廣德元年四月
伏誅在二年十一月乎殊不可解今兩存之至舊書作袁晁新書本紀作鼂列傳又作晁今
概作晁以歸一例又改元寶勝通鑑攷異云柳璨正閏位歷宋庠紀元通譜皆改元昇國今
從新書案今亦從之康熙府志晁遣其弟英將五百騎掠寧海晁既敗於衢復走寧海被斬
於紫溪洞中案唐書云生擒袁晁而舊志云斬於寧海紫溪洞恐未足據

貞元十五年二月庚辰浙東觀察使裴肅擒栗鍠於台州斬之案舊唐書德宗紀作二月乙未
新唐書作四月乙未今從通鑑作二月庚辰

不載臨海郡王及樂安郡王等　舊唐書澧王惲傳惲憲宗第二子惲第三子演臨海郡王今
案新唐書作臨安恐舊書有誤今不敢採入又宗室世系表小鄭王房有樂安郡王珠惠宣
太子房有樂安郡王瑗宰相世系表孫儲字文府樂安郡侯王升朝樂安郡王李思行傳封
樂安郡公浙江通志皆採入封爵中注云唐樂安今仙居案台州之樂安是縣非郡唐書所
言郡王郡公郡侯其所封當是河南道之棣州樂安郡通志誤也今不敢採

裘甫　案舊唐書作仇甫通鑑攷異云實錄作仇甫今從平剡錄又新書紀懿宗本紀稱浙東人仇甫王式傳稱寧國劇賊紀傳互異通鑑稱浙東賊帥今從之

李師望　嘉定志辨誤檢校尚書工部郎中前兼台州刺史李師望大中十四年三月十七日準詔領義成武寧兗海宣潤道兵士一千七百人乘馹赴任討除草賊至其年四月二十三日戰於天台觀前其日收復唐興縣自此六戰斬首四千級招降九千人至九月方平寧咸通三年罷郡九月十一日北歸因留題以上皆師望自紀見於桐柏觀元稹碑陰觀其所刻蓋捕裘甫時也裘甫衆至三萬有劉暀劉從簡皆頗勇焚掠城邑聲振中原王式為浙東觀察使請兵以行懿宗詔發武寧義成淮南等道兵授之浙東軍連戰不利故師望分統此兵方克奏捷然師望所刻作大中十四年而通鑑以為咸通元年蓋懿宗即位於大中十三年八月改元必在次年遠方自稱為十四年雖咸通三年所題仍舊號而史家書法只以改元標於即位之始年故也以上皆嘉定志　今案據師望自紀則收復唐興實其功然通鑑止記其募斬李從簡一事且云募賊相捕斬之以自贖豈先曾收績耶殊不可解洪氏札記云通鑑書與裘甫戰於桐柏觀前在咸通元年正月乙卯其時王式未抵越不得有義成諸軍當以師望

自紀在四月克復唐興之時爲正案此說殊誤通鑑正月乙卯浙東軍與裘甫戰於桐柏觀前范居植死劉勍僅以身免此乃鄭祗德所遣之兵戰敗之事在正月也師望所紀乃克復之事通鑑言王式命萬璘帥本軍與台州唐興合號南路軍進拔唐興在四月也不得合爲一事

王郢　新唐書僖宗紀乾符二年四月浙西突陣將王郢反五月右龍武大將軍宋皓討之三年七月鎮海節度使裴璩及王郢戰敗之案通鑑敘宋皓之討在三年裴璩戰敗後今從之舊書僖宗紀乾符三年正月浙西奏誅王郢徒黨續寶運錄乾符元年王郢於兩浙叛不逾月而斃組頸於闕下所言皆誤今並以通鑑爲據

劉文杜雄　新唐書僖宗紀中和元年九月臨海賊杜雄陷台州光啓二年十二月丙午台州刺史杜雄執劉漢宏降於董昌不言劉文嘉定赤城志引魯洵撰杜雄墓碑雄京兆人徙台與劉文起事劉知明州因人之欲請主郡政秩官門刺史中和二年列劉文三年列杜雄是文害羅虬後卽自爲刺史後又刺明州雄始繼爲郡也吳越備史杜雄與其黨婁文俱爲草寇文以雄爲副害刺史羅虬遂侵劉漢宏不利因降漢宏署婁文知明州事以杜雄知台州

案婁文當即劉文不言文先爲刺史蓋略之也今据嘉定志又傳宗紀以雄執劉漢宏在光啓二年十二月丙午通鑑系之於光啓元年亦誤嘉定志已訂正

錢鏐陷台州　康熙臨海志光化四年太白鎮星合於南斗是年錢鏐陷台州府志光化三年太白鎮星合於南斗錢鏐陷湖州又陷台州案新唐書天文志光化三年十月太白鎮星合於南斗占曰吳越有兵昭宗本紀乾寧四年九月錢鏐陷湖州十一月丙子錢鏐陷台州舊府志系之於光化三年臨海志系之於四年俱誤

慶曆五年六月大水壞郛郭漕使田瑜遣使王菱來振之　案蘇夢齡台州新城記作王菱萬曆天台志作王隋康熙府志同今据蘇記

六年七月梅摯上言海水入台州殺人　案恐即五年六月之事其入奏乃在六年七月也

至和元年大水　案謝志作二年今從嘉定志

重和元年　案徽宗紀重和元年黃巖民妻一產四男子而嘉定志作政和八年蓋是年改元重和其實一也

呂師囊攻州城戶曹滕膺擊敗之　案紀事本末作通判李宋淵擊走之朱子義鍰廟碑太守

趙贇道郡丞李覺淵咸遁去稽史籍則當時實以守城破賊爲丞之功進領郡符就加職秩與所聞不類更即諸書一求其故然後見當時守丞雖遁而滕侯於所下文書猶必存其位號寇退解圍亟迎以歸俾上功狀而已不預案此則紀事本末所載亦据當日所上功狀也今據朱子所爲碑正之

金七佛陷黃巖　案宋史童貫傳附方臘宣和三年正月臘將方七佛引衆六萬攻秀州戚氏學標云金七佛當是方七佛

高宗幸章安　雲麓漫鈔台州臨海縣章安祥符寺法堂有高廟御坐寺僧師顏年八十餘矣能言東巡事云時年方十四事悟講主建炎三年十二月二十六日民間譌言天子航海東來泊金鼇山下二十八日平明有十六人皆衣戰袍步自金鼇入寺有黃領者坐頃之問寺僧有素食否時方修歲儀乃取炊餅五枚以進之凡留十四日始航海幸永嘉又留四十五日復航海幸金鼇又留八日忽聞六軍皆呼萬歲捷書至也於是航海由四明還紹興李正明乘桴錄己酉十二月五日車駕至四明十五日大雨登舟至定海十九日至昌國縣二十六日移舟至溫台二十九日歲除庚戌正月二日泊台州港三日至章安十八日移舟離章

安二十日泊青門澳二十一日泊溫州港國史載此事皆在四年正月與顏記不合然今歲儀皆閏歲乃修則顏所記誤耶今案宋史高宗紀十二月丙子帝至明州己丑乘樓船次定海縣癸巳帝至昌國縣庚子移幸溫台四年正月甲辰朔御舟碇海中丙午帝次台州章安鎮辛酉發章安甲子泊溫州港案十二月乙亥朔丙子至明州則爲二日而乘桴錄作五日與本紀不合餘皆同而與僧師顏所言無一合者今據本紀而兼採李錄又李心傳繫年要錄帝以是年三月辛酉御舟發溫州越三日乙丑次台州松門寨丙寅至港口凡五日始出台州境而僧師顏言留永嘉四十五日復航海幸金陵又留八日說亦不合今不取

紹興二十二年芝草生於天台縣圃　案今本嘉定赤城志作三十二年天台志作二十二年注云時邑令陸淞案嘉定志陸淞繫二十二年又本條下言張守昌有詩攷張守昌是二十三年三月到故闕而作詩若三十二年則張去台已久何由作詩是今本三字乃二字之誤無疑也

淳熙九年永甯江澄是年丞相杜範生　案乾隆黃巖志系於淳熙元年光緒黃巖志移之九年據黃震戊辰修史所爲傳淸獻以淳祐五年四月二十一日薨年六十四推之自當生於

淳熙九年舊志誤也新志云或元年江清而清獻以九年生也

十四年九月天台大雪深逾丈　案康熙府志作深逾丈縣志作逾尺未知孰是

紹熙四年台州旱　浙江局刻本紹熙誤作紹興

慶元五年秋水漂民廬　康熙志作十二月台州大水今從宋史五行志

寶慶三年秋復大水　康熙志作五年按寶慶無五年當是三年之誤

紹定三年十二月丁卯册命貴妃謝氏爲皇后　案宋史理宗紀寶慶三年四月戊戌宣引前丞相謝深甫孫女謝氏詣慈明殿進見八月庚戌詔謝氏特封通義郡夫人紹定二年六月丁巳進封美人三年九月丙午進封貴妃十二月丁卯册命爲皇后后妃傳初封通議郡夫人寶慶三年九月進貴妃十二月册爲皇后紀傳年數不同今以紀爲據

淳祐十年八月大水十二年六月大水　案康熙府志系之於嘉熙十年十二年攷嘉熙終四年改元淳祐舊志失檢

寶祐四年九月甲午葉夢鼎除簽書樞密院事　案理宗紀作九月甲午宰輔表作三月庚子

德祐二年正月戊子知台州楊必大降於元　案康熙志作十一月元兵至知台州楊必大降

上海游民習勤所承印

宋史瀛國公紀作正月戊子今從宋史

大事略二

元世祖至元十四年三月癸丑以閩浙溫處台等郡降官各治其郡（元史世祖紀）

是年浙東宣慰使懷都討台慶叛者戰於黃岑嶺平之（懷都傳）軍士俘掠溫台民男女數千口浙東宣慰使陳祐悉還之（陳祐傳）

陳祐至台州檢覈民田（陳祐傳）

時行省榷民商酒稅祐請曰兵火之餘傷殘之民宜從寬恤不報遣祐檢覈慶元台州民田及還至新昌值玉山鄉盜倉猝不及爲備遂遇害贈江浙省行左丞追封河南郡公謚忠定祐一名天祐字慶甫寧晉人（本傳）

二十一年十月台州仙居縣民王仙人爲亂敗自焚死（元文類經世大典招捕篇）

仙居縣有王仙人者言今年五星朝斗天崩地陷今有聖人出招立大將道粱黃都南溪民陳再一等從之爲亂敗自焚其屋赴火死（同上）

二十六年二月台州賊楊鎮龍據玉山反（續通鑑）僭稱大興國寇東陽義烏浙東大震諸王瓮吉

帶時論婺州帥兵討之（世祖紀）

鎮龍寧海人據玉山縣二十五都僞稱大興國皇帝安定元年置其黨厲某爲右丞相樓蒙才爲左丞相乘黑輅黃絹幡單黃傘得良民刺額爲大興國軍二月一日殺馬祭天受僞天符蒙才等拜呼萬歲有兵十二萬以七萬攻東陽義烏餘攻嵊縣新昌天台永康（元文類經世大典招捕篇）浙東大饑（續通鑑）

冬十月癸卯浙西宣慰使史弼請討浙東賊以爲浙東道宣慰使位哈喇袋上弼討台州賊擒斬楊鎮龍及其黨台州平（續通鑑）

弼字君佐一名塔剌渾博野人（史傳）鎮龍陷東陽縣尋擒誅獲其二印一皇帝恭膺天命之寶一護國護民威權法令奉命之寶（經世大典）時天台人季六洪來皆爲脅從後全家抄沒鄉民詿誤者衆事平因於胡貸設巡檢司設兵防禦今官職田地多係季洪二家物業（萬曆天台志）

二十七年三月甲子楊鎮龍餘衆剽浙東總兵官討賊者多俘掠良民敕行御史臺分揀之凡爲民者千六百九十五人（世祖紀）十一月戊申江淮行省平章不憐吉帶言以合剌帶一軍戍沿海明台從之（世祖紀）

不俾吉帶言浙東一道地極邊惡賊所巢穴復還三萬戶以合剌帶一軍戍沿海明台亦怯烈一軍戍溫處札忽帶一軍戍紹興從之世祖紀

成宗元貞二年四月黃巖饑元史五行志

大德四年三月臨海縣風雹五行志

七年五月風水大作寧海臨海二縣死者五百五十人五行志

九年饑康熙志

十年旱康熙志

十一年又旱四月不雨至七月大饑民相食康熙志振之元史食貨志

時紹興慶元台州三路皆饑以鈔一十四萬七千餘錠鹽引五千道糧三十萬石振之食貨志

武宗至大元年春大疫五行志復饑康熙志死者甚衆振之武宗紀

時紹興慶元台州疫死者二萬六千餘人五行志正月己巳紹興台州慶元廣德建康鎮江六路饑死者甚衆饑戶四十六萬有奇戶月給米六斗以沒入朱淸張瑄物貨隸徽政院者鬻鈔三十萬錠振之武宗紀

十一月詔免田租武宗紀

仁宗延祐元年七月饑五行志

八月丁未水詔發廪減價振糶仁宗紀

英宗至治元年三月庚辰廷試進士賜泰普化及第英宗紀

三年三月甲辰黄巖州饑振糧兩月英宗紀

泰定帝泰定二年饑康熙志

文宗天歷二年六月饑文宗紀

　江浙行省言紹興慶元台州婺州諸路饑民凡十一萬八千九十戶文宗紀

至順元年夏四月臨海等縣饑振糶米五千石文宗紀

順帝至元二年九月饑發義倉募富人出粟振之順帝紀

是年臨海大火康熙臨海志

至正元年四月臨海火臨海志

閏七月大水康熙志

二年自春不雨至秋八月（康熙志）

十月甲子台州等路立檢校批驗鹽引所（順帝紀）

與杭州嘉興紹興溫州等路同時立權免兩浙額鹽十萬引（順帝紀）

四年秋海嘯上平陸二三十里（康熙志）

七年五月庚戌黃巖州海濱無雲而雷（五行志）

八年十一月方國珍爲亂聚衆海上命江浙行省參知政事朵兒只班討之（順帝紀）追至福州五

虎門軍潰朵兒只班被執（泰不華傳）

國珍黃巖人（明史本傳）世居洋嶼（萬曆黃巖志）嘗有童謠曰洋嶼青出海精洋嶼者海中童山也延祐六年忽草鬱然是歲國珍生（續宏簡錄）兄弟五人國璋國瑛國珍國珉咸有膂力國珍行第三（萬曆黃巖志）長身黑面體白如瓠力逐奔馬世以販鹽浮海爲業（本傳）父伯奇素柔良屢爲人所侵笑曰吾謂子當有興者毋久苦我（宋濂撰神道碑）至正八年有蔡亂頭者行剽海上有司發兵捕之國珍怨家告其通寇（本傳）逮繫甚急國珍大恐屢傾貲賄吏尋捕如初國珍度不能繼且無以自白謀於家曰朝廷失政統兵者玩寇區區小醜不能平天下亂自此始今酷吏藉藉爲奸謀及

良民吾若束手就斃一家枉作泉下鬼不若入海爲得計咸欣然從之（神道碑） 殺怨家與兄國璋弟國瑛國珉亡入海（本傳） 郡縣無以塞命妄械齊民以爲功民亡國珍所者旬日得數千（神道碑） 劫掠漕運糧執海道千戶德流于實事聞詔江浙參政朵兒只班總舟師捕之（元史泰不華傳） 至則將鼇居邊海之民黃巖潘伯修挺身率父老詣軍前力爭之曰倡亂者獨國珍耳吾民無罪也乃得免（宋濂志） 追至福州五虎門國珍知事危焚舟將遁官軍自相驚潰朵兒只班遂被執國珍迫其上招降狀（泰不華傳） 遣人從之走京師參議樞密院事歸暘曰國珍敗我王師拘我王臣力屈而來非眞降也必討之以令四方宜募海濱之民習水利者擒之時朝廷方事姑息卒從其請（元史歸暘傳） 授國珍定海尉（本傳） 兄弟皆授以官國珍不肯赴勢益橫九年詔泰不華察實以聞既得其實遂上招捕之策不聽（泰不華傳）

九年六月地震（五行志）

十年十二月己酉方國珍攻溫州（順帝紀）

十一月國珍率水軍千艘泊松門港借糧居民罔敢不與十二月攻溫州及沿海諸縣（[illegible]巖志）

溫州城中守備嚴出兵接戰乃掠城外而去（嘉靖寧波志） 朝廷以海寇起於溫台慶元等路立水

軍萬戶鎮之衆論紛紜莫定禮部員外郎郭嘉乘驛至慶元與江浙行省會議可否嘉首詢父老知其弗便請能之元史郭嘉傳

十一年正月朔仙居西北有黑氣橫亘數千里漸薄城經兩晝夜始滅康熙志

是月庚申命江浙行省左丞孛羅帖木兒討方國珍順帝紀　二月以泰不華爲浙東道都元帥分兵溫州使夾攻之泰不華傳

孛羅帖木兒總兵至慶元以泰不華諗知賊情遂爲浙東道都元帥分兵溫州使夾攻之未幾國珍寇溫泰不華縱火筏焚之一夕遁去泰不華傳

三月浙東副元帥董搏霄與方國珍戰敗嘉靖寧波志

搏霄率舟師至溫與國珍兵遇元兵驚潰爭赴水死搏霄號令不能施僅以身免舟爲所奪者數百艘寧波志

六月方國珍攻黃巖沿海翼百戶尹宗澤戰死寧波志　孛羅帖木兒及郝萬戶皆被執黃巖志

初孛羅帖木兒密與泰不華約以六月乙未合兵進討孛羅帖木兒乃以壬辰先期至大閭洋國珍夜率勁卒縱火鼓譟官軍不能戰皆潰赴水死者過半孛羅帖木兒泰不華傳及郝萬戶

皆被執 黃巖志

七月命大司農達識帖木邇及江浙行省參知政事樊執敬浙東廉訪使董守慤同招諭之 順帝紀

孛羅帖木兒及郝萬戶既被執 黃巖志 反爲飾辭上聞 泰不華傳 以求招安郝故出高麗后位下請託得行遂議立巡防千戶所設長貳參授其三兄弟及黨與數十人官 黃巖志 泰不華聞之痛憤輟食數日朝廷弗之知復遣大司農達識帖木邇等至黃巖招之國珍兄弟皆登岸羅拜退止民間小樓是月中秋月明泰不華欲命壯士襲殺之達識帖木邇夜過泰不華密以事白之達識帖木邇曰我受詔招降公欲擅命耶事乃止檄泰不華親至海濱散其徒衆拘其海舟兵器國珍兄弟復授官有差 泰不華傳

十二月大雨發雷 五行志

是年有百戶尹三珠者守黃巖率百餘人出與國珍戰死之 黃巖志

十二年三月方國珍復刧其黨下海入黃巖港台州路達魯花赤泰不華率官軍與戰死之 順帝紀

汝穎兵起（明史方國珍傳）朝廷征徐州命江浙省臣募舟師守大江國珍懷疑復入海以叛泰不華發兵扼黃巖之澄江遣義士王大用抵國珍示約信使之來歸國珍益疑拘大用不遣以小舸二百突海門入州港犯馬鞍諸山國珍戚黨陳仲達往來計議陳其可降狀泰不華率部衆張受降旗乘潮而前船觸沙不能行隨與國珍遇呼仲達申前議仲達目動氣索泰不華覺其心異手斬之即前搏賊船射死五人賊攀至欲抱持過國珍船泰不華瞋目叱之突起奪賊刀又殺二人賊攢槊刺之中頸死猶植立不仆投其屍海中僮名抱琴及臨海尉李輔德千戶赤盞義士張君璧皆死之（泰不華傳）

閏三月命江浙左丞答納失里討方國珍五月命江南行臺御史大夫納麟給宣敕令集民丁夾攻（順帝紀）

時台州民陳子由楊恕卿趙士正戴甲（順帝紀）皆傾家募士爲國收捕（嘉靖寧波志）命宣敕與之令其集民丁夾攻（順帝紀）

六月方國珍遣兵入黃巖（康熙志）

時國珍坐定光觀遣悍兵入黃巖悉燬官亭民舍（萬曆黃巖志）

自四月不雨至於七月五行志

八月方國珍攻台州城浙東元帥也忒迷失福建元帥黑的兒擊退之順帝紀

賊自中津橋道上登樓騎屋山肉薄臨城城中人方拒擊樓忽自壞登者盡壓死賊遂縱火焚郭外民舍劉基天妃廟碑

十一月癸未命江浙行省右丞帖里帖木兒總兵討方國珍順帝紀

十三年正月丙子方國珍復降三月命江浙左丞帖里帖木兒江南行臺侍御史左答納失里招諭國珍十月庚戌授國珍徽州路治中國璋廣德路治中國瑛信州路治中將遣之任國珍疑懼不受命順帝紀

帖里帖木兒議招撫國珍浙東元帥府都事劉基曰方氏兄弟首亂不誅無以懲後國珍懼厚賂基基不受國珍乃使人浮海至京賄用事者遂詔撫國珍授以官責基擅威福羈管紹興方氏遂愈橫明史劉基傳不聽命國珍傳

十四年春大饑人相食五行志

四月以江浙行省參政阿兒溫沙陞本省右丞浙東宣慰使恩寧普爲江浙行省參政總兵討

國珍順帝紀

先是左丞帖里帖木兒與侍御史左答納失里報國珍已降乞立巡防千戶所朝廷授以五品流官令納其船散遣徒衆國珍不從擁船一千三百餘艘仍據海道阻絕糧運御史臺臣糾二人罪順帝紀乃復遣右丞阿兒溫沙撫之阿兒溫沙命諸縣令以軍資入海而不與之兵遇國珍兵皆潰而歸失亡不可勝計寧波志

九月方國珍執元帥也忒迷失黃巖州達魯花赤宋伯顏不花知州趙宜浩以俟詔命順帝紀

國珍攻台州久不下有漁者九人常夜從水關入城漁畢則出乃就國珍獻計一夕國珍兵至西門漁者使數人於西門大譟放火官軍盡趨救之又數人密從東門斬關出納外兵遂陷台州月山叢談黃巖潘伯修爲國珍所刼屢以大義折之國珍不從其黨郭仁本譖之乃使盜殺諸塗嘉靖寧波志

是月前御史晉山起兵襲黃巖不走而遯嘉靖寧波志

是年妖人黃草堂復煽動黃巖民以報讎爲名聚衆搆亂副都元帥石抹宜孫以計收渠魁六人斬之餘黨皆散爲民台州平劉基石抹公德政碑記

十五年春方國珍陷慶元黄巖志

國珍以舟師徑至慶元浙東都元帥納麟哈剌不能禦開門納之慈谿令陳文昭不附囚之岱山又攻昌國州達魯花赤高昌帖木兒力戰死復乘勝取餘姚州同知禿堅見而責之國珍搆以罪死嘉靖寧波志

七月方國珍使其將李得孫襲溫州破之嘉靖寧波志

溫城守兵出戰多捷戍將驕不為備國珍使李得孫襲破之用其姪明善為鎮撫以守溫屯兵千佛寺溫之祇園有王子清者不附方氏尋被執磔之枂溪劉公寬者積禦盜功官至都事亦不附方氏聞子禱死不勝憤九月夜半率衆襲鎮海門入千佛寺明善脫身走公寬退明善復入城築砦天寧寺以居國璋聞變至溫使方文舉立砦於淨居寺以助防守嘉靖寧波志

次年明善部下陳珙殺公寬敬止錄

是月陞台州海道巡防千戶所為海道防禦運糧萬戶府順帝紀

十六年三月戊申方國珍復降以為海道運糧漕運萬戶兼防禦海道運糧萬戶其兄國璋為衢州路總管兼防禦海道事順帝紀

國珍之初作亂也元出空名宣敕數十道募人擊賊海濱壯士多應募立功所司邀重賄不輒與有一家數人死事卒不得官者國珍之徒一再招諭皆至大官由是民慕爲盜從國珍者益衆國珍既授官據有慶元溫台之地益强不可制元既失江淮資國珍舟以通海道重以官爵羈縻之而無以難也國珍傳

九月天台被兵萬曆天台志

爲海寇所焚里巷蕭然天台志

是年處州山寇尹亞大焚仙居縣治萬曆仙居志

亞大聚衆掠地至仙居攻城陷之以治榜僊字像己亞大焚焉居頃之官軍殲之無遺康熙仙居志

十七年八月乙丑以方國珍爲江浙行省參知政事海道運糧萬戶如故順帝紀

是年春國珍造舟益多或問之國珍曰倘有兵來吾即乘舟浮海去耳於是聞者嘆曰若但爲走計非英雄也明年春嘉靖寧波志有黃巖章子善者好縱橫術走說國珍曰元數將極不待知者而後知今豪傑並起有分裂之勢足下誓衆一呼千百之舟數十萬之衆可立而待浙

江而上則南北中絕撏餽運之粟舟師四出則青徐遼海閩海甌越可傳檄而定爾能行此人心有所屬而伯業可成也國珍曰君言誠是然智謀之士不爲禍始不爲福先朝廷雖無道猶可延歲月豪傑雖並起智均力敵莫適爲主保境安民以俟眞人之出斯吾志也願君勿復言子善謝去（神道碑）

十月（續綱目）方國珍遣兵侵紹興（元史石抹宜孫傳）

時邁里古思以行樞密院判官分治紹興會國珍遣兵侵據紹興屬縣邁里古思曰國珍本海賊今既爲大官而復來害吾民可乎欲率兵往問罪先遣部將黃中取上虞中還將益兵御史大夫拜住哥與國珍素通賄賂憤邁里古思擅與兵恐生事使人召邁里古思至其私第計事至則命左右以鐵鎚撾死之城中老幼男女無不慟哭黃中乃率其衆復仇盡殺拜住哥家人及幕府官員椽吏獨留拜住哥不殺以告於張士誠士誠遣其將守紹興（石抹宜孫傳）

十八年方國珍以兵攻張士誠（明史稿方國珍傳）

會有詔徵兵討張士誠國珍遂出師士誠遣其將史文炳呂眞統十將軍兵七萬禦於崑山崑山去士誠姑蘇爲都七十里文炳眞陳兵城中仍以步騎夾岸爲障游兵往來旗旗數十

里不絕勢甚盛國珍曰濱海之地非四達之衢乃復㕘用步騎兵雖盛不足畏也國珍舟師僅五萬身率壯士數百趨奇子橋文炳貞使十將軍薄戰矢石如雨國珍戒其衆持蒿席蔽泥留矢石急衝夾岸軍士以火箭亂射國珍燎及鬚鬢橫刀大呼而入殺兩將軍及十餘人軍大潰國珍與壯士追擊趨其中里所爇披雁橋左右步騎亂不成軍文炳貞棄馬走亡七將軍溺死者萬計明日又戰七戰七捷直至城下士誠得報遣使送款請奉元正朔國珍還神道碑國珍子明敏從克太倉授分省參政古今識鑑士誠軍屢為明軍所敗懼國珍乘隙託丁氏往來說合結為婚姻兩境之民稍息秘閣元龜政要

五月戊戌以方國珍為江浙行省左丞兼海道運糧萬戶順帝紀

國珍以節鉞領浙東開治于鄞神道碑以兄國璋弟國瑛居台姪明善居溫而留弟國珉自副政刑租賦任意為輕重明善頗循法度而國璋國瑛惟以貿田造舟殖貨為富家計明太祖實錄

十二月戊子明太祖遣使招諭方國珍明史太祖紀

太祖已取婺州使主簿蔡元剛使慶元國珍謀於其下曰江左號令嚴明恐不能與抗況為我敵者西有吳南有閩莫若姑示順從藉為聲援以觀變衆以為然國珍傳

十九年三月丁巳方國珍以溫台慶元獻於明太祖遣其子關爲質不受（太祖紀）

國珍遣使奉書進黃金五十觔白金百觔文綺百匹（國珍傳）其書曰國珍生長海濱魚鹽負販無聞於時向者因怨搆譁逃死無所迫於自救而已惟明公倡義濠梁東渡江左據有形勢以制四方皆揚威武國珍向風慕義欲歸命之日久矣道路壅塞不能自通今聞親下婺州撫安浙左威德所被人心景從不棄獷悍猥加訓諭開其昏聵俾見天日此國珍所深願也謹遣使奉書上陳懇款或有指揮願效奔走（七修類稿）太祖復遣鎮撫孫養浩報之國珍請以溫台慶元三郡獻且遣次子關爲質（國珍傳）太祖曰自古英雄以義氣相許當如青天白日何以質子爲（神道碑）却其質厚賜而遣之（國珍傳）

十月元以方國珍爲江浙行省平章政事（順帝紀）

國珍昆弟子姪賓客皆至大官雖奴僕亦濫名器每遇朝金紫雜沓永嘉丞達海及鄉進士趙惟俊皆不與方氏國珍惡之並沈之於江士有頌功德以媚之者輒蹴顯貴溪山嘯聚之徒荷戈來從授以州縣佐者甚衆又時以粟至燕交通權要凡宣敕封贈恣其所欲三路士民忘其爲盜惟知有方氏更翕然附之（嘉靖寧波志）國珍招延士大夫折節好文與中央爭勝文

人遺老如林彬蘊都剌常威往依焉列朝詩集劉仁本詹鼎則親近用事明詩綜

明太祖遣夏煜授方國珍行省平章國珍以疾辭太祖紀

太祖遣博士夏煜往拜國珍福建行省平章事國珍傳國瑋行省右丞嘉靖甯波志國瑛參知政事

國珉樞密分院僉事國珍名獻三郡實隱持兩端煜既至乃詐稱疾自言老不任職惟受平

章印誥而已國珍傳惟國珉開院署事續通鑑

冬十二月大雷電康熙臨海志

二十年正月明太祖復遣楊憲等往諭方國珍明史稿太祖紀

夏煜自慶元還具言國珍懷詐狀明史稿太祖紀時楊憲爲浙東行省郎中命往諭之明史稿楊憲傳太祖

書曰吾始以汝豪傑識時務故命汝專制一方汝顧中懷叵測欲覘我虛實則遣侍子欲卻

我官爵則稱老病夫智者轉敗爲功賢者因禍爲福汝審圖之國珍無內附意得所諭書竟

不省國珍傳

方國珍治海舟爲元漕張士誠粟十餘萬於京師國珍傳

方國珍張士誠竊據浙東西之地雖縻以好爵資爲藩屏而貢賦不供剝民自養海運之舟

不至京師者積年矣至十九年朝廷遣兵部尚書伯顏帖木兒戶部尚書齊履亨徵海運於江浙由慶元抵杭州時達識帖睦邇爲行省丞相張士誠爲太尉方國珍爲平章政事詔命士誠輸粟國珍具舟達識帖木邇總督之而方張互相猜疑士誠慮方氏載其粟而不輸于京國珍恐張氏掣其舟而乘虛襲己伯顏帖木兒白于丞相正辭以責巽言以諭乃釋兩家疑先率海舟俟於嘉興之澉浦而平江之粟展轉以達乃載於舟爲石十有一萬是年五月赴京明年五月運糧如之二十二年五月加二萬二十三年五月仍運糧十三萬石 元史食貨志

十二月明太祖復遣夏煜以書諭方國珍 太祖紀

書曰福基於至誠禍生於反覆隗囂公孫述故轍可鑒大軍一出不可虛辭解也國珍詐窮陽爲惶懼謝罪 國珍傳

二十一年三月戊寅方國珍遣使於明太祖飾金玉馬鞍以獻太祖卻之 太祖紀

太祖曰今有事四方所需者人材所用者粟帛寶玩非所好也 太祖紀

二十二年二月辛未 明太祖紀 苗帥蔣英等殺胡大海持首奔國珍國珍不受自台州奔福建方國璋守台邀擊之爲所敗被殺 國珍傳

苗軍劉震將英等叛殺首帥胡大海持其首來曰願隸麾下衆皆賀國珍不許曰吾昔遣使效錢鏐言猶在耳今納其叛人是見小利而忘大信也且人叛主而歸我即他日叛我又安可必耶遂帥師擊之國璋中流矢沒太祖遣使臨祭且撫其遺孤神道碑 自國璋之沒國珍知其兵不可用惟北道察罕父子南道陳友諒以觀成敗始察罕平定山東江南震動太祖遣千戶王華挾三千金附國珍海舟至燕通好元遣尚書張昶等來諭假兩察罕死太祖遂與元絕國珍以昶等聞太祖不答國珍懼見讓令昶等至閩已而太祖悉召元使誅之又遣楊憲諭國珍使奉正朔國珍對曰昔獻三郡爲保民計也未至遽奉正朔張士誠陳友定倘來見攻若援兵不及則國珍危矣姑以至正爲號彼則無辭以罪我兄我元之首亂不得已而授我兄弟以官使我稍不振彼安能容我耶必欲我從命須多發兵來守三郡即當以三郡付上國國珍率弟姪聽命於京止乞國珍一身不仕以報元恩足矣憲還以告太祖曰姑置之俟我克蘇州雖欲奉正朔亦晚矣時國珍方睥於士誠倚爲屏蔽故不即降嘉靖寧波志

二十三年十二月丁巳地震五行志

二十四年九月方明善攻平陽通鑑綱目 明參軍胡深擊敗之遂下瑞安國珍傳

溫州豪周宗道聚衆據平陽數爲方國珍從子明善所偪以城歸胡深明善怒攻之深遣兵擊走明善遂下瑞安進兵溫州明史胡深傳國珍恐請歲輸白金三萬兩給軍俟杭州下即納土來歸太祖詔深班師國珍傳

是年黃巖州海溢颶風拔木禾盡偃五行志

二十五年六月壬子胡深克溫之樂清擒方國珍鎮撫周清萬戶張漢臣總管朱善等械送建康續通鑑

九月以方國珍爲淮南行省左丞相順帝紀衢國公續通鑑分省慶元順帝紀

二十六年九月丙戌以方國珍爲江浙行省左丞相弟國瑛國珉姪明善並爲江浙行省平章事順帝紀

元數加國珍爵賞俄至太尉江浙行省左丞相賜衢國公印章昆弟子姪資格皆至大官神道碑

二十七年夏四月方國珍陰遣人通擴廓及陳友定明太祖移書責之明太祖紀

先是十一月李文忠下餘杭太祖紀國珍據境自如國珍傳徐達等攻平江張士誠拒守張士誠傳國

珍遣間諜假貢獻名覘勝負又數通好於擴廓帖木兒及陳友定圖爲犄角太祖聞之怒貽書數其十二罪（國珍傳）其略曰爾起事時元尚承平倡亂海隅遂陷三州之地扼海道之衝竊據山島二十餘年朝送款於西暮送款於北此豈大丈夫之所爲一也吾下婺時勍敵甚多豈暇與爾較勝爾遣子納降吾不逆詐數年之間迭生兵隙二也浙之東西諸郡漸下爾陰蓄異志覘我虛實三也未有釁端先自猜忌四也易交輕侮五也擴廓帖木兒以曹操之奸旋爲人敗吾中原已得其半爾泛海遠交聲言擊我以速怨尤六也彼若有事爾遠難救彼若無事交疏禮簡禍亂出生七也爾兄弟無功於元坐要名爵毆屈萬端今歸我又不能保八也爾兵數出上帝好生違天虐民九也爾能盡驅溫台慶元之民與決勝負丈夫事也今遣數舟狗偷鼠竊十也吾遣兵入浙張士誠將士盡皆降附爾誘我海上土豪作亂近來留其首惡十一也福建陳友定奸謀叵惡爾乃陰扇潛結遙爲聲援以詐交詐反自疑吾十二也爾乃擇交大國有一無二尚可以保全矣不報（七修類稿）

七月庚寅明太祖遣使責方國珍貢糧（明太祖紀）

太祖責國珍貢糧二十萬石仍以書諭其略曰汝初獻款謂杭城破即來歸豈意挾詐張士

誠接境取爾甚易不敢加兵者吾力制之故爾安享三州爾郤遣奸胡我潛結陳友定今明告爾師下姑蘇卽取溫台水陸並進爾早改過以小事大尙可保富貴也不然與我較一勝負亦丈夫之所爲也不然揚帆竄入海島吾恐子女玉帛反爲爾累舟中皆敵國也宜愼思之吳國倫方國珍本末略書至國珍大懼集弟姪及將佐決去就其郎中張本仁曰蘇州未下彼安能越千里而取我劉庸曰江左多步騎其如吾海舟何國珍弟姪多以爲然續通鑑有邱楠者獨爭曰彼所言均非公福也惟智可以決事惟信可以守國惟直可以用兵公經營浙東十餘年矣遷延猶豫計不早定不可謂智既許之降抑又倍焉不可謂信彼之徵師則有詞矣我實負彼不可謂直幸而扶服請命庶幾可視錢俶矣國珍不聽惟日夜運珍寶治舟楫爲航海計國珍傳

九月辛丑明參政朱亮祖克台州順帝紀方國瑛敗走國珍傳

九月甲戌朱亮祖帥師討國珍明太祖紀太祖戒之曰三州之民疲困已甚城下之日毋殺一人續通鑑台州爲國珍弟國瑛竊據明史紀事本末亮祖率馬步舟師數萬討國瑛明史朱亮祖傳己丑亮祖駐軍新昌遣指揮嚴德攻關嶺山寨平之甲午兵至天台縣尹湯盤降丁酉進攻台州國瑛出

師拒戰亮祖擊敗之指揮嚴德中矢死辛丑克台州初國瑛聞師至即欲遁會都事馬克讓自慶元還言國珍方治兵城守勸國瑛勿去國瑛始得約束將士拒守然士卒懷懼往往有逃潰者亮祖攻之急國瑛以巨艦載妻子續通鑑乘夜出興善門明史紀事本末走黃巖亮祖入其城續通鑑判官王縉死之徽州府志國瑛挾總管趙琬至黃巖琬潛登白龍奥舍於民家絕粒不食七日而死元史忠義傳十月續通鑑亮祖追國瑛至黃巖朱亮祖傳國瑛燒廨宇民居遁海上黃召南明鑑南紀亮祖守將哈兒魯徇下仙居諸縣朱亮祖傳進趨溫州明鑑前紀

十月己巳朱亮祖克溫州明太祖紀方國瑛及方明善降朱亮祖傳亮祖總兵取溫州指揮何世明以軍從宋濂撰章溢碑自永嘉楠溪過江到太平嶺溫州府志破其寨遣指揮張俊湯克明攻西門徐秀攻東門柴虎將遊兵應援明太祖實錄明善海舟數百艦泊江次爲泛海計遣其黨艾狗鄭不花東英出西門拒敵明兵夾擊擒殲之狗英僅以身免明善懼集父老數十人欲納款遷延至申時明善棄城登舟溫州志亮祖獲員外郎劉仁本分兵循瑞安楓嶺周僉謝伯通以城降太祖實錄十一月癸酉續通鑑亮祖復敗明善於盤嶼追至楚門亮祖傳遣百戶李德招諭之續通鑑國瑛及明善詣軍降亮祖傳

十一月辛巳明征南將軍湯和克慶元方國珍逃入海己丑明征南將軍廖永忠自海道會和討國珍(明太祖紀)

先是十月癸丑太祖命湯和爲征南將軍吳楨副之(明太祖紀)帥常州長興江陰諸軍討國珍(湯和傳)諭之曰爾等奉辭伐罪毋縱殺戮當如徐達下姑蘇平定安集乃吾所願也十一月和自紹興渡曹娥江進次餘姚降其知州李樞及上虞縣尹沈煜遂進兵慶元城下攻其西門院判徐善等率父老迎降國珍乘海舟遁和率兵追之(明史紀事本末)楨乘潮入曹娥江毀壩通道出不意直抵軍廐國珍亡入海追及之盤嶼合戰自申至戌敗之(吳楨傳)擒其副樞方惟益元帥戴廷芳等(實錄)斬馘無算獲海舟二十五艘(湯和傳)及士卒輜重(吳楨傳)和還定諸屬城(湯和傳)

十二月丁未方國珍降浙東平(明太祖紀)

國珍登大舶欲揚帆遠引以避兵鋒而颿不利兵追不知所爲和亮祖各遣人諭使早降(嘉靖寧波志)國珍遣經歷郭春及其子文信詣亮祖納款國珍部將徐元帥李僉院等率所部降國珍見諸將皆叛(實錄)諸郡縣相繼下愧恐失措湯和等又遣人持書招之諭以朝廷威德及陳天命所在國珍不得已遣郎中承廣員外郎陳永乞降又遣其子納省院及諸銀印二十六

銀一萬兩錢二千緡於和（明史紀事本末）十二月（續通鑑）遣子關奉表曰（國珍傳）臣聞天無所不覆地無所不載王者體天法地於人無所不容臣荷覆載生成之德久矣安敢自絕於天地故敢一陳愚衷惟陛下裁察臣本庸才處乎季世保境安民非有黃屋左纛之念纔者陛下造舉電擊之師至於婺州臣愚即以爲天命有在遣子入侍於時固已知陛下有今日矣所謂依日月之末光望雨露之餘澤者也而陛下開誠布公賜手書歸質子俾守郡縣如錢鏐故事十年之間與中吳角立皆陛下之賜哉也遂天兵下臨吳會臣嘗上書謂朝定杭越則暮歸國而不意今年以來老病交攻頓成昏昧而弟兄子姪志慮不齊致煩陛下興問罪之師方懷憂懼未能自明而大軍已至台溫今臣計無所出雖遣使再三而承詔之師勢不容已是以封府庫開城郭以俟王師之至然猶未免爲浮海之計者昔有孝子於其親也過小杖則受大杖則走臣之事適與相類雖然臣一介草莽亦安敢自絕於天地故每自思欲面縛待罪闕庭復恐陛下萬一震雷霆之怒天下後世議者不謂臣得罪之深將謂陛下不能容臣豈不累天地之大德哉謹昧死奉表以聞俯伏俟命（神道碑）太祖始怒其反覆及覽奏憐之（事略）表爲麾下士爲鼎詞（國珍傳）太祖曰孰謂方氏無人耶（明史紀事本末）賜書曰汝違吾諭不即斂手歸命

次且海外負恩實多今者窮蹙無聊情詞哀懇吾當以汝此誠爲誠不以前過爲過汝勿自疑遂促國珍入朝國珍傳 辛亥國珍及其弟國珉率部屬謁見湯和於軍內明史紀事本末得卒二萬四千海舟四百餘艘浙東悉定湯和傳 和送國珍於京師太祖讓之曰公胡反覆陰陽勞我戎師耶顧實公左右舞小智教公公不能自裁耳乃悉召其臣以邱楠爲韶州同知又知草表出鼎手命官之其餘號徙濠州後太祖即位厚遇國珍賜第京師明史紀事本末授廣西行省左丞食祿不之官數歲卒於京師國珍傳 年五十六太祖爲文祭之葬於京城東二十里玉山時洪武七年三月也神道碑 子禮官廣洋衛指揮僉事關虎賁衛千戶所鎮撫國珍傳

元時追封陳孚爲臨海郡公宋濂志 未詳封年故附於末

大事略二攷異

至正二十六年二月台州賊楊鎮龍據玉山反諸王闊吉帶討之　元史世祖紀作三月台州賊楊梢鎮龍聚衆寧海續通鑑據經世大典作二月據玉山反康熙天台志與續通鑑同今從之

方國珍　宋濂撰神道碑諱珍避廟諱更名眞因字谷貞明史本傳贊云國珍又名谷珍蓋降後避明諱云今案明太祖之父名世珍故諱珍字太祖字國瑞故又避國字華雄事略云改國爲谷避高帝字也

草木子方國珍寧海人七修類稿同今案國珍本黃巖洋嶼人神道碑其系分自甯川再遷台之仙居三遷於黃巖遂占籍焉明史本傳亦作黃巖人草木子七修類稿俱誤類稿又誤洋嶼作楊氏亦非今正吳國倫方國珍本末略作洋山

七修類稿至正八年蔡亂頭剽竊海商方爲國宣力剿賊而總管焦鼎納蔡之賂反罪其功方怒曰蔡能亂我不能耶遂與弟國瑛等叛吳國倫所作事略姚淶所作方傳略同康熙府

上海游民習勤所承印

志引黃巖志云國珍與蔡亂頭以爭伞盆相讎州縣不與直已而李太翁嘯聚海上亂頭繼之剽掠漕運再殺使者勢甚熾張行省懸格命捕國珍故蔡讎也又募賞格必欲擒蔡蔡懼自投於官總管焦鼎納蔡賂薄其罪國珍恚曰蔡能為寇我不能耶適以逋租道巡檢某往捕之國珍方食左執食棹為牌右持巨杠為梃格殺巡檢遂聚兵入海與類稿略同而較詳嘉靖寧波志黃巖風俗貴賤等分甚嚴佃戶見田主不敢施揖伯叔亦恭事田主國珍曰田主亦人耳何恭如此父曰我養汝等由田主之田也何可不恭國珍不悅父卒兄弟戮力家道漸裕恥不禮於田主釀酒以俟田主之至醉其主僕瘞其屍於酒甕主家訴於官州遣巡檢來捕國珍左執几捍兵右執巨梃格鬭遂殺巡檢入海為亂案此說殊異神道碑至正初李太翁嘯聚倡亂出入海島劫掠漕運舟殺使者有司捕索久不獲從而紛擾之劇盜蔡亂頭較尤為亂中擘參知政事朵兒只班發郡縣兵討蔡寇公之怨家譖構與蔡通遂繫甚急遂入海明史本傳蔡亂頭行剽海上有司發兵捕之國珍怨家告其通寇國珍殺怨家亡入海案史傳本於神道碑而碑實據詹鼎所撰行狀鼎本國珍幕僚似當得其實今從之

十一年六月方國珍攻黃巖沿海殺百戶尹宗澤戰死　嘉靖寧波志作尹宗澤康熙志引黃

巖志作尹山猪乾隆黃巖志作尹三珠當是一人而文各不同未知孰是

十二年八月方國珍攻台州城　寧波志作五月今從元史順帝紀黃巖舊志同

十六年處州山寇尹亞大陷仙居　萬歷仙居志作十六年康熙仙居志作十四年未知孰是今姑從萬歷志

章子善　明史方國珍傳作張子善

二十一年三月戊寅方國珍遣使於明太祖飾金玉馬鞍以獻嘉靖寧波志繫此事於二十二年今從明史太祖紀

二十四年九月方明善攻平陽胡深擊敗之遂下瑞安　嘉靖寧波志二十三年方明善攻平陽執元守臣周嗣幽之於鄞明善入平陽恣淫月餘周氏督卒黨環逐明善以平陽附於處州將胡深引兵略瑞安二十四年春深攻溫州國珍懼修貢於太祖且約大兵取杭即獻土明史胡深傳作溫州豪周宗道據平陽為明善所逼以城歸胡深續通鑑同與寧波志異今從明史

二十六年九月丙戌以方國珍為江浙行省左丞相　元史順帝紀載此事於二十六年神道碑載俄至太尉江浙行省左丞相賜衢國公印章於遣子入侍前明史國珍傳載於太祖役

以書諭國珍前案明太祖紀國珍遣子關爲質在至正十九年三月復遣夏煜以書諭國珍在二十年十二月是時國珍尚未爲江浙行省左丞相也蓋碑文總序其前後所歷官明史國珍傳仍之誤以元史爲正

二十七年四月明太祖貽書方國珍數其十二罪　此書吳國倫所撰事略與七修類稿字句略異嘉靖寧波志所載詳略又異今據類稿又寧波志系此事及責其貢糧事於二十六年今據明史太祖紀及續通鑑

九月甲午朱亮祖兵至天台　明史紀事本末作辛卯今從續通鑑

湯盤　齊召南明鑑前紀作趙槃今從續通鑑及明史紀事本末

趙琬絕粒死　宏治志以琬爲至正三年任康熙志以琬死於十二年八月國珍攻台州時今從元史趙璉傳系於二十七年

國珍遣子關奉表　神道碑作完事略及七修類稿續綱目續通鑑皆作明完明史國珍傳作關今從明史又碑及事略明史傳所載表文字句詳略互異今從碑文

以邱楠爲韶州同知其餘謫徙滁州　明史國珍傳作皆徙滁州叔邱楠爲韶州知府與紀事本末不同潛庵明史稿亦作滁州今從之

大事略三

明太祖洪武二年日本掠台州旁海民明史外國日本傳

日本古倭奴國唐咸亨初改日本以近東海日出而名也地環海惟在北限大山有五畿七道三島共一百十五州統五百八十七郡宋以前皆通中國朝貢不絕惟元世未相通明太祖即位方國珍張士誠相繼誅服諸豪亡命往往糾島人入寇山東濱海州縣是年三月帝遣行人楊載詔諭其國且詰以入寇之故日本王良懷不奉命復寇山東轉掠溫台明州旁海民遂寇福建沿海郡三年三月又遣萊州同知趙秩責讓之始遣其僧祖來奉表稱臣貢馬及方物且送還明台二郡被掠人口七十餘日本傳

夏四月癸巳台州獻瑞麥明實錄

四年十二月詔靖海侯吳禎籍方國珍所部溫台慶元三府軍士明史兵志及船戶凡十一萬一千七百餘人明史紀事本末隸各衛為軍且禁沿海民私出海明史兵志

時國珍餘黨多入海剽掠故命禎往籍之明史紀事本末禎奉命收方氏故卒無賴子誘引平民台

溫騷然寧海知縣王士弘曰（明史盧熙附傳）吾寧獲死罪不可誣良民爲兵郎上封事（紀事本末）辭極懇切詔罷之民賴以安（明史傳）

十一年秋七月台州海溢人多溺死（五行志）遣官存恤（太祖紀）

十三年臨海火（康熙臨海志）

十四年十月衢處台三府山寇吳達山葉丁香等連結作亂命延安侯唐宗勝右軍都督僉事張德總兵討之明年正月賊平各賜田莊（明兵武天下郡國利病書）

十五年閩谿吳沈薦方孝孺召見（明史方孝孺傳）

十七年正月壬戌（太祖紀）命信國公湯和巡視海上築浙東西沿海諸城（兵志）倭寇海上帝謂湯和曰卿雖老強爲朕一行和請與方鳴謙俱鳴謙國珍從子也習海事常訪以禦倭策鳴謙曰倭海上來則海上禦之耳請量地遠近置衞所陸聚步兵水具戰艦則倭不得入入亦不得傅岸近海民四丁籍一以爲軍戍守之可無煩客兵也帝以爲然和乃度地浙西東並海設衞所城五十有九選丁壯三萬五千人築之盡發州縣錢及籍罪人貲給役役夫往往過望而民不能無擾浙人頗苦之或謂和曰民讟矣奈何和曰成遠算者不

恤近怨任大事者不顧細謠復有謗者悉吾劍論年而城成稍事大定考格立賞令浙東民四丁以上者戶取一丁戍之凡得五萬八千七百餘人嘉靖間東南苦倭患和所築沿海城戍皆堅緻久且不圮浙人賴以自保多歌思之巡按御史請於朝立廟以祀和字鼎臣濠人追封東甌王謚襄武（明史本傳）

八月大風雨山谷暴漲天台沿溪居民多被衝溺（萬曆天台志）

十九年十二月置松門新河千戶所（明史地理志）

二十年二月置海門衛隘頑楚門千戶所六月升松門千戶所為衛九月置桃渚健跳千戶所（明史地理志）

二十三年夏秋大旱（萬曆天台志）

二十五年方孝孺又以薦召至京除漢中教授蜀獻王名其廬曰正學

二十七年臨海火（康熙臨海志）

二十八年置前千戶所（明史地理志）

三十一年二月乙酉倭寇寧海指揮陶鐸擊敗之（太祖紀）

上海聯民印刷所承印

惠帝建文元年召方孝孺為翰林侍講 本傳

二年方孝孺遷侍講學士 本傳

四年夏六月大蝗減稅糧一半 萬曆天台志

蝗自北來食禾穗竹葉殆盡 萬曆仙居志

是月己巳燕王即皇帝位丁丑殺方孝孺夷其族 成祖紀

成祖永樂二年黃巖賊童養民伏誅 成祖實錄

二年春夏旱二麥無收 康熙天台志

天台知縣康彥民典史林同分往鄉勸富家發粟振之又於郡倉借麥種給之次年償於官 天台志

三年春夏旱 康熙府志

七年八月大風雨 萬曆天台志

拔屋沒禾稼 天台志 黃巖壞官舍案牘俱失 康熙府志

八年秋七月大雨 萬曆天台志

十一年春夏之交淫雨後大旱萬曆天台志

自五月至六月不雨禾盡槁通判陳巖天台知縣張洞虔禱有小應天台志

十四年七月大水康熙府志

十五年倭寇松門日本傳

五月五日倭寇至松門登岸焚劫自寅至午未退盤石衛統巡楊追捕受傷一城受害無算

先敵未至松門城忽崩一缺蓋兆先見縣人何愚有紀事詩嘉慶太平志

十六年春正月甲戌倭陷松門衛成祖紀

二十年倭寇桃渚徐忠破之天下郡國利病書

二十二年七月黃巖潮溢溺死八百人五行志

永樂間寧海莫惟英爲亂典史錢本擒之康熙寧海志

惟英聚集亡民數百人入象山依憑險阻劫掠村落錢本擒之寧海志

仁宗洪熙元年六月十五日黃巖縣大雨水高平地五六尺傷禾稼六百二十頃明實錄

宣宗宣德元年四月免黃巖縣糧稅乾隆黃巖志

上海游民習勤所承印

二年永寧江潰黃巖志

黃巖民林涉爲亂未幾伏誅嘉靖太平志

涉以南與將居白謀殺其父復糾挖去居白目嚴兵拒捕殺巡檢及官兵七人太平志

七年黃巖旱饑乾隆黃巖志

邑祖廟前古樹忽雨穀民賴以播種黃巖志

九年秋大旱傷稼二申野錄

宣德時黃巖有妖言獄當坐者三千人御史孔文英按之白其誣械首從一人論罪明史陳璉傳

黃巖縣有健訟者搆揑齊民三千人相聚詩張爲幻時文英爲浙江道御史奉勅鞫問一訊

即得其情遣詿誤者獨械首從一人治之中外服其明巢文英字世傑安化人永樂進士嘉靖

浙江通志　宣德三年山知縣擢御史明史顧佐傳　天順時官至刑部侍郎陳璇傳

英宗正統二年星隕化爲石康熙臨海志

四年五月倭破台州桃渚明史日本傳

倭船四十艘連破台州桃渚寧波大嵩二千戶所又陷昌國衛大肆殺掠日本傳　先是倭得我

勘合方物戎器滿而東過官兵嬉云入貢我無備即肆殺掠貢即不如期守臣幸無事輒請俯順倭情已而備禦漸疏至是倭入桃渚大嵩官庾民舍焚劫驅掠少壯發掘塚墓束嬰孩竿上沃以沸湯視其啼號拍手笑樂得孕婦卜度男女剖視中否爲勝負飲酒積骸如陵（明史紀事本末）浙江僉事陶成有智略遇事敢任倭犯桃渚成密布釘板海沙中倭至艤舟躍上釘洞足背倭畏之遠去成字孔思鬱林人（明史陶成傳）先是洪熙時黃巖民周來保困於徭役叛入倭倭每來寇爲之鄉導正統八年導倭犯樂清先登岸偵伺俄倭去來保留村中丐食被獲磔極刑梟其首於海上（日本傳）

五年臨海天台等縣五六月間大旱傷稼（明實錄）

八年城桃渚（康熙府志）

三月隕霜如雪殺草木蔬無葉自四月雨至於八月麥腐禾苗不長八月又大風雨水溢六種無收（萬曆天台志）

是月郡大水（黃淮台州修建郡學記）松門海門海潮泛溢壞城郭官亭民舍軍器（明史五行志）

九年閏七月大水（五行志）

冬瘟疫大作五行志

時台州紹興寧波俱瘟疫及明年死者三萬餘人五行志

十年三月大旱黃佐翰林記

時寧波台州久旱民遭疾疫遣禮部王英祀南鎮至日即雨讞獄之夕雨止明日又雨田野沾足浙江通志引明從信錄

正統中巡按御史馬謹疏振台處寧紹四府饑明史馬謹傳

代宗景泰二年四月仙居梅樹花康熙府志

十二月庚寅王一寧以禮部侍郎兼翰林學士直文淵閣預機務景帝紀

三年四月王一寧晉太子少師七月卒明史宰輔表

四月寧海大饑民多餓死光緒寧海志稿

六年倭寇健跳所官軍城守不得入天下郡國利病書

七年天台大饑民多流亡萬歷天台志

憲宗成化四年大雨海溢康熙府志

五年冬十二月（明史地理志）析黃巖縣南三鄉置太平縣（明一統志）

六年夏五月大水（二申野錄）饑（康熙府志）

十一年夏四月蝗（二申野錄）

民掘草根以食太平徐紹賦蕨箕行紀其事（詩曰有草有草名蕨箕根生土底味頗肥海民絕糧三月時長鑱斸徧青山歸擔頭苦重力苦衰老婆留爲來何處擴汲清泉淨浸洗曬向斜陽來日歸且搗且搗始心孔急餵兒未食聲聲飢啼阿娘抱兒雙淚垂溝壑委命斯其時君不見太倉白紅朽幾有餓殍湮不知一盡屬太平志）

十二年析溫州樂清縣之下山六都以益太平縣（明一統志）

大水（康熙府志）

十三年台州水旱相繼（憲宗實錄）

二十二年六月臨海縣災延燒千七百餘家（五行志）

九月大旱（五行志）饑（康熙府志）

孝宗弘治元年四月大風雨海溢（康熙府志）

發屋走石海溢平地數丈漂沒陵谷死者不知其數（康熙臨海志）

上海游民習勤所承印

十一年大旱康熙府志

十三年民掘草根食康熙府志

十六年九月十八日海溢康熙府志

波湧溝市幾五尺越日不退康熙府志

是年寇入寧海劫縣庫康熙寧海志

十八年九月十三日夜半地震有聲康熙府志

武宗正德元年八月六日大風雨壞民居康熙府志

十一月己亥臨海縣治火延燒數千家五行志

三年夏旱蝗大饑康熙府志

寧海地震二日康熙寧海志

冬十一月康熙臨海志郡城火焚公廨民居殆盡康熙府志

時風烈一發十數處焚府縣學暨民廬萬餘家男女死者二百餘人康熙臨海志

五年春正月太平披雲山鳴嘉慶太平志

夏旱嘉慶太平志

七年乏食五行志

九年倭遁寧海康熙寧海縣志

漳人引倭入寇淳化典史陸方領兵追捕大捷寧海志

十三年夏六月大水二申野錄民多溺死萬曆仙居志

十五年六月癸未夜火隕三大如雞觸草木皆焦五行志

十六年夏大疫二申野錄

世宗嘉靖五年大旱饑莩俱藉死者相枕康熙府志

八年曾銑成進士授長樂知縣明史曾銑傳

八月十六日大水萬曆天台志

郡西城陷下尺餘深壞田廬死者甚衆康熙臨海志天台水深尋丈近溪居民俱衝壞萬曆天台志

十年十月天台火延燒學宮萬曆天台志是年仙居亦火學宮災康熙府志

十三年春大疫康熙府志

上海游民習勤所承印

滸船假倭名劫太平茅峴及松門嘉慶太平志

十七年新隘頑城淫雨百日不止太平志

十八年倭寇寧海康熙寧海志

倭至石所兆十日沿海居民盡逃寧海志

二十年六月旱台一府錄

七月十八日颶風大雨康熙府志

颶風掣屋發石拔木大雨如注洪潮暴漲平地水數丈死者無算康熙府志知府周志偉請諸院司勸諭衆庶得錢數萬行縣親振王廷幹治海問寒時序

是月山中蛟出嘉慶太平志引西園雜記偏身皆火鬚山擁出與鬬水火相激赤氣漫空壞臨海太平天台三縣民居田畝死者甚多西園雜記

二十三年三月丁巳賜秦鳴雷進士及第世宗紀

是年巡視海道副使移駐台州天下郡國利病書

嘉靖初駐省城巡歷全浙海上是年移駐台州 利病書

二十四年大旱無麥苗盡槁歲大饑民多殍 康熙府志

自二月至六月不雨各邑俱荒米麥每石銀三兩盜賊充斥邑里消耗民多逃亡餓死 康熙天台志

黃巖縣西苦竹村有竹數畝皆生米居民蒸以爲食味似麥遠近爭取之人得數斗一方賴以不饑 乾隆黃巖志

二十五年曾銑以兵部侍郎總督陝西三邊軍務 曾銑傳

秋七月大疫 二申野錄

二十六年夏民間訛傳采童女一時嫁娶殆盡 康熙府志

十二月乙亥海寇犯台州 世宗本紀 大肆殺掠將吏並獲罪 日本傳

倭寇百艘久泊寧台數千人登岸焚劫 明史食貨志 攻掠諸郡邑燬官民廨舍至數百千區巡按御史裴紳劾防海副使沈瀚守土參議鄭世威因乞勅巡撫朱紈嚴禁泛海通番句連主藏之徒 明史紀事本末 紈訪知舶主皆貴官大姓市番貨皆以虛直轉鬻牟利而直不時給以是構亂乃嚴海禁毀餘皇奏請鐫諭戒大姓不報 明史食貨志

上海游民習勤所承印

二十七年曾銑棄市妻子流三千里曾銑傳

巡視海道副使自台州改駐寧波天下郡國利病書

三十年黃巖樟木結實如梨乾隆黃巖志

三十一年始築台州府城

白距魚自海入永寧江黃巖志

其大如斗噴沫揚鬐舊志云每入海入江則有水患壬子由海門入永寧江至湖際是年倭入寇黃巖志

夏四月倭入海門康熙府志五月戊申陷黃巖世宗紀遂攻台州知事武暐戰死知府宋治仙居知縣馬濂擊退之康熙志

四月倭入海門至嚴市街居民狎之尋見其殺人如刈草始奔竄沿途殺掠臨海志五月二十八日寇渠賊首鄧文俊率倭二千直入黃巖焚縣治台州外書知縣高材禦戰不利邑民楊志等被殺康熙府志據縣治七日而出時縣無城賊乘潮猝至故陷外書燬民廬舍殆盡其府知事武暐赴救至釣魚嶺伏發死之倭乘勢至馬鞍嶺知府宋治與仙居知縣馬濂合兵追至倭始遁去

康熙府志十一月參將湯克寬追逐之於馬下洋文俊就禽外番
先是徽人汪直以事亡命走海上爲船主渠魁倭奴而轄其魁者浙閩人善設伏能以寡擊
衆大發數千人小發數百人而推直爲最徐海次之又有毛海峯彭老生不下十餘帥列近
洋爲民害至是登岸犯台州破黃巖四散象山定海諸處猖獗日甚浙東騷動明史紀事本末初二
十三年南京御史屠仲律上言五事其守海口云守平陽港黃花澳據海門之險使不得犯
溫台守寧海關湖頭渡迎三江之口使不得窺寧紹守鼇子門乍浦峽使不得近杭嘉守吳
淞劉家河七丫港使不得掩蘇松且宜修飭海舟大小相維聯爲一艅募慣習水工領之而
充以原額水軍於諸海口量緩急置防部從其議明史兵志二十六年巡按御史楊九澤言浙江
寧紹台溫皆濱海界連福建興漳泉諸郡有倭患雖設衛所城池及巡海副使備倭但海寇
出沒無常兩地官弁不能通攝制禦爲難請如往例特遣巡視重臣盡統海濱諸郡朝命副
都御史朱紈巡撫浙江兼制福興漳泉建寧五府軍事時倭常侵掠濱海奸民往往勾之紈
乃嚴爲申禁獲交通者不俟命輒以便宜斬之由是浙閩大姓素爲倭內主者怨之巡按御
史周亮閩產也上疏詆紈請改巡撫爲巡視以殺其權其黨在朝者維織其擅殺罪紈奪官

上海游民習勤所承印

自殺（日本傳）自紈死罷巡視大臣不設中外不敢復言海禁事浙中衛所四十一戰船四百三十九尺籍盡耗初紈招福清捕盜船四十餘分布海道台州海門衛者十有四爲黃巖外障副使丁湛盡散遣之撤備弛禁未幾海寇大作毒東南者十餘年（明史朱紈傳）自紈後不置巡撫者四年至是廷議復設七月以僉都御史王忬任之（日本傳）乖設分府參將各一員以瓊崖參將兼都指揮僉事俞大猷督留守司管操指揮僉事湯克寬爲之大猷溫台寧紹等處克寬福建漳泉等處俱聽忬節制（明實錄）忬乃任大猷克寬爲心膂徵狼土諸兵募溫台諸邑桀黠少年分隸諸將布列濱海各鎮嚴督防禦浙人恃以無恐（紀事本末）

是年倭亦寇太平（嘉慶太平志）

三月四日有漳倭七十餘人焚掠江箬六日又有薄隘頭者把總劉鎧禦之太平知縣方格調鄉兵拒戰王千戶之弟死焉又有薄松門城者朱祖泉率衆拒守亦多死傷四月六日又有自沙角岐頭至山前過亭嶺及鎖屏者焚燒民房（明陳招安志倭）寇益肆惡少附之五月自松門棄舟登陸直抵太平南門吹螺蟻附縱火焚近郊室廬城幾破縣人王庚以火器攻退次日賊登山覘城以竹編牌裹牛皮擁近城下架雲梯欲上城中弩石疊發賊不得近時知縣方

格備禦督戰甚力民恃以安太平志

三十二年設台州兵備道康熙府志

秋九月二申野錄大風雨連月壞民田稼康熙府志

是年倭寇太平嘉慶太平志攻寧海康熙寧海志掠仙居康熙仙居志

倭攻松門衛把總劉恩至擊退追至舟山岑港大敗之賊依汪直爲窩旋復猖獗五月攻新河餘倭寇江縮爲鄉兵所敗太平志七月攻寧海城凡七日而解寧海志十月又至太平珠村登石牛嶺城中大擾知縣方格馳往破之追斬數十級太平志是年有由永嘉金溪登岸者則過淋嶺宿安仁板橋厚仁等村有由黃巖臨海栅浦登岸者則過郡城宿泉洋王湖懷仁等村殺戮無算仙居志

三十三年倭寇太平黃巖臨海仙居嘉慶太平志

倭自金山洋突入松門衛黃巖民子二楊抱等戰死康熙府志又賊二百餘人登自海門港直趨台州仙居過新昌嵊縣屯於紹興柯橋村郡國利病書十月又有自瓷奧登岸流劫突溫州之湖頭遂走樂清越磐石嶺趨台州黃巖自仙居至東陽南午嶺巡檢朱純死之台州外書

上海游民習勤所承印

三十四年四月倭掠寧海郡國利病書

松浦賊自錢倉白沙灣抄掠寧海趙嶴村百戶業紳劉夢祥韓綱俱死之郡國利病書

八月台州外書倭出沒台州外海都指揮王沛敗之大陳山參將盧鏜擒其酋林碧川等明史俞大猷傳

賊首林碧川自柘林遁出海爲颶風阻回泊台州之蝶門副使孫宏軾與兵備許東望參將盧鏜知府宋治都司王沛等督舟師追之台州外書王沛敗之大陳山賊登山官軍焚其右鋒酋林碧川餘倭盡滅明史俞大猷傳

倭劫黃巖仙居日本傳天台康熙天台志殺傷無算日本傳

九月有賊數百由海門登岸劫仙居黃巖官兵追之賊奔奉化出四明山至紹興之龕山胡宗憲督盧鏜帥宿聚等兵擊斬之郡國利病書十月又有倭由黃巖沙埠經茅畬流劫仙居天台康熙志欲與紹興賊合閏十一月宗憲令天台以南知府譚綸兵擊之新昌以北容美宣撫田九霄兵擊之與戰器爲先導十二月追至嵊縣清風嶺俘斬一百七十餘當是賊之未敗也松浦賊又有自福寧州來越平陽仙居寧海至奉化與錢倉賊合凡七百人入紹興宗憲命許東望等大敗之郡國利病書餘賊復由諸暨東陽臨海康熙志奔太平浦鮫港官兵追之賊堅壁不

出乃夜遁擧投以火器賊驚起自相攻殺比明乃遁出洋得脫者無幾（利病書）方賊之自平陽至仙居也由天台百步苦竹橫山越嶺至水南次日焚縣西二里街天婆風烈民居殆盡（萬曆志）（天台志）

三十五年二月倭自臨海入黃巖西鄉官軍敗績六月陷仙居教訓導趙士端（康熙府志）巡檢劉岱宏戰死（台州外書）郡守譚綸請兵殲之（萬曆仙居志）

倭自臨海入黃巖西鄉官軍戰於茅畬鐵騎鋼敗績（康熙府志）仙居知縣姚本崇方議築城園兩未成六月忽報倭由金溪登陸勢洶洶即募鄉兵嬰城守衛令入司屬應山鎗以倭離城去則擊以懼倭倭至竟不入城聞銃聲疑官軍追之乃拜刃返守埤者皆股栗遂潰時大雨倭避雨民乘雨逃者得生匿者俱遭殺屯聚四十餘日烟火燭天訓導趙士端被拘不屈死（康熙縣志）（仙居志）

先是賊自莆田岐頭流劫北至青山百戶方存仁死焉遂犯縣攻破仙居巡檢劉岱宏率兵來援亦死於東嶺（台州外書）知府譚綸請援巡撫阮鶚督兵備副使許東望參將盧鏜指揮伍維等（康熙府志）調金衢處兵二萬寧紹兵萬餘（仙居志）與譚綸合剿（康熙府志）紹興尉吳成器率寧紹兵由西門入倭東遁（仙居志）盧鏜破之彭溪（明史俞大猷傳）殲之斷橋林橫橋等村（康熙府志）時仙居被

焚燬最酷僅留學宮及張應二民居姚本崇以失守遣戍去仙居志

是年倭入寧海與官軍戰於臨海之兩頭門范指揮死之康熙府志

辛五郎徐碧溪據定海邱家洋夜潰圍逾桃花嶺李溪走鄞之西鄉由貞元橋走奉化入寧海郡國利病書焚掠一空寧海志官軍與戰於台之兩頭門把總范指揮死之遂從寧海走溫州至福建遁入海郡國利病書

福建總督備倭劉炌於隘頑所遇賊力戰死之嘉慶太平志

賊於寧海近城蠶廠為巢日夜攻擊劉玠提兵由捷徑宵行趨寧海石壁嶺要賊歸路北至隘頑介猝布列未備而賊至遂力戰死手所持鐵鈀倘堅執不墮御史吉澄上於朝立廟祀之玠字太光世寧波衛指揮使同時死者有千戶王月台州外書

三十六年夏四月倭攻海門流劫松門知府譚綸率兵勦之敗之於隘頑所賊過太平縣人葉宗本率鄉兵與戰死之嘉慶太平志

賊攻郡城船二十餘艘入臨海烏朱門攻海門衛應襲俞鎮章死之更流劫松門象山桃渚又有繼至之賊合攻郡城僉事李三畏知府譚綸率兵勦之至隘頑所海濱大敗之其溫州

賊過太平典史葉宗時家居率鄉兵與戰被害賊又攻寧海（台州外書）

七月大風雨（康熙府志）

大風雨決甸拔木發石壞民田廬大傷禾稼（康熙府志）

十二月免被災者稅糧（明史稿世宗紀）

三十七年夏四月倭屯臨海櫆浦（康熙府志）分掠黃巖太平諸鄉鎮（黃巖志太平志）

倭屯櫆浦分掠長浦路橋（康熙府志）澤庫沙角等處（嘉慶太平志）鄉民梁迹梁健梁生等戰死於盤馬（康熙府志）倭至松門官軍潰走里人鄭天験聚兵戰死（陳鼐倭寇紀略）又有良醫王沛戰死於梅嶺浦永嘉人以例授良醫七品散官招集義兵與倭海上後因從子廣東僉事德致仕歸加褒壯勇屢破賊龍灣長沙至是亦於梅嶺戰死（嘉慶太平志）

倭攻臨海知府譚綸退之（康熙臨海志）

倭數萬薄城譚綸先僞以利啗之賊稍懈弛遂將近城民居盡行燒燬無所駐足又聲言狼兵十萬遮堵要害賊始遁（臨海志）

倭掠臨海三石鎮總督胡宗憲擊走之（明史紀事本末）

倭分攻寧海仙居 康熙寧波志

倭船數十艘泊石馬林港分攻象山寧海仙居自三月至五月後爲戚繼光所敗 寧海志

三十八年添設台金嚴參將一員駐箚台州 全浙兵制 以寧紹台參將戚繼光爲台金嚴參將 明史戚繼光傳

三月倭攻桃渚所及楚門松門衛 台州外書 海道副使譚綸敗之 世宗紀

二月太平人王澤民與倭戰於石牛嶺爲火器所傷又有黃巖人彭太太與倭戰於白峯嶺 嘉慶太平志 三月賊攻桃渚所又有千餘人自泥湖礁來攻楚門又攻松門衛由夏公埂入犯太平城 台州外書 幾危 太平志 四月總督檄副使譚綸往救與戚繼光合攻賊遁首埠依山爲固官兵又進攻遂併入柵浦賊巢五月柵浦賊夜襲松門衛綸既破桃渚之賊即回軍向松門既入衛城以守卒久且疲兼風雨昏暝恐賊來攻乃令諸偏裨悉軍巡衛以備巷戰而令戚繼光軍分配城守夜四鼓果有賊數百襲西門先登者三十人殺守卒火城館守者紛紛墜城走章延廣陳其大等督兵大戰斬數賊賊乃退綸與繼光尾賊後計賊必出金清閘鑿二舟塞之賊果至起寨時綸駐新河假旗示弱詐爲新河老人書投賊約餽千緡令勿攻城賊信之

乃不起寨明日繼光軍出壁半橋誘賊賊果率衆往繼悉銳出南門復遣人搜賊伏悉走之賊依舟以拒官軍攻之沈其二舟賊大敗奔陸復敗之乃遣[illegible][illegible]繞南岸官軍迫之及南灣嶺賊復與濱海高山分五部以拒官軍蔡汝蘭等進搗其巢繼光令奇兵間道奪其巔以拊其背張左右翼以貫其中游兵復四面環攻賊遂大敗斬首三百級生擒十數人賊潰南奔樂清發[illegible]乘舟出海去外書繼此大破倭於上洋殲餘賊自大陳犯松門旋爲官軍所殲嘉慶太平志

三十九年隘頑所千戶焦泙追倭没於海外書

四十年倭掠寧海太平兩犯郡城賊繼光次第擊敗之外書

四月十九日賊烏嘴船十六艘由象山至奉化西鳳嶺登岸突至寧海一都團前是時松海稍安僉事唐堯臣參將戚繼光將前發扼守松海兵三枝撤回繼光親督二枝趨寧海留一枝駐海門中地以備警令中軍游擊協守新河令把總出舟師至寧海外洋伏擊又請寧波海道總兵各發兵會勦二十二日賊知賊兵將至乘虛以大船五艘寇入桃渚大城港婁浦登岸以三艘入新河港週洋登岸次日又五艘至二十五日又七艘入健跳圻頭登岸計二千人繼光曰犯桃渚健跳者勢尚緩週洋逼近新河所城賊前後繼至宜速擊之乃與堯臣

部署諸兵疾趨新河又令黃巖太平二縣號召程案諸姓鄉兵助戰五艘夜遁去餘屯城外總主薛家二十六日賊衆薄攻新河城虜賊合謀以樓楠劉意張元勳胡守仁等列陣衛援方略以騎尉武生等監督之驅死士先用鳥嘴與賊對擊千百總隊長蔣瑞發寶等奮勇先登戰良久賊潰奔死者甚衆夜二更冒雨由太平走且日劉意樓楠追至溫嶺大麥坑太平知縣徐鉞亦督鄉兵會剿斬首二十餘級賊奔旧舍中燒死之突出火者遁溫州前犯桃渚[illegible]至郡城外花街溫陵紀略時久雨城多圮花街去城不五里衆洶洶戚南塘表功碑繼光自將[illegible]城下以丁邦彥爲前鋒陳大成爲右哨陳濠胡大受爲中哨趙記孫廷賢爲左右哨各[illegible]併列陣而前至花街二里賊以一字陣迎敵丁邦彥列鋭殺之賊分右哨敵我左哨邦彥反擊其右賊又分左哨敵我右哨大成反擊其左賊大敗大成兵追至瓜陵江下邦彥追至新橋[illegible]戰五勝二十九日胡[illegible]於邳山下沉倭大船一艘計前後斃賊數百人三十日前犯圻頭賊二千有奇自燒其船南突郡城時繼光兵分留新河隘頭各所可戰者僅千五百人賊衆我寡[illegible]唐堯臣厚犒之懸千金爲先衛者賞繼光又[illegible]出帑中銀酒具[illegible]之監軍知縣趙士[illegible]登壇誓衆諭以大義士氣大振五月一日繼光并部至大田設伏

待賊賊亦設伏待我會天雨未戰越二日賊徑出大田往仙居繼光曰賊出中渡由褒路至白水洋七十里我兵出官路至白水洋五十里兵法云先處戰地而待敵者佚遂策馬鼓行四十里至上風嶺屯止多令探者覘賊即率兵上嶺伏五日前鋒出顛旱乃下令各析松枝執而坐賊望之爲林不介意行列二十里衣甲旗幟甚盛官軍對山瞰之俟其行過半乃仆松枝大聲齊出賊驚以三四百人作一陣來衝我兵分爲一頭兩翼一尾陣以太學生蔡汝蘭督之又令趙太河督陳惟成陳法陳蚩楊文通等以鴛鴦陣衝鋒疾若風雨有前無退賊遂敗逝上一小山然猶格鬭不已丁邦彥出褒路徑搗山下四面仰攻繼光樹一竿於北山下令兵大呼脅從者從竿下走走者數百人賊復上大山官兵又仰攻賊奔上界嶺山恃險立營若遂麻山嶺阧峻惟一徑可攀陟邦彥等首先攀緣魚貫而上吳惟忠等繼之數賊疾前來砍我兵用長槍槍賊賊墮巖下遂得登賊六七百人殊死戰我兵一以當十賊敗落巖谷死者無算走者奔白水朱家乘勢閧之火四起賊壓突不得出趙太河弟幽甫舉銃擊之悉殲賊六月繼光班師入城堯臣率府司迎之士民相慶謂自罹倭患無如此捷之快也方犒衆未畢楚門又報賊十餘艘泊岸焚梅巖繼光急發胡震兵伏藏外洋遣樓楠朱文林陸走

至洋坑冒雨大戰楠斬賊酋一人文林斬賊十二人生擒一人餘船遁至長弔洋會賊艘連爲胡淺船粉沈又被追於沙鑊洋乃遁至縣山欲乘雨霧走不得約百餘人復渡水走淋頭繼光督樓楠兵山隘頂所迎其前劉意兵由梅山（[illegible]）橫徑進紹興府通判吳成器兵繼進知縣徐鉞督鄉兵伏藤嶺賊至小藤嶺三路夾擊之賊急徑奔成器陣槍及成器猶服成器發矢中賊面官軍四面力戰殲之十七日又有前犯寧海賊十八艘至長沙登劫凡二千人代竹木欲巢將南攻隘頂北攻太平繼光在新河聞報卽與成器大河據士民獻賞格以賊巢逼近隘頂所城所泊長沙地又北扼太平之路於小藤嶺東扼松門路於桃遊嶺楚門隘頂二所勢孤路絕上水道浮海可援而又爲賊船所出沒乃令把總李成立單騎馳往松門將所陣親兵與羅繼祖分船夜浮海入隘頂城守之隘頂固乃令樓楠丁邦彥陳大成等督兵五應十八日至鐵場大雨十九日夜半至大藤嶺分三路進至小藤嶺偃旗息鼓直趨船所賊始覺分兵迎敵我軍齊攻殺賊被靡四走各軍追殺之斬首數百級生擒倭酋五郎如郎健如郎等數十人賊每臨陣不許妄殺一人以故前後無缺者俱得生還（平倭紀略）

自長沙大捷後倭不敢再至（太平縣志）

九月胡宗憲奏言賊屢犯寧台溫我師前後俘斬一千四百有奇賊悉蕩平（明史胡宗憲傳）

倭自壬子後徧破浙東及杭嘉湖蘇松常鎮淮揚至南通州諸沿江郡縣衛州不下數百處殺傷人民百餘萬時嚴嵩用事趙文華視師用人率方功過倒置倭益猖獗自朱紈死後遂撫王忬有才略任用俞大猷湯克寬釋盧鏜正在斬獲報勝間忽以李天寵代之以張經爲總督已而與文華不合俱下獄論死而倭流劫徽寧太平南都巡撫曹邦輔又逮繫論死代張經者周珫楊宜俱爲文華所制無所建白俱罷黜至三十五年用胡宗憲爲總督宗憲有才略乃文華黨也設計招徐海汪直投降持戮之倭勢始失復以俞大猷爲浙直總兵（康熙臨海志）

三十八年（浙江通志）改戚繼光守台金嚴三郡四十年倭大掠桃渚圻頭繼光直趨寧海扼桃渚敗之龍山追之雁門嶺賊遁去乘虛襲台州繼光手殲其魁燼餘賊瓜陵江盡死而圻頭倭復趨台州繼光邀擊之仙居道無脫者先後九戰皆捷俘馘一千有奇焚溺死者無算總兵官盧鏜參將牛天錫又破賊寧波溫州浙東平繼光進秩三等（明史戚繼光傳）

四十五年秋大疫民多死（康熙府志）

穆宗隆慶二年正月兵部覆浙江撫按官趙孔昭等奏台州兵備僉事兼分巡寧紹台三府從

之（明實錄）

五月兵部上譚綸議請遣錦衣衛二人往浙江募寧紹台金衢等處鳥銃手三千人付杭嘉湖參將胡守仁原任參將李超將之而北無誤秋防（明實錄）

七月颶風海潮大漲挾天台山諸水入城三日溺死三萬餘人沒田十五萬畝壞廬舍五萬區（五行志）

二十九日大雨傾盆山崩海溢須臾高數十丈衝壞郡城西南二門民各上屋脊蔽椽折瓦號泣之聲徹城死者無算有傳台州僅留十八家水未退有在屋上生育者裹屍者或操舟市中者水退人畜屍骸塞滿閭巷官府委人埋葬數月方盡（康熙臨海志）

三年秋復大水田廬多壞仙居嶺發山崩（康熙府志）

五年丈量田地成則（光緒志）

六年正月臨海大火自縣治前至西門民居殆盡（康熙臨海志）

神宗萬曆二年倭犯台州（明史日本傳）

五年春黃巖疫夭札（康熙府志）

三月旱秋禾無實洚水壞民田廬康熙府志

六年秋七月丁丑松門衞金墻家湧血三尺有聲明史五行志

十八日大雨黃巖縣東北小樊川山崩壓死數人康熙府志

九年旱蝗食苗根節皆盡康熙府志

十五年七月二十一日天台大風拔木傷禾民飢萬曆天台志

是歲寧海旱康熙寧海志

十六年寧海颶風屋舍塘岡蕩沒寧海志

天台饑復大疫萬曆天台志

民食草根木實死者無算兼大疫巡按御史蔡系周行縣施藥救活數萬人杜潭義士葉世源亦備藥救濟縣令扁旌之比年皆荒蕪萬曆志

十七年無雨又饑萬曆天台志 康熙寧海志

六月海沸廨宇多圮碎民船戰艦壓溺死者甚衆五行志

十八年大旱推官王道顯請移振之萬曆仙居志

五月六日不雨至九月十二日大雨次年二月方霽麥禾俱無萬曆天台志

十九年五月太平大風拔木萬曆太平志

秋八月寧海產靈芝寧海志產於縣治後圃瑩白如玉龍德孚有記寧海志

二十年寧海民吳希古獻瑞麥一穗兩歧寧海志

天台蟲傷禾稼饑萬曆天台志

二十一年又無雨大饑萬曆天台志

二十三年冬至天台地震萬曆天台志

二十四年五月二十八日天台地震六月十日又震十一月十五日又震萬曆天台志歲大歉康熙天台志

二十六年三月二十日雨夜四月三日立夏大雨雪萬曆天台志五月二十三日天台火明倫堂啟聖祠俱災萬曆天台志

是歲大旱康熙府志饑萬曆天台志仙居知縣汪夢說請振之萬曆仙居志

二十七年天台大饑縣令張宏代振之七月二十九日雷死四人萬曆天台志

七月太平大風雨漂沒無算嘉靖太平志

三十二年十一月十一日地震有聲康熙府志

三十三年旱蝗食豆菽康熙府志

三十四年至三十七年連旱井泉皆枯康熙府志

三十五年秋芝生仙居儒學萬曆仙居志

生於冬青樹凡三本大者五層玉色而紫紋時或變而微紅萬曆志

三十七年四月二十七日風雨水衝太平水門崩太平志

三十九年孟春至仲夏不雨六月始種禾康熙府志

四十二年太平蝗傷稼太平志

六月海門衛兵譟太平志

水陸各營以缺餉致變知府陸公親往諭之太平志

七月十五日松門衛兵變太平志

上海游民習勤所承印

先是指揮戴承祚焦承先百戶史光祖郭欽錫及糧頭陳元行等各侵冒衞糧有覺年不得領者遂聚衆劫史光祖家時譟者百餘人耳既而孫八童七並有勇力出而爲首八自稱大將軍七稱副將軍燬諸生王爲邦家執掌印指揮吳光祚經歷汪彥欽孫八坐衞堂勒取四城無糧申文中傷台守陸而松門一城焦爛矣旋見人心不服於九月二十日赴守道具訴行至海門從黨稍散去是時代吳指揮者爲張國光十月十五日復揭榜通衢聲言會衆殺張指揮任經歷二人懼乃召家丁與其黨之中悔者謀遂夜擒孫八童七等解府餘黨並逃(太平志)

四十七年旱(康熙臨海志)饑(康熙天台志)

四十八年六月(八月後爲泰昌元年)二十一日(黃巖志)海門衞兵譟入郡城(康熙臨海志)以缺糧故焚把總署(黃巖志)鼓譟入郡城焚掠街衢刼大姓八十餘家啟監放囚撫軍題報擒首惡應東光王四人杖斃之(臨海志)至七月二十日始定(黃巖志)衆兵爲杖斃四人稱案建祠於海門衞塑像祀之當道優容置不問(臨海志)

光宗泰昌元年太平饑(嘉慶太平志)

太平民林勺楊巽等倡亂尋平太平志

有陳大用字恐奎者聚黨於鄉勺假其名號召邑人不從輒焚掠其家無賴附從至數百人有司不能禁閉城嚴出入大用糾衆與角不勝奔訴於府知府張允登部兵至擒斬勺巽難始平太平志

熹宗天啟五年秋烈風暴雨天台禾盡拔民採蕨充食天台志

莊烈帝崇禎元年鄭芝龍叛黨周三巢於大陳山雍正寧波府志巡海副使蕭基會台師破之賊遁浙江通志

周三攻昌國石浦爵溪諸處基遣將援象山親督兵守寧波賊偵有備解去巢於大陳山基遣兵以火器焚其舟寧波志三十餘艘復會台師夜襲破之賊遠遁通志時東莞奕輔以御史按浙海寇嘯聚奕輔做戈船督勁兵為台寧保障廣東通志

四年閏十一月海門兵李芳張華王珙等七千人作亂閩郡城知府傅梅罷郤之次年正月伏誅康熙臨海志

八月李源李芳作亂於海門衛焚備倭公署知府傅梅上其事有命擒渠魁及其黨三人下

上海蔣氏智勤所承印

獄李芳覺而逃閏十一月芳糾黨張華等七千人至郡聲言保李源等傅梅即先解源等於省城閉城固守（臨海志） 芳等擁叛兵至城下索李源兵使王某曰此欽犯也無是體索餘囚曰郡守已先發矣無是人不得已而索月糧曰姑從府措辦其應給者（陳函輝兵亂記事後序） 十餘日傅梅遣壯丁縋城擒悍兵阜敬二人杖斃之尸諸城叛兵始懼散駐次年正月海門參將陳某斬芳華裴三人首獻軍門并取李源等於獄斬之傳首梟示於中津之南（臨海志） 是役也卒譁而復定城危而復安兵使王始終主持其間而不幾罰李張別總制中軍顧參將周貽與有功（陳序）

五年仙居桃李冬實（康熙府志）

八年海寇劉香黨入台州（嘉慶太平志）

焚溫州入台州境沿海民苦其焚掠太平諸生陳懋儒進策於巡撫俞思恂知府傅梅賊平上其功府獎賞懋儒字貫叔（太平志）

十一月二十六日地震（康熙府志）

九年寧海大旱民饑死無算（康熙寧海志） 天台亦奇荒（天台志）

天台民掘土號觀音粉食之多斃（天台志）

十年永寧江澄三日（乾隆黃巖志）

三月黃巖瑞相寺山茶結四桃大如梨（黃巖志）

裂盡而表裏腐間嘗黃吳執御以獻縣令王建甫有姑射人如雪安期棗似瓜之句（黃巖志）

十一年六月十三日臨海大風雨（康熙臨海志）

折屋發石南北兩山大木盡拔（康熙臨海志）

十三年颶風拔木飛屋（康熙府志）

仙居旱（康熙仙居志）

永嘉賊寇仙居之安仁鄉同知萬承泳率兵擊之賊遁（康熙府志）

其黨數百人皆以紅巾裹首民呼為紅包頭賊（仙府志）

十四年大旱民採草根樹皮以食（康熙府志）

十五年天台饑復大疫死者相藉西鄉民家有雞雛二頭四翼六足（天台志）

十六年金華許都反台州同知朱鈐奉檄監軍會討新河遊擊李大開擒執之寇平（康熙府志）

七月三日夜天台有火大如車輪自東流入西門餘光如綫長數丈經時方滅天台志

十七年紹興賊包朝官等嘯聚仙居之九龍山爲亂知縣施於身擊破之康熙府志朝官兄弟咸以勇力雄於鄉九龍山界兩郡地深險亡命結砦其中私出焚劫遠近罹貲或饒以牛酒丐一紙爲買命符鄉人俞某首於縣擒執其兄朝留梟於市朝官等遁去康熙府志

五月八日李自成陷京師報至士民震恐爭出城避康熙府志

先是三月乙巳賊犯京師丁未內城陷帝崩於萬歲山莊烈帝紀至是台道傅雲龍聞省報卽傳知府閔繼紹道判楊體元臨海知縣宋臆熊密議次日提塘傳有小報云前報乃訛傳雲龍出示禁訛言各官視事如故後知其實康熙府志民間喧傳能市過道署聞鼓吹聲遂大哄知府閔繼紹聽鹼始散十四日諸生應皋生至自省言杭紹已哭臨監司始率府縣張幕於行臺士民舉衆哭訛傳甌閩撥兵將至一城幾空奸民乘機行劫有司獲而枷於市逾月始定康熙府志

大事略三攷異

建文四年夏六月大蝗　康熙志洪武三十五年六月有飛蝗自北來禾稼竹木皆盡又建文壬午夏六月大蝗減稅糧一半案洪武盡三十一年其三十五年即建文四年壬午也明史成祖紀詔今年以洪武三十五年爲紀明年爲永樂元年是革除後不用建文年號也舊志未明此義誤以一事爲二事殊非二申野錄以洪武無三十五年改作二十五年亦非

永樂十五年倭寇松門十六年正月倭陷松門衛　案明史成祖紀言十六年陷松門衛日本傳則云十五年寇松門不載十六年事太平志永樂十五年五月五日倭至松門登岸焚劫一城受害是松門被陷實在十五年也奏報至都蓋在十六年正月故實錄據之而本紀遂因之耳並非二事但紀既作十六年今亦不敢遽改姑並書之

又案台州外書引洪武實錄洪武十六年倭寇金鄉衛遂及台州之松門浙江僉事石魯坐誅十七年又寇岐頭大閩總兵劉榮大破之嘉慶太平志同案成祖本紀永樂十六年春正月甲戌倭陷松門衛按察司僉事石魯坐誅又日本傳永樂十七年倭船入王家山島都督

上海游民習勤所承印

劉榮率精兵疾馳入望海堝賊直抵馬雄島進圍望海堝榮發伏出戰奇兵斷其歸路賊奔櫻桃園榮合兵攻之斬首七百四十二生擒八百五十七自是倭不敢窺遼東是二事在永樂十六年十七年今俱作洪武時殊誤恐戚氏讀實錄未審也至劉榮事則與台無涉

永樂二年三年皆書春夏旱　康熙天台志作二年春夏旱府志作三年春夏旱是一事而二年三年蓋有一誤

正統四年五月倭破桃渚　案此事見明史日本傳年月甚明又陶成傳亦言正統中倭犯桃渚云云戚氏台州外書見日本傳此文上有工部言宣德一語遂以此事系於宣德四年五月黄巖新志未知出於明史亦引外書並沿其誤失之甚矣

嘉靖十年天台仙居火學宫災　案康熙天台志十月縣東火延燒儒學康熙府志言仙居火而不言天台火仙居志又不言是年有火焚學宫事恐是天台事而府志誤作仙居也今不敢遽改姑並存之

不載寧海恭和王　明史諸王表五寧海恭和王載圩徽端四子嘉靖二十二年封今案山東登府州有寧海州未必指是吾台之寧海故不敢載

三十一年五月倭陷黃巖　明史世宗紀作五月戊申陷黃巖乾隆黃巖志作五月十七日台州外書作二十八日未知孰是

倭寇太平　嘉慶太平志三十一年五月倭自松門登陸抵邑南門城幾破邑人王庚以火器攻退次月賀雲梯欲上城中弩石雙發賊不得近會郡守譚綸遣楊文將兵至乃退去文追破之於南灣案譚綸乃三十四年始至是時郡守爲宋治戚志誤也

三十六年倭寇　康熙府志是年二月倭入台州知府譚綸檄參將戚繼光擊敗之注云見明紀詳雜記木仆復立下注今案明史戚繼光傳嘉靖三十六年倭犯樂清瑞安臨海繼光援不及以道阻不罪是繼光是年並未擊敗台州寇康熙志雜記關帝木仆復立下亦言辛酉事辛酉是四十年非三十六年也

三十七年良醫王沛戰死於梅嶺　嘉慶太平志辨訛平倭紀略云王沛太平人後見溫州志知是永嘉人台州外書從沈記誤錄故辨之

三十八年添設台金嚴參將　康熙府志據籌海圖編作三十九年始設臨海志太平志作三十七年移戚繼光鎮海門今據戚氏紀效新書及浙江通志所引全浙兵制作三十八年

萬曆十五年天台大風拔木傷禾民饑十六年天台饑復大疫巡按蔡系周行縣施藥救活數萬人　案萬曆天台志以蔡系周蔡世源救振事系之十六年康熙天台志繫之十五年非是

萬曆四十八年六月海門衛兵譟　案康熙府志作泰昌元年八月黃巖志作萬曆四十八年六月二十一日起事至七月二十日始定今從黃巖志明史光宗紀萬曆四十八年八月後爲泰昌元年此事在六月故仍作四十八年也

崇禎四年海門兵變　案陳函煇亂兵記事後序盛稱兵使參漢王公之功而康熙臨海洪志不及其人後序言海關自有主將劉公以初撫定海大將軍欲謝事去海防陳公又臥病久請告又云奮勇先驅欲以一矢報命者標下顧中軍與署戎事周參戎也而洪志言參將陳新李芳張華王珙三人首級並不言有周參戎後序言杖路卓奇洪志作卓敬彼此互異未知孰是康熙府志是年不載海門兵變而於泰昌元年海門兵譟下注云陳函煇有記案陳序明言辛未八月辛未是崇禎四年若泰昌元年別是一事康熙府志竟併爲一誤之甚矣

大事略四

世祖章皇帝順治二年夏四月明魯王以海駐台州（南疆佚史 浙東紀略）魯王以海明太祖九世孫肅王壽鏞之子原封兗州（魯監國載記）壽鏞薨子以派嗣崇禎十二年 大清兵克兗州以派被執死（明史魯王傳）以海年幼亦被執三刃不中乃舍去十七年春二月甲戌嗣魯王位北都之變諸王皆南下順治二年福王由崧據南都稱宏光元年四月命魯王移駐台州（繹史）

五月朔日晦無光（康熙府志）

未刻日晦無光路道皆闇至酉方微明（康熙臨海志）

是月海門衛兵譁劫黃巖抵郡城士民亦閧（康熙府志）執兵備道虞大復辱之推官婁應奎遁（康熙臨海志）時政日亂稅糧倍增有司因而煆煉民不堪命（康熙府志）台道虞大復累不得民心推官婁應奎署臨海縣事又以苛斂虐民（臨海志）士民赴道訴之爲大復所斥時已聞江南不守人情洶洶會海門兵以缺餉譁至黃巖多被劫掠復擁至郡民間傳爲兵道調其防守趨迓參將於城

外委將以誤餉激變爲言歸過大復因大閙函道署辱備至應奎聞之踰牆遁知府戴立大索以應都得民親至慰諭括府庫并借紳貲銀以散兵始解去送大復回省（康熙府志）

大兵定杭州遣官至台招撫六月八日臨海知縣吳廷猷等擁立故魯王以拒命（康熙府志）

魯王之至台也前職方郎中陳函輝方居憂在籍王遣使弔問（陳函輝自撰年譜）五月大兵定南京潞王被執（明史諸王傳）函輝走謁魯王曰國統再絕矣王亦高皇帝子孫也肯恥建邦於是乎在盍亟圖之王謝曰國家禍亂相仍區區江南且不能保何冀乎函輝曰不然浙東沃野千里南倚甌閩北據三江環以大海士民忠義智勇勾踐之所以稱霸也王若有事臣願竭股肱之力（南疆繹史）六月貝勒博洛等追潞王於杭州（聖武記）潞王以城降（明季南略）杭既歸正檄各府繳印使至台并促魯王赴省吳廷猷見王衛議出殺使者監司郡守皆驚懼相視六月八日魯王稱監國授廷猷巡撫餘各陞擢有差時在城兵惟道標五百人居民多畏避入鄉已而海門參將吳凱率所部三千人至封凱開遠伯（康熙府志）

閏六月明兵部右侍郎張國維朝魯王於台州請王監國（明史張國維傳）刑部員外郎錢肅樂亦遣舉人張煌言奉表至台州請監國（張煌言傳）即日移駐紹興（張國維傳）

是月己丑前九江道僉事孫嘉績吏科都給事中熊汝霖同起兵於餘姚明日諸生鄭遵謙應之紹興國維起東陽又明日錢肅樂起於鄞以是月十八日遣倪晉卿奉箋赴台請魯王監國同時以兵以餉來歸者總兵王之仁自定海黃斌卿遣將自翁洲張名振自石浦沈宸荃馮元颺亦應於慈谿聲勢振興二十八日再奉箋勸進國維與宋之溥陳函輝柯夏卿等亦具表迎王即日移駐紹興各隊擢有差台人則張文郁起爲工部尚書陳函輝爲事府少詹事 南疆繹史

三年春正月明監國魯王命柯夏卿聘於唐王唐王加夏卿兵部尚書 通鑑輯覽

先是唐王聿鍵立閩中號稱隆武遣兵科給事中劉中藻頒詔於越將吏惶惑謠稱將避返台州張國維亟馳還令勿宣詔與熊汝霖議以唐爲同宗無親疏之別同舉義無先後之分惟成功者帝耳錢肅樂朱大典謂宜權稱皇太姪報命大敵在前未可先釁同姓議勿合卒如國維旨具疏以報於是閩浙若水火至是以柯夏卿借冑才使閩 繹史浙東紀略 唐王加夏卿兵部尚書維才光祿少卿手勅謂朕無子王爲皇太姪同心戮力共拜孝陵朕有祚土終致於王取浙東所用職官同列朝籍不分彼此 繹史閩海紀略 夏卿黃巖人自有傳

自三月至夏五月不雨苗盡枯（康熙府志）

魯王命御史沈履祥督餉台州（明史沈宸荃傳）

時江上有四十八鎮（康熙臨海志）其兵食用寧波紹興台州三郡田賦不能繼兵皆缺食（明史錢肅樂傳）

台州客官客兵雲集天旱米貴每斗值五錢百姓惶惶（臨海志）

魯王以張廷綬爲都督僉事鎮海門（魯監國載記）

六月三日（康熙府志）魯王自紹興還台州旋入海（魯監國載記）

大兵入錢塘四月貝勒屯兵北岸以江涸可試馬用大礮擊方國安營廚竈皆碎五月二十七日國安拔營走紹興劫王南行六月一日　大軍畢渡江國安欲獻王以降遣人守之會守者病王得脫登海航（三藩紀事本末）走台州（明史張國維傳）二日台民傳江干不守咸逃去城守兵紛紛邀劫次日夜半魯王至王之仁等從之走海門（康熙府志）富平將軍張名振以師迎之至石浦遂赴舟山投肅虜伯黃斌卿斌卿拒不納名振棄石浦從王入海（魯監國載記）既登舟問張國維至黃巖因傳命國維返四邑國維至台州無舟不能從遂回東陽二十五日　大兵入義烏國維赴水死（明季南略）

六日方國安兵潰入台州焚劫兩晝夜（康熙府志）走黃巖（康熙臨海志）

國安既敗而東一路焚劫至台居民盡逃乃火道署治及民房幾盡（康熙府志）

八日貝子將軍偕提督田雄統兵至台州招撫追方國安於黃巖國安降（康熙臨海志）

國安與屬士英奔台州謀執魯王以降（[illegible]紀年）王已航海去國安離變迎降旋伏誅士英逃入

太湖（[illegible]史）明年　大兵勦湖賊獲士英斬之而野乘載士英逃至台州山寺爲僧爲我兵搜獲

國安先降尋唐王走順昌我兵至搜龍扛得士英國安父子請王出關爲內應疏遂駢戮士

英國安於延平城下云（明史馬士英傳）

明御史洪颺祥都督張廷綬指揮李唐禧並死之（魯監國載記）

颺祥字其旋慈谿人大學士宸荃從兄也崇禎十年進士歷知侯官臨海有循績福王時上

治安策又上責成疏頗見採納（海東逸史）監國時以御史督餉台州城陷避山中被獲死之（明史沈宸荃傳）

乾隆中　賜諡節愍（殉節諸臣錄）廷綬字叢衡鄞縣人武學生少喜讀兵法挽强弓舞大刀衆

喜壬遁之術錢肅樂起兵以驍勇署總統聞魯王監國台州乃遣廷綬迎奉從之江上時台

州倡義者爲陳函輝及義兵諸營分汎防江而函輝以會推留中調度其兵莫屬訪於肅樂

曰麾下有將才乎肅樂曰前日以迎奉者其人可使也函輝奏授都督僉事統所部還鎭台之海門江上諸營爭分地分餉海門稍遠得不預台軍又遙授函輝節度與肅樂皆忠鯁無嫌忌廷綬時以餘餉餽鄭軍函輝聞而辭善之會谷文元及宗室暫浚李礎以客兵駐台頗暴橫廷綬竭力支拄使不至大逞已而閩中大將李唐禧至監國使與廷綬共治軍事廷綬讓之凡署銜列座必使居己上而唐禧自以客將每事皆咨廷綬而行兩人和衷共濟日練兵以輸江上　大兵入台唐禧謂廷綬曰公當俟陳公消息然兵已逼不如借我早死徒殺士卒無爲也廷綬曰諸各遣其麾下袍笏兀座營門　大兵過廷綬營門諭降不屈殺之眷屬之從軍者皆死無一存唐禧亦被殺（全祖望撰行狀）唐禧松江人（沈仁錢）故衛官起兵不克入閩山閩入浙（海東逸史）又有襄府紀善會稽郭圭依監國居台州欲有所爲聞兵敗抑抑而卒（狩敍國錄記）

明禮部侍郎陳函輝奔入雲峯山（明史余煌傳）自經死（南疆繹史　浙東紀略）

事具忠義傳

明御史何宏仁投台州白峯下死而復甦（山陰縣志）

宏仁字仲淵山陰人以御史監江上軍越城破追魯王不及過關嶺作詩並衣帶間末云宏

仁間關赴行在聞台又失守已矣無可復爲身非吾身吾何家爲爲吾子者食貧守節可矣

明御史何宏仁絕筆遂投台之白峯下死而復甦土人負入陶介山因刎焚棄家臨歿時遺命棄骨三日野火焚之山陰志

四年春大饑康熙臨海志米石銀六兩民採草根食飢死者甚衆臨海志

是歲天台仙居白頭寇起康熙府志兩縣崇山峻嶺南接甌婺北連明越殘兵敗將多竄跡其中頑民不服薙髮者附之於是天台有俞孜柔金湯康熙府志李和尚天台志仙居有董克慎徐守平金元采周以賜等康熙府志以白布裹頭鄉人名之曰白頭寇臨海謝以亮金白采等亦糾衆而起陳鵬年筆記

董克慎犯仙居康熙仙居府志克慎永嘉人聚衆爲亂副總兵馬用平之仙居志

海道孫枝秀執屠獻宸董德欽於天台全祖望撰董舍狀獻宸字天生德欽字若思皆鄞人以謀合諸道軍將大舉爲謝三賓所發諸道軍爲官軍所

藏不得至走天台海道遣人追執之次年五月同死西市（屠志合狀）乾隆間 賜獻[illegible]諡烈愍（勝朝殉節諸臣錄）

五年俞國望結寨天台餘姚王翊以四百人亡入依之（南疆繹史）國望爲王威遠將軍是時浙東山寨鱗次蛇然相望台州則推國望及金湯翊亦結寨四明山（南疆繹史）爲最强（明殉節諸從事進）是年提督田雄合寧紹台三府之軍破翊於杜奧（全祖望王侍郎碑）翊以四百人亡入天台依國望（繹史）翊謂諸將曰北兵雖健非閩練爲之導敢行險如枕席乎乃自天台（四明山寨記）乞國望之兵閒道入杜奧襲破閩練兵（王侍郎碑）隨道收合萬餘人結王寨於四明山西北之大蘭山翊字完勳爲王授官至兵部尚書八年 大兵下舟山翊出移化出天台至北溪被執不屈死（繹史）乾隆中 賜諡烈愍（殉節諸臣錄）

五月徐守平等寇仙居（仙居志）

守平東陽人眇少而多力能用雙刀超距如飛少尤甚伍巳而棄去僑居仙居沙埠業斬赴年會嵊縣人尹榮白稱都元帥聚衆爲亂守平與同縣金元宋永康周以鳴宗和尚往謁之各授以僞總兵銜遂糾衆數萬五月朔自西鄉發難用白纏頭爲號鼓行而東適都兵至過

於管山頭生擒僞先鋒吳應上衆悉奔潰頭之守平收集遺孽結砦八寶山元采嶴九都夔林宗和尚嶴九龍山以暘嶴六都坑依險爲固倏突無常鄉遭燒劫城門晝閉路絕行人（仙居志）

俞抒紫閩寄海城防兵擊走之（康熙府志）

是年太平縣有一麥五穗（嘉慶太平志）

六年七月壬戌明魯王次健跳所壬午　大兵圍健跳（海東逸史）先是三年六月王自海門航海去永勝伯鄭彩奉王入閩唐王已就擒改次長垣五年在閩安六年次福堤時我軍已平閩六月定西侯張名振奪我健跳所遣使迎王至是王復入浙次健跳鄭彩棄王去從王者大學士沈宸荃劉沂春禮部尚書吳鍾巒兵部尚書李向中右僉都御史張煌言戶部侍郎孫延齡左副都御史黃宗羲兵部職方郎中朱養時戶部主事林瑛等每日朝於水殿中壬午　大兵圍健跳蕩湖伯阮進以樓船至遂解去（繹史）健跳乏食（舟山紀年）阮進恃昔日保全舟山力（舟山興廢紀）以百艘至舟山告急黃斌卿不應亦不使人至健跳奔問官守（舟山紀年）九月丁酉張名振阮進王朝先共殺黃斌卿（海東逸史）

八月八日白頭寇犯天台康熙天台志衆數千人直犯天台北門防將徐守賢率兵從南門潛出擊其後擒殺數百人餘衆遁復誅內應數人城獲全縣令蔡含靈往鄉招撫相繼降其患始息天台志

十月乙巳明魯王自健跳移駐舟山小腆紀年

八年九月我軍克舟山王赴廈門康熙元年十一月卒於臺灣聖武記

是年白頭寇至黃巖營於爬齒巖陳君鑑惠之官軍擊敗君鑑自縊死康熙府志

君鑑黃巖人諸生成仁錄

永嘉山寇何兆龍入太平境嘉慶太平志何兆龍屯聚楠溪陳朴之誘之攻樂清城遂延入太平陶嶼部澱等處其人亦皆以白布裹頭呼爲白寇亦曰白頭寇云太平志

七年大水仙居城北隅幾陷壞田廬無算民多溺死康熙仙居志

八年春二月　大兵會攻舟山命馬進寶出台州海門南疆繹史時定南將軍劉之源與總督陳錦會師進勦國史劉之源傳命張天祿出崇安馬進寶出台州九月

遂破舟山魯王再入閩釋志

是年溫州寇蕭鐵頭犯仙居康熙仙居志

溫州何姓者自稱太師其部將蕭鐵頭勇而譎八九年間頻犯仙居西南鄉防將趙德援將婁如毅遊陣起龍潭之戰於十三都敗績後檄金衢官軍合征之乃潛遁仙居志

寧海饑斗米銀八錢康熙寧海志

九年副將馮用會七郡兵勦仙居寇推官李士宏入山招諭始解散康熙府志

欽至論功以營將尚志君為最仙居志

收零積餘米改徵銀康熙志

十年周欽賁等據仙居羅城嶺為亂康熙府志

欽賁東陽人徐守平黨也初與縣人陳汝安倪良許皆隸守平守平攻嵊縣為官軍所戮欽賁部其遺黨結寨於羅城嶺地險隘官軍屢攻不克欽賁死汝安繼之益猖獗郡將尚志君攻之全軍沒千總吳昆死焉志君微服得脫汝安死良許繼之郡帥劉道揚檄八郡兵圍之糧絕遁去康熙仙居志

上海靜民製版所承印

十一年大旱饑 康熙天台志

斗米銀五錢民食樟樹皮餓殍盈野 天台志

十二年寧海歲大歉 光緒寧海志稿

五月太平縣雨豆 太平志

六月甲寅 詔免台州去年被災額賦十二月免臨海等縣被災額賦 東華錄

是年海賊掠台州 國史寇世顯傳

海賊掠溫州台州寧波復聯結賊衆數萬犯舟山 寇世顯傳

十三年正月十三日台協副將馬信叛執道府縣官下海 康熙府志

馬信陝西人先是副將張朋被參候勘以信代 康熙臨海志 十二年五月鄭成功遣僞忠振伯洪旭僞北鎮陳六御寇舟山破之旭因招降信 三藩紀事本末 時議造船征討台州承造三十八艘甫竣工除夕信使降寇黑李三駕船獻之引其入關是年正月十二日晚傳集閤城官紳赴南城會議防禦既至以誤餉發端執縣丞劉希聖斬之道標中軍鄭之文方控弦已被刃遂執兵備道傅夢籲知府劉應科通判李永盛臨海知縣徐鈺送出海示信比明劫倉庫掠民家

執男婦一千八百人童子七百餘人圍守天寧寺及城南民舍次日海艘至因分餽之自縊及赴水者甚衆十五日公解巨室盡被焚比夜始揚帆去二十二日官軍始至康熙府志

二月海寇阮六夜襲寧海縣城破之飽掠而去六月復至撥兵擊敗之康熙府志

七月天台大水康熙天台志

近溪居民溢淹杜潭若竹平頭潭諸處尤甚水湍屋梁漂沒人畜無算天台志

是年仙居饑光緒仙居志　黃巖山羊入縣城康熙府志

王廷棟自黃巖掠仙居結寨景星巖康熙府志

廷棟臨海人自黃巖寧溪登陸入掠仙居上王村已而厚仁村有吳姓二人迎之結寨景星巖勢赫甚仙居知縣章雲龍檄杭標周副將孫都司攻之爲所襲死爲副將李必會兵討之兩載始克廷棟仍逸於海康熙府志

張煌言舉兵至台州南疆繹史

煌言鄞縣人爲王監國累授兵部侍郎十年招軍於台十二年鄭成功貽書於煌言謀大舉至是煌言軍入台多入閩全祖望撰神道碑

上海游民習勤所承印

十四年四月大雨雹(康熙仙居府志)

是日晝忽暝自十二都至二十二都雨雹如卷石電燬樹麥俱無收(仙居志)

八月十二日鄭成功陷黄巖知縣劉登龍死之守將王戎降二十六日陷郡城道標中軍鄭之文死之(康熙府志)九月陷天台守將韓文盛降(康熙天台志)十月　大軍至(康熙府志)

成功福建南安人父芝龍明末入海寇顔思齊黨爲盗後受撫累官總兵明亡與黄道周擁立唐王聿鍵於福建封芝龍爲南安伯晉平國公芝龍嘗亡命日本娶倭婦生子森引謁聿鍵賜姓朱改名成功封忠孝伯順治三年貝勒博洛師至福建斬聿鍵芝龍降成功遁入海四年糾衆得千人據南澳遥奉明桂王朱由榔年號自稱招討大將軍劫掠沿海郡縣歴寇泉潮漳福諸州十二年八月陷浙江舟山(國史逆臣鄭芝龍傳)招降我台州鎮馬信(三藩紀事本末)十三年冬陷閩安犯福州轉掠浙江温台等郡(鄭芝龍傳)至是由三江口驟進防守不及遂陷黄巖守將王戎降飽掠欲去馬信復誘之至郡十八日前隊泊下浦二十日圍郡城兵備道蔡瓊枝副將李必同謀固守標兵四出設防城中僅留數百人不能出戰賊自小雨山起由北至西七里亭環城而營礮聲震數十里排列雲梯守堵者望而膽落閉道乞援二十三日　大兵自

省過天台至中渡僞賊誘過山伏發被殲退守新昌康熙府志分兵破天台仙居寧海二十六日陷郡城僞總制張英入城鎭守蔡瓊枝及同知徐煥祚遁去中軍鄭之文誓不從賊先令二妾投繯賊黨執之文去之文罵不絕口被害康熙臨海志李必及知府齊維藩臨海知縣黎獄偕俱被執九月八日成功入城登大固山相視形勢府志出興善門回船臨海志十七日揚帆去四鄉俱受荼毒惟城中免俘掠九月寇退瓊枝入城撫之府志十月四日提督田雄兵至臨海志先是推官王階以鄉試同攷赴省妾于氏在署死節至是受檄署府事修城籌餉調定海總兵張杰來鎭台瓊枝解任聽勘府志

十五年秋大水決郡西城人多淹死署知府王階請振卹康熙府志

九月海寇復入關總兵張杰禦卻之康熙府志

寇山棚浦登岸太平調防參將張德俊孤軍深入被圍於海門設計破圍出嘉慶太平志賊抵拗嶺康熙臨海志時新選道府初至士民瘡痍未起聞聲膽落張杰出禦拗嶺推官王階鼓衆登陴始有固志府志守㙮五十日臨海志賊知有備兼颶風大作竄遁出關府志杰擊敗之於三山江口得其巨礮重五百斤後巡道楊三辰榮臺置於郡城樓臨海志右錄

十月周全斌據海門（江日昇台灣紀事鄭氏始末）

先是有言北將復畔者悉解兵權劉進忠不自安率衆奔海門衛納降鄭成功僞右武衛統領周全斌留之進忠突圍走全斌遂據其城（台灣紀事）

十六年海寇犯太平（東華錄）金標都司李一元台協都司李國柱並死之城遂陷（嘉慶太平志）尋爲官軍擊敗斬七百餘級俘獲百餘（東華錄）

賊聞官軍至即棄城遁餘黨在澤庫者張德俊敗走之又擊破之於湖霧島沙門大閘等處皆斬獲無算（太平志）三月戊申浙江巡撫佟國器奏　聞下所司察敘（東華錄）

五月鄭成功張煌言會兵於台州入金陵八月兵敗煌言還台州（南疆繹史）

成功兵敗於金陵撤鎮江之師入海成功既去我軍扼煌言歸路煌言舍舟登陸遵徽山寨已受撫不納乃脫身至安慶由建德祁陵由東陽義烏以至天台（外紀[illegible]記）復樹纛鳴角招集散亡成功聞之遣兵來助明年移兵林門尋移桃渚（繹史）

九月庚申免台州四年至十二年寇劫倉庫稅糧（東華錄）

十七年大水（康熙府志）

仙居七都下沈橫街地陷深十丈餘下溪地陷深三四丈康熙仙府志

天台饑康熙天台志

遞食不殆甚鄉民皆入山採蕨村舍無煙天台志

十八年自五月至十月不雨民無食康熙府志

時仙居知縣康明遠慘刻少恩復重迫以賦役比戶逃亡城中僅存十餘家仙居志

海寇陳文達阮蘇掠邊海村坊嘉慶太平志

尚書蘇納海等至台撤邊海三十里居民入內而空其地康熙府志

是時鄭成功踞台灣四出劫掠有言瀕海居民宜移之內地者兵部尚書蘇納海同吏部侍郎宜理布奉　命赴江南浙江福建會勘定議國史蘇納海傳台州臨海黃巖太平寧海四縣失業者甚衆民生益困康熙府志康熙八年始展復然田廬尚有荒棄至二十二年鄭克塽投誠界乃議復嘉慶太平志

裁各項土貢雜辦悉徵折色免荒棄田額徵康熙府志

知府郭曰燧以追糧杖諸生趙齊芳齊芳尋斃諸生水有瀾周熾鼓衆譁總督趙國祚以事

閩水有瀾周娀論絞餘六十餘人戍於邊（陳偶亭筆記）
時新例紳衿欠糧褫革解京流配其士子徑得杖責（康熙臨海志）臨海諸生趙齊隆及弟齊芳（偶亭
筆記）應納順治九年白榜紙銀（沈子躍紀年）三兩零（臨海志）經糧役承權蔡賓攬納入己未輸知府郭
日燧以臨海催徵不力特提通戶卯比杖齊芳數十齊芳不勝憤出治門而斃（紀年 黃巖志）諸生
公憤各具退學呈於巡道楊三辰以凌辱不顧爲士三辰特詳總督趙國祚國祚亦不發勘
徑入告適于新例（臨海志）被逮者六十八人水有瀾周娀及齊芳子鼎臣餘六十五人皆呈頭
蓋所具退呈凡六十五紙近四百人被逮者皆其首名也（沈躍紀年）遂以抗糧鼓衆退職造反定
讞水有瀾周娀坐絞趙齊隆道斃餘押赴上陽堡開光堡仁壽堡等處安置（偶亭筆記）其實呈首
有自署名者有門弟子署其師名者有子弟署其父兄名者有詭託他人爲首者大率皆兩
庠耆宿積學知名之士（黃巖志）一時讀書有志之士頓議臨海鄉科自丁酉至辛酉二十五年
絕榜（臨海志）山中有鳥名郭公台人怨郭守破忍呼爲野鳥聞郭公聲多彈射之（台州總聞）
聖祖仁皇帝康熙元年正月朔有巨魚乘潮至（康熙府志）
至澄江閘三日其一死重四百餘觔（康熙府志）

自春入夏旱寧海尤荒巡撫朱昌祚請蠲恤（朱昌祚撫浙疏草）

十一月僞將軍陳文達等來降（康熙府志）

文達溫州人有衆近三千僞授鎮綏將軍縱騎浙海至是來歸入城借富民舍幾半載始安插各處閭閻苦之（康熙府志）

十二月二十六日夜虎入郡城（康熙府志）陳文達兵擊殺之（康熙臨海志）

二年春抽軍儲銀改徵本色米（康熙府志）

三年仙居大水（康熙仙居志）

是年浙江總督趙廷臣檄水師由寧台溫三府出洋搜勦張煌言獲之（國史趙廷臣傳）

時鄭成功已死廷臣招其黨皆相繼降獨僞兵部張煌言率衆遁廷臣馳赴定海與提督哈爾庫張杰定議檄水師由寧台溫三府出洋搜勦斬賊六百餘降其僞副將陳棟知煌言披緇竄伏海島廷臣遣驍將徐元張公午飾爲僧人服率健丁潛伏普陀山朱家尖詹花澳三路以伺得賊船擒林生陳瑞等誘使言煌言竄處即駕所獲船乘夜至懸山范澳自山後

濟入擒煥言國史趙廷臣傳

總督趙廷臣巡歷至台多所振恤康熙府志

台州自順治十三年後歲被海寇繼以遷遣民生日瘁廷臣巡歷至再振恤百方凡衣食住居概捐俸數濟得全活者無算禁橫徵革苛政除奸蠹止賒貸尤留意學校分別儒民條糧以免掛累至今頌之廷臣字君鄰康熙府志漢軍鑲黃旗人卒謚清獻國史本傳

四年夏旱仙居志

七月大風雨壞室廬無算臨海志寧海明倫堂圮禾偃歲歉奏蠲本年正賦十之三寧海志

五年三月巡撫蔣國柱奏蠲荒田銀米減衛所屯糧加增銀數國史蔣國柱傳

國柱疏言浙江寧台溫三府頻經海寇自順治十八年間遷沿海居民於內地樹椿爲界以杜通海之奸而患始息其界外丁田錢糧已於康熙元年題准蠲除界內荒田招墾九萬餘畝尚有水衝沙壓一十六萬二千一百餘畝舊課未除莫敢承佃此界內土田之無徵也界外雖經蠲除尚有匠班漁戶等課不入丁田失於開報今海禁既嚴片板不許下海匠戶漁戶逃亡稅課雖欠此界外土田之失報也今勘丈屬實合界內界外請蠲銀一萬五千八百

兩米二千二百餘石以甦民困仍將界內田地設法招墾俟三年成熟起科又請捐仙居臨海二縣紙報荒田無徵五千四百餘兩又奏台溫等六衛所及歸并縣徵之金鄉海門等四衛屯糧蠲除軍興時加增銀數照舊額輸征內有積欠金鄉改入午陽界外屯田無徵銀三百二十餘兩并請蠲免俱下部議從之（蔣國柱傳）

秋旱蝗（仙居志）奏蠲本年正賦十之一（寧海志）

十一月免寧海等縣被災額賦（東華錄）

六年夏六月二十七日寧海地震（寧海志）

台州衛疥苦減征（康熙府志）

七年正月巡撫蔣國柱奏設寧台溫巡道駐箚台州（國史蔣國柱傳）

國柱疏言部議裁守巡各道一百八員以爲節省裕餉之計浙省九道盡在裁汰之中所留四十員內有福建廣東巡海道各一江南淮海道一山東登來道一蓋因封疆重務惟防海爲急浙省寧台溫三府尤爲海洋衝要之區有招撫投誠安插流移諸務請設寧台溫巡海一道駐箚台州下部議從之（蔣國柱傳）

上海游民習勤所承印

二月免臨海等縣被災額賦九月免寧海等縣旱災額賦 東華錄

四月二十日大風雨 康熙府志

八月巡撫蔣國柱奏免臨海天台二縣被水衝沒田賦 國史蔣國柱傳

八月浙東被水國柱由台溫至處州紹興履勘請分別捐免各縣銀五千七百餘兩并臨海天台二縣衝沒田畝全數額賦下部議如所請國柱漢軍鑲黃旗人康熙三年巡撫浙江至是年十二月卒於官 蔣國柱傳

八年夏旱 臨海志

九年奉文蠲振 康熙府志

黃巖大火 康熙府志 城居存不及半 康熙府志

十二月十四日大雨雪 康熙府志 深丈許至次年正月初旬方止 康熙府志

是年巡撫范承謨至台履勘題蠲積荒田地二千餘頃 康熙府志

先是寧波金華衢台溫處諸府屬荒田以前任總督趙廷臣請除額賦有 旨令承謨履勘至是承謨徧歷其地奏豁免荒田地二十九萬四千六百餘畝水衢缺額田地二萬一千九百餘畝國史范承謨傳台州兵燹頻仍六邑多荒棄田地約二千頃有奇民苦賠累官苦攷成逃亡日衆縣官殿任不一年即報罷至是承謨躬行勸看題豁積荒田地二千餘頃於是官民有更生之慶康熙府志承謨字覲公號螺山郭鍈范忠貞傳漢軍鑲黃旗人大學士范文程第二子順治九年進士官至福建總督耿精忠叛不屈遇害謚忠貞國史本傳

十年臨海天台仙居旱熯康熙府志

十月除台屬逋糧東華錄

巡撫范承謨請寧海太平平陽石門烏程五縣及溫州衛漕糧積逋概行停止戶部覈漕無豁免例 聖祖特旨下部再議卒寬恤免繳戴璟范忠貞傳

十二年自五月不雨至十二月歲無收仙居志

十一月免仙居等二縣旱災額賦東華錄

十三年二月朔雨色黑如墨仙居志

三月二十五日（康熙臨海志）黃巖總兵阿爾泰聞耿精忠叛於閩請兵會城（康熙府志）

前年十月吳三桂叛雲南台道吳應鵬三桂族也至是正月十三日阿爾泰銜率兵至郡執應鵬二月十四日解都三月二十五日（臨海志）爾泰得銅山營報知精忠以二月十五日叛遂咨台協副將蔡宏猷并請兵於會城（康熙府志）

五月二十二日提督塞白理率兵至台州赴援溫州（寧海將軍固山貝子功績傳）

四月偽左軍都督曾養性掠平陽遊擊司廷猷以城降進逼溫州總兵祖宏勳等敗績督撫移提督塞白理來援塞白理憚於役至寧海桑洲以舟役不備嗾巡撫劾台守高培不遂乃抵台軍恣甚延數日方行六月抵溫州館頭聞宏勳等已降賊不渡而還十八日夜經台返寧波（功績錄）

六月二十七日（功績錄）金華賊李雲陷仙居都司僉書汪國祥擊擒之（康熙府志）

李雲發諸生偽總兵徐尚朝陷處州進犯金華雲投之授偽職會海上投誠人屯仙居者乘機煽惑邑民蔣汝飛等與雲通糾衆至城城中無備遂陷國祥兵至雲就擒汝飛等遁據一都號鐵山營（康熙府志）

二十八日（功績錄）副都統阿什兎兵至台（康熙府志）

七月分兵守黃巖（康熙府志）

賊陷太平（嘉慶太平志）

是月賊逼樂清不戰而降（功績錄）太平相繼陷（太平志）

八月三日僞都督曾養性犯黃巖參將武灝叛應之七日城陷（康熙府志）總兵阿爾泰從賊（國史逆臣曾養性傳）

曾養性奉天人初從耿繼茂征廣東隸靖南王藩下累官副都統康熙十一年授藩下左翼總兵十三年耿精忠反以養性爲僞都督連陷溫州降總兵祖宏勳擁衆十萬趨台州（國史逆臣傳）初養性陷溫州黃巖守城參將武灝陰已納款陽修濠溝爲備禦是月二日養性率僞定遠將軍祖宏勳僞前軍都督李長春僞將軍水師都督朱飛熊進逼黃巖屯羽山薄南城下次日總兵阿爾泰率鎭標兵城守兵并象山新昌援兵凡五千人强武灝同赴敵賊勢披猖遂敗喪卒一千五百餘人諸將僅以身免灝議降阿爾泰欲撤營奔郡爲灝所制以蠟書馳報巡道提督都統來援副都統遣薩克蘇部滿兵三百至阿爾泰命守西門七日灝開東南門降賊賊從西門入滿兵與巷戰俱沒僅留二人薩克蘇自刎死（功績錄）賊死者亦數千人李

長春與焉（康熙府志）阿爾泰左右皆叛瀾挾之偕降養性待阿爾泰以甥舅禮改姓名曰劉建中僞授定遠將軍惟知縣熊兆鼎不受僞職賊以祖宏勳掾史仇維貞署縣事時養性屯羽山設紅哆囉呢帳房十餘座稱大營中前後護衛甚嚴日率黨寇至東郭外佛虎山練習新降士民俱令剃辮蓄髮裹以網巾所用錢自閩運至曰裕民通寶朱飛熊閩人梟猛無比每赤足不履聯大船自海門直排至黃巖北門外浮橋又有阮姑娘亦閩人猛甚舉步如飛夜恐人行刺獨宿桅斗上其部下皆燃桐油以煉足怒即殺人時率水師寇台（功績錄）

九月賊屯仙居朱溪都司汪國祥仙居知縣鄭錄勳分路進剿斬僞都司王宗與（東華錄）國祥遣兵會同錄勳分路進剿陣斬王宗與殺逆賊三百餘又曾養性祖宏勳密遣人投送逆書國祥即時舉首九月庚寅浙江巡撫田逢吉以　聞下部議敘（東華錄）

十月十日賊犯郡城（康熙府志）副都統伯穆赫林吉爾塔布等戰於長天洋敗績（何石雲惠獻貝子傳）

黃巖既破郡城益危曾養性以李長春之死憚滿兵不敢輕進朱飛熊壓從之水陸並進（康熙府志）九月二十七日養性率賊從黃巖西鄉度義城嶺桐溪屯郡城靈江之南章家溪諸處祖宏勳阿爾泰率賊從黃巖北鄉度黃土嶺至郡與養性合分三營養性居中宏勳居左阿爾

寨居右是月十日副都統穆赫林吉爾塔布提督段應舉塞白理等率兵過浮橋戰於長天洋賊分兩路一由紫沙奧抄出一由江岸殺來我師急回賊已斷浮橋（功績錄）穆赫林等循江而西至柴家渡過江（康熙府志）馬不善渡負傷者十之一溺死者十之四惟台協中軍馮龍趨雲峯山下抄賊後賊悉衆來援戰至一更逃歸數百人龍率所部突圍出途護郭嶺渡七里江歸郡於是郡南爲賊所據沿江六七十里如章家溪龍潭奧等處俱築土圍與我師隔江而守賊將朱飛熊率大艘戰艦泊湧泉新亭後涇等處（功績錄）結營北岸爲浮橋以通往來（康熙府志）我兵堅守西北陸路寨白理等守東路蔡嶺龍王山等處築石城設炮位以通寧波之路副都統等守白塔嶺倭山後嶺及西路松山留賢等處設營築圍以通天台之路（功績錄）

十四日仙居又陷賊進掠天台（功績錄）

仙居雖復四鄉巨賊蜂聚知縣鄭錄勳乞兵助防遣京口副將李良臣赴之至是郡西賊勢漸逼遂有棄仙居之議錄勳回郡（康熙府志）城空無人僞總兵朱爾連必忠入據之僞副將林衡陳世忠陳起龍陳起萬陳文茂等散駐四鄉劫殺無算十一月僞總兵蔡玉樹僞知縣陳光忽至（康熙仙居志）稍加約束民復入城（康熙府志）仙居西北接天台朱爾既據仙居遂率衆出天台以

上海游民習勤所承印

斷運道時遊徼橫水紫凝諸村屯於天封寺遇官軍輒拒戰我軍爲所敗運道遂絕（功績錄）先是各都統議撤守仙居之兵以守郡城巡道楊應魁持不可曰仙居吾右臂也仙居一棄則各郡諸寇即合而爲一賊勢愈熾今我軍餽餉止東賴寧海西特天台自寧海一路爲賊抄掠餉道已斷如賊出仙居能襲天台再斷郡西餉道則東西俱絕餉盡士饑不戰而內已潰將若之何各都統不從兵撤而仙居果爲賊陷未幾賊果犯天台斷餉道（保台實績錄）

十一月四日寧海將軍固山貝子傅喇塔統兵至台州（功績錄）

先是六月授和碩康親王傑書爲奉命大將軍固山貝子傅喇塔率前鋒一百七十六名每二佐領合出護軍一名赴浙江浙江將軍賴塔副都統喇紀爾他布仍參贊軍務辛酉浙江提督塞白理奏溫州屬羅清等營相繼降賊黃巖總兵官所屬太平營亦叛賊兵離黃巖止七八十里請速發大兵保守沿海邊地　上諭羅清等營既相繼降賊則台州寧波可慮副都統喇哈所率包衣佐領兵且勿赴將軍賴塔軍前留駐杭州副都統紀爾他布及喇哈之兵俱聽將軍喇哈達侍郎達都同議調遣保守台寧等處俟副都統段應舉兵到令其固守地方喇哈兵及副都統馬哈達兵仍會賴塔相機以行康親王固山貝子至時賴塔喇哈達

皆聽王等指揮調度八月己酉塞白理奏黃巖圍困請援其急又寧海象山新昌餘姚四縣賊衆蜂起恐賊踞寧海斷我糧道請速救台州保守寧波得 旨黃巖圍急杭州將軍喇哈達已發兵赴援今大將軍康親王已領兵赴浙無庸別遣其寧海等處賊衆作何勦滅並救台保寧之策康親王未到之先聽將軍賴塔喇哈達等酌以行九月戊寅塞白理奏黃巖失陷總兵官阿爾泰從賊 上諭康親王傑書先勦溫州黃巖諸處賊寇平定地方然後進勦福建東華錄 至是貝子提兵由新昌嵊縣而進王坦貝子救台記 遣兵至台州探知耿精忠之僞都督曾舉僞總兵陳理屯黃瑞山追擊之殺賊千七百餘人斬僞副將陳鵬等七人生擒僞守備以下百餘人賊犯天台貝子遣參領大席審納等連破之於紫雲山九里寺處殺賊千餘東華錄 由是從容抵台救台記 時賊東西搭造浮梁急圍攻城城內驚惶欲逃竄且屢戰俱敗疑台人將通賊十月二十七日功績錄 副都統阿什兔議屠台郡而棄之退守紹興康熙志 巡道楊應魁力爭而止功績錄 貝子至力排衆議決計堅守葉臣遇撰保台遺愛碑 令應魁推究台民通賊狀應魁力白其誣疑始釋功績錄 於是貝子撫慰災黎賞勞軍士以平寇之策必鎮定持重形悉而謀紊尤以得民心作士氣爲要貝子傳 下令弛門禁聽民得出入樵蘇其被賊脅從徊辦者許

自投歸遣勿問又令軍中毋取民物遺愛碑禁毀塋砍樹陣亡官卒給資舁骸骨貝子傳於是大兵數十萬肅然奉令遺愛碑

十二月大雨雪歲饑貝子傅喇塔發銀振之功績錄

是月二日發銀四百兩於天寧寺煑粥振饑歲盡而止功績錄

十四年正月十九日功績錄副都統阿什兔中礮死康熙府志

貝子以賊營隔江謀爲浮橋渡兵攻之康熙府志賊覺來爭晝夜以礮攻入城中兵民死傷無算臨海志

阿什兔府志自松山回經七里是日緣賊疑有營隔江發巨礮死焉功績錄

二十三日僞將朱光祖來降功績錄

光祖僞水師都督飛熊弟也是日率兵百餘人戰艦三艘來降貝子納之置於蔡嶺營功績錄

二月朔復仙居城功績錄

初楊應魁力言仙居不可棄各都統不從仙居遂爲賊據應魁馳詣至杭州啓康親王及貝子傅喇塔求幾貝子統兵至應魁首陳取仙居之策貝子心然之保台實績錄至是年正月二十四日副官將見出貝子獨留應魁及仙居令鄭錄勳密商機宜明日撥兵進勦錄勳導之行

（功績錄）副都統穆赫林沃申等率兵往經白水洋僞將林冲陳啓秀率衆萬餘連營十三來拒沃申分兵二隊各分左右翼令營總薩木哈領頭隊當賊左六營令侍衛卦塔領二隊當賊右七營戰移時賊不退沃申直前擊之連破二營乘勢追斬三千餘（國史沃申傳）焚燬十三寨直至仙居境（貝子平浙紀略）時僞總兵朱富屯仙居（康熙仙居志）適賊曾養性遣兵一千名同賊堅守城池（東華錄）穆赫林等命錄勳往招降不從（平浙紀略）遂令署護軍參領衮庫納等率兵於城西潛伏署參領齊林布等後陣助戰署參領穪拜等各架雲梯三面攻城（東華錄）缺其西面（平浙紀略）賊不能支開西門遁伏兵阻截遊行勦殺生擒朱富獲大小礮位二百五十八座及關防軍器無算（東華錄）城遂復（平浙紀略）諸將以城不早降例以子女給有功（保台遺愛碑）應魁泣諫之（續實錄）貝子悱然憫第以不賞則無以示勸乃下令贖民婦（遺愛碑）貧不能贖者捐貲以佐之於是難民得贖者十八九（續實錄）二月乙巳康親王以仙居既復擬分兵進取黃巖聞得旨嘉奬下部議敘（東華錄）

是月參將祉國祥等破曾養性下僞總兵雙奇於天峯寺殺賊六百餘（東華錄）

乙巳康親王以　聞下部議敘（東華錄）

三月十日攻小兩山賊營不克康熙府志

先是二月五日寇營小兩山至二十九日水寇大艘復陸續進泊小兩山功績錄小兩山俗呼小梁山在江北爲水陸咽喉衆議不先破此難以平賊貝勒阿爾泰雖爲賊將心存反正康熙府志遣技勇號周千解者持蠟丸三顆泅江欲入城啓貝子致楊應魁及其隨征子李副大爲巡江寇兵邏獲轉遞曾養性發之知其約於三月七日決戰養性將阿爾泰拏解狀逆絞死如其字樣寫血書蠟三函別遣腹心來投約以初十日出兵爾泰謀爲內應貝子及應魁早信爾泰無從寇意其子又在麾下故一時不察竟於初十夜調滿漢兵進攻小兩山養性預將章家渡大營寇添入小兩山以備故轉爲寇敗折滿兵三千漢兵亦如之我師大挫功績錄

十七日寧波水師提督常進功擊賊於海門斃賊將朱飛熊功績錄

我師未攻小兩山前貝子先令常進功率水師進發海門功績錄至是朱飛熊率衆拒凡數十合勝負未分飛熊持戟接戰躍入我舟欲刺進功左右鳥銃齊發飛熊中胸死僞都督僉事李榮春僞副將藍理等自縛請降進功受之班師歸平定浙東紀略

三月甲申戶部議覆浙江總督李之芳奏請振濟從之東華錄

李之芳奏浙省金衢台嚴紹等賊寇屢經官兵征勦附從之徒漸已解散投誠甚多已飭行各地方官安集但不亟籌拯恤恐其別生事端應將浙省捐助銀米內酌量動支振濟從之東華錄

四月功績錄間牒楊從龍等伏誅康熙府志

從龍曾養性私人也投貝子軍前效用先是楊應魁緝獲城內與賊通者康熙府志得邱文挺楊士麒等斬之其後小兩山之戰機又先洩索之實績錄得從龍康熙府志及張士賓等以啓貝子逐磔於市實績錄是時城圍數月凡辦理糧餉拮据城守保安殘黎咸賴應魁及知府高培同知祖進朝知縣王錫鼎等之力而應魁尤爲貝子信任凡事敢言台人賴之東鄉楊萬等村爲賊所據我軍攻之賊走執脅從百數十人將斬應魁力爭盡釋之康熙府志

黄巖總兵鮑虎擊敗馬九玉下僞總兵吳林等於汪家橋東華錄

四月戊午總理浙江糧餉戶部侍郎達都以 聞下部議敘東華錄

五月賊犯天台副將秦宏猷大敗之於紫雲山東華錄

上海游民習勤所承印

是月丁丑浙江提督塞白理以 聞下部議敍東華錄

秋賊艘犯寧海紅窰康熙寧海志

海䑸數百突犯紅窰登岸結寨毀橋爲塹徧地竄逃防禦林斐防禦之賊知難犯揚帆遁去

斐招集流亡捐貲振恤復會縣令繪圖以 聞寧海志

七月貝子遣副都統穆赫林等功績錄 分兵從仙居茅坪間道出黃巖寧溪以抄賊後八月七日

曾養性遁回溫州我兵追擊之黃巖太平俱復康熙府志

先是六月己巳貝子傳喇塔奏陸營賊將僞都督曾養性將軍祖宏勳下有僞總兵八人馬

兵六千人南自長石嶺北至三江延袤數十里連屯二十五營領水師者賊將朱飛熊僞都

督張恭萬許英下有僞總兵四人水師萬餘舟三百餘泊城東十里小梁山下我兵擊殺朱

飛熊於茂頭至台州寧波紹興杭州等處俱偪海濱不設水師似難取勝初得仙居即誘進

攻黃巖因賊據茂平嶺黃巖路斷我兵未能前進近聞土木嶺可以閒行自台州至黃巖內

不能行馬者四十里賊恃險故非守今已咨康親王濟師俟其兵至再行進取報 聞東華錄

至是鄭錄勳啓貝子言仙居有別徑可通黃巖以抄賊後貝子乃令楊應魁以巡視各營

為名至仙居相度形勢（功續錄）應魁因言仙居南入日茅坪踰茅坪陟五部徑趨烏巖出賊軍後斷其偷道截其歸路賊聞之氣奪先將俟吾軍將至烏巖我乃陽布浮橋陳師欲渡以分其勢迫烏巖捷至我即擐甲長驅前後夾擊則必無噍類矣手畫地形指兵所從入道徑瞭若列眉（實續錄）貝子乃遣穆赫林（功續錄）沃中吉勒塔布等（國史吉勒塔布傳）密出師以鄭鎔勳為嚮導（康熙臨海志）沃中鑿石伐木夜步進師次牛山嶺偽都督劉邦仁率賊分兩路來（國史沃中傳）我兵嚴陣以進賊堅持弗退（吉勒布傳）沃中身先士卒大破之（沃中傳）吉勒塔布率步兵奮擊賊大敗斬偽副將王仲綵偽參將趙明殺賊四千餘進師梁蓬隘口賊衆據險塹以守我兵突進攻之奪其險馳追道迴賊伏蟄巖之直趨黃巖穆赫林復自前路夾攻（吉勒塔布傳）賊大恐計無所出於八月初七夜起竄往溫州半從海門駕船去半從陸路去潛蹤夜奔自相踩殺過黃巖城宿一夕即行八日貝子率兵追至抅鎮屯駐十四日至黃巖（功續錄）圍之偽將朱正以城降復追至樂清（書擬林民子平聞記）台州圖解（功續錄）調同知祖進朝隨師至黃巖太平二縣招撫（康熙府志）八月辛巳康親王奏聞得旨嘉獎下部議敘（東華錄）自曾養性朱飛熊寇台以來號稱十萬太平黃巖仙居相繼淪陷衆之年歲荒歉土寇蠭起若有不可終日者（功續錄）至是始有更生之慶

康熙府志傳喇塔宗室多羅定貝勒斐揚古子也貝子傳年十七即隨父進取前衛等處每立奇功鼎革初追李自成南下持清餘孽始自湖廣至廣西復平福建及江寧海寇出鎮國公晉封固山貝子康熙志後平海寇鄭經薨於福州貝子傳諡惠獻東華錄康熙十五年台人建祠祀之遺愛碑其時諸將有功者爲穆赫林沃申吉勒塔布賚白理段應舉吳英國史列傳穆赫林姓傅爾濟吉特氏順治九年襲叔父僧格三等伯爵康熙五年授正藍旗滿洲副都統十三年駐守江寧赴浙江會剿明年從傅喇塔征台州有功國史本傳沃申滿洲正紅旗人姓鈕祜祿氏杭州副都統國史本傳吉勒塔布滿洲正紅旗人姓李佳氏蒙古副都統隨傅喇塔進師台州至嵊縣僧養性及僞總兵陳理屯紮於黃瑞山將犯天台以斷我糧道吉勒塔布遂乘夜馳進分兵兩翼衝擊又遣兵循山巔疾上以鳥槍旁擊之賊大潰斬僞副將陳鵬僞參將徐大先周標等進克仙居明年定黃巖國史本傳賚白理鑲藍旗人初名顯祖　世祖賜名賚白理襲父如挺一等男爵官浙江提督尋隨傅喇塔擊走賊將曾養性於台州國史本傳段應舉遼陽人隸鑲藍旗漢軍累官至福建提督康熙十四年擊敗仙居黃巖太平樂清賊進圍溫州皆奏捷十七年海賊陷海澄與穆赫林並自經死國史本傳吳英福建莆田人官浙江提標都司十三年曾養性結

叛鎮祖宏勳陷溫州分犯寧紹英隨提督塞白理擊敗賊兵招降僞總兵李榮春等遷提標左營遊擊十四年四月提督常進功領水師至毛頭洋我軍先進者爲賊所困英乘船奮進用礮死賊將朱飛熊賊驚遁七月英獻計塞白理佯趨茅坪山徑潛引兵從仙居凉棚小道襲賊後賊據黃巖牛山嶺以拒英同遊擊曾承等冒矢石前進斬僞都督劉邦郎之陞等及賊兵二千餘尋復黃巖縣九月遷參將國史本傳又有洪起元字瑞芝歙縣人寄籍建德署寧波參將十三年往援台州斬賊將八人衆千餘人叙功加都督僉事銜冬曾養性犯台起元在城中出拒賊中槍傷仍殺賊數人諸將士繼進賊敗走明年擢署嚴州副將彭啓豐洪起元神道碑

十五年正月太平金清港水清五日嘉慶太平志

十六年寧海自五月不雨至於七月康熙寧海志

連二年皆然知縣崔秉鉞防鎮林葵步禱龍湫雨立致禾槁頓蘇歲仍稔寧海志

七月海寇犯太平溫嶺芳杜沙角等處防兵擊走之康熙府志

冬金清港水復清五日太平志

十八年黃巖太平仙居秋旱蟲傷禾康熙府志

十二月免黃巖等六縣旱災賦東華錄

是歲天台四鄉多虎人多逃徙康熙天台志

巡道處行部至台准廪生裘多藝條議令各鄉多設虎檻藥弩一月連斃十二虎其患始息天台志

二十年天台春夏大水發見方山崩天台志

時裘葉二姓田廬一時陷沒天台志

秋旱康熙臨海志

八月海賊寇寧海長亭千總阮玉璽之馬蹶被害光緒寧海志

十二月免黃巖等縣被災賦額有差東華錄

二十一年冬虎入郡城康熙臨海志

久雨無麥夏旱康熙府志

正月至四月陰雨不止天台志五月不雨至六月巡道鄭端步禱逾月始雨府志

是年議復沿海遷界民業康熙臨海志

先是十年展界十里拆毁木城至是臺灣鄭克塽投誠遷界盡復許民出海網魚臨海志

二十三年十一月海賊房某乘夜入關掠湯泉擄男婦二百餘人康熙府志

二十四年六月改巡台道爲分巡寧台道東華錄

是月丁巳卹台州等處陣亡兵東華錄

二十五年大水漂田廬康熙府志

二十九年颶風拔木覆廬壞黃巖縣署乾隆黃巖志

三十年十一月地震康熙府志

三十一年九月奸民蔣崇鼎謀爲亂知府宗之璠副將蘇伲獲其黨誅之康熙府志崇鼎臨海人曾爲府胥陳綱亭筆記與其黨金大成陶明庚等私造僞劄自稱太平王愚民多被煽惑匿藏軍械期於九月九日謀叛康熙府志郡鎮先期偵獲七人監禁之吏有與賊通者十一月十七夜劫獄殺禁卒一人賊逸去後獲陶明庚等三十餘人置諸法崇鼎大成遁綱亭筆記

三十三年春太平長山蛟出平地水高丈餘太平志

三十五年夏四月大旱至六月雨農始稼康熙府志

三十八年八月大水康熙府志

平地高丈餘漂田廬害禾稼壞公廨民舍無算案牘盡沒溺死者衆府志

四十年秋七月太平長山舒氏牛產麟火光燭室知縣解獻道斃太平志

四十五年夏五月大旱至七月始雨康熙府志

四十六年夏五月旱康熙府志

十一月三日檄台協左營守備彭元右營守備陳得勝率兵五百赴寧紹會勦大嵐山寇康熙府志

大嵐山界連寧紹金三郡時嵊縣賊張念一等聚黨倡亂檄調會勦府志

四十七年春二月十日有巨魚至中津橋康熙府志

向人作朝拜狀三日始去府志

秋七月七夜颶風驟雨漂民廬壞田稼郡城臨海康熙府志黃巖太平縣志學宮俱傾坊表壞者十

餘座請　題蠲振康熙府志

四十八年六月大水康熙府志

四十九年七月旱仙居尤甚請　題蠲振康熙府志

五十年太平知縣徐𬊤顯以丈量激民變閉城罷市（嘉慶太平志）
閩寇蔡元亮掠溫海台州知府蔡秉公會師寧海遣兵擒之（陳大護撰蔡秉公墓志）
詳名宦蔡秉公傳
五十一年八月大風雨太平海溢（太平志）
先五年戊子七夕之變壞學宮縣署拔大木禾稼尚收有司加蠲振民困未甚至是大雨三日颶風復起海潮暴湧男女漂沒有全家無存者有僅存一二人者棺骸隨波上下徧野皆是時秋禾方茂淹浸七八日根俱壞爛有司勘覈謂不猶在田竟不振恤民困實數倍於戊子歲（林鍾風災變異記）
五十二年　恩詔各州縣以五十年編審丁口作爲定數續生人丁永不加賦（康熙府志）
五十二年夏五月旱至七月始雨八月大雨（康熙府志）饑（光緒寧海志）
九月免臨海等縣旱災額賦（東華錄）
五十三年夏六月復旱請　題蠲振（康熙府志）
五十四年三月巡撫徐元夢疏請先征半賦俟來歲征完以紓民力得　旨允行（國史徐元夢傳）

元夢疏言上年杭州紹興台州金華衢州嚴州處州七府旱潦成災田畝邀　恩分別蠲振並截留漕米二十萬石以九萬石發各縣平糶貧民得資餬口而應完額賦尚有十三萬餘兩目下青黃不接輸納維艱請俟秋成後先征一半來歲征完以紓民力得　旨允行（徐元夢傳）

是年黃巖江澄三日（乾隆黃巖志）

五十六年天台饑且疫（康熙志）

時制府滿保以巡察海疆至台州諭開倉平糶兼賚粥賑知府張聯元天台知縣鄖振垓各捐穀賚粥賑之並捐棺瘞死者天台諸生朱法張貞志齊祖尚亦捐棺瘞之滿保復捐銀二百五十兩製棉衣百件分給災民民甚德之張聯元有記（康熙志）

天台齊周華御災紀略曰康熙五十五年丙申歲大饑民食蕨根竹實田螺樹皮薺栗蒸作又一物其形似李味苦名爲三十六桶以其必滿水三十六桶始可食是多天留南豆南要於紫凝踞山豆麥色赤而堅又有泥曰白苔亦可食次年丁酉春士紳各設賑於城四鄉飢民爭就食氣蒸瘟發死亡相繼不絕街里荒塚冷可憐月將上寄燐閃閃如螢道上積屍暇是先王父（案即康熙志所稱齊祖尚）惻然憫之施粥施棺門日如市力將竭遂瀕閱總督滿公保巡海至台家君走郡城陳情於制府狀甚切制府遂檄縣開倉平价減價賑命知府許天台施粥捐賑泊冬又發棉衣五百件家君復與朱懷新張律齡昆季倡議埋無主屍骨百餘疫始息（名山藏副本）

五十七年除里長一切雜役皆出在官胥吏無復派累百姓（乾隆黃巖志）

六十年春正二月臨海黃巖太平仙居兩豆穀箭竹結實康熙府志
豆堅硬不可食穀粒大倍常穀竹實俗呼爲竹米磨粉作食可療痢疾府志
夏六月大旱至八月始雨臨海寧海天台大饑請　題蠲振康熙府志
世宗憲皇帝雍正元年六月大旱饑乾隆黃巖志　總制滿保至台州請　題蠲振又運廣米數萬石
至民甚賴之同治臨海志稿
四年給發臨海寧海銀各一千兩天台仙居各八百兩採買穀石儲倉浙江通志
冬久雨至五年春大無麥光緒寧海志稿
五年虎入郡城臨海志稿
秋臨海大水臨海志稿
總督李衛布政使許容詳定解省米價浙江通志
議定金台溫三府富諸二縣應解省米價每石定價銀一兩三錢外加耗米銀一錢按米科
算折徵其銀兩一併歸入地丁內統徵分解司庫浙江通志
七年奉文蠲除耤田免徵黃巖志

十月二十一日天台縣民褚伯賢妻劉氏一產三男（浙江通志）

八年虎復入郡城（臨海志稿）

六月五日颶風大雨黃巖出洋巡船遭覆溺奉文優恤（乾隆黃巖志）

七月十六日奉　旨黃巖鎮標兵丁著賞銀一萬兩該鎮會同督撫提督料理營運以備賞給之用歲底將一年生息及賞過若干報明該督撫查核該部知道（浙江通志）

九年天台縣生員陳光星壽登百歲奉　旨給銀建升平人瑞坊（浙江通志）

七月朔臨海縣民項茂如妻林氏一產三男（浙江通志）

十一年太平大水民毀興平壩（嘉慶太平志）

十三年八月大水衝太平新街小西門（太平志）

九月閩浙總督郝玉麟奏請於臨海前所天台平頭潭太平松門衛俱增設巡檢一員（國史郝玉麟傳）

十月二十五日臨海縣民蔡榮宗妻奚氏一產三男（浙江通志）

高宗純皇帝乾隆五年蠲除坍塌沙壓田地（乾隆黃巖志）

秋臨海大水（臨海志稿）

八年除溫台漁稅東華錄

十一年夏六月大旱臨海志稿臨海民朱招奇頂喉頂香以禱雨柴阿瑕欲迎入城知府馮鑒以其惑衆拘禁之衆大譁閧堂罷市獲二人解省斬之臨海志稿

十三年夏五月臨海大疫臨海志稿

十五年冬大雨臨海志稿

十六年大旱飢乾隆黃巖志五月撥福建江南倉米於溫州台州平糶東華錄奉文振恤黃巖志黃巖知縣胡士圻詳請得撥杭嘉漕米萬石至台州以千石振黃巖黃巖志仙居知縣蔣序鴛亦請振甚切仙居志天台舉人齊周南具災狀於省吏采訪冊太平知縣劉居敬不放倉穀民譁於署嗣張鑾揚至勸捐施粥民始安太平志

十七年臨海大疫臨海志稿

十八年秋臨海復大疫臨海志稿

二十一年旱臨海志稿

二十四年九月太平南境火太平志

二十五年黃巖暴雷震死鄉民四十人黃巖志

五月太平長山澱湖水自躍過顙太平志

二十六年旱臨海志稿大饑天台采訪冊

三十年　上南巡　恩賞耆舊文武諸臣浙江處州府訓導王世芳年一百七歲迎　鑾奉

旨賞給扁額並緞二疋皇朝文獻通攷

世芳臨海人詳人物傳

太平高洋民家白日有狐登屋極而嘯太平志

三十一年七月六日颶風大雨洪潮暴漲平地水丈餘臨海黃巖溺死者無算黃巖志臨海志稿太平

二塘三塘圮太平志奉文振恤黃巖志

三十三年秋臨海大水入城臨海志稿

三十四年夏旱臨海志稿

三十五年　皇上六旬萬壽王世芳以年百十二歲赴京恭祝　賜國子監司業銜並　賜御

製詩沈世楓南亭紀略

諭曰原任浙江遂昌縣訓導王世芳前以俸滿引見因其壽躋期頤尚堪司鐸加賞六品頂帶嗣於南巡迎鑾復經頒賜匾額緞疋以示優榮今行年百十有二歲仍復精神矍鑠觀覷齋强遠赴京師稱祝龐眉鶴髮蹈舞班聯實爲史册所罕覩王世芳著加恩賞給國子監司業職銜並予在籍食俸俾資頤養副朕優禮高年至意皇朝文獻通考

三十六年　皇太后八旬萬壽十一月戊午　賜三班九老遊宴香山　命於次日赴　乾清門令畫工繪圖王世芳與焉東華續錄

時文職九老爲顯親王衍潢恆親王弘晊大學士劉統勳協辦大學士宮保吏部尚書託庸刑部尚書楊廷璋理藩院尚書素爾訥刑部侍郎吳紹詩工部侍郎三和武職九老都統四格都統曹瑞散秩大臣國多歡散秩大臣銜甘都副都統伊松阿副都統薩哈岱副都統李生輝副都統福僧阿副都統包瑞察致仕九老刑部尚書銜錢陳羣内大臣福祿禮部尚書陳德華兵部尚書彭啓豐禮部侍郎鄒一桂左副都御史呂熾内閣學士陸宗楷詹事府詹事陳浩國子監司業銜王世芳東華續錄

上海游民習勤所承印

夏六月二十四日臨海大水冬十一月大火臨海志稿
三十七年有大鳥止於臨海湧泉臨海志稿翼長如船背高於馬浹月方去先是三十一年冬有大鳥止於北山至是又見臨海志稿
三十八年正月十四日夜臨海城中火臨海志稿
是年寧海上下梅村有拒捕案寧紹台道陳夢說行縣按之朱珪陳夢說墓誌銘寧海上下梅村有拒捕案提督將以兵往海旁村民皆驚竄巡道陳夢說謝之輕騎行縣令巳縲繫竄者數十人下之獄夢說曰此非犯者我來捕梅姓數人而巳駐停旁縣獲之釋其少子一人台人諾其事曰存孤記夢說字象臣又字曉巖絳縣人乾隆戊辰進士官至浙江督糧道陳夢說墓誌
三十年八月天台水巡道陳夢說勘振之陳夢說墓誌
四十九年夏六月太平溫嶺鎮樹花開太平志大如球長過尺初絳色繼而黃經月鮮豔觀者如堵諸生鄭與紀其事太平志
五十年天台縣民林均治年一百二歲奉　旨旌表並賞給緞疋銀兩皇朝文獻通考

五十五年夏六月十四日大風雨海溢太平小西門崩太平志

十二月二十四日黃巖大雷雨冰木介光緒黃巖志

五十八年太平下蔣盧氏牛生犢兩首一尾四足太平志

六十年寧海旱饑寧海志稿

六月二十四日大水寧海志稿

仁宗睿皇帝嘉慶元年正月大雨雪如油黃巖志

土人謂之油雪橘樹麥苗多死黃巖志

七月十八日夜大雨黃巖海溢平地高丈餘瀕海居民死者無算黃巖志

十月仙居誅妖人李鶴皋光緒仙居志

鶴皋章安鎮人乾隆五十九年於仙居大張莊築屋數座倡邪教僞造天書寶劍埋於山黑夜放光如是者三年一日掘而取之自言得天書有道法煽惑愚民男女從而傳道者幾千人常以棗核置燭內說法時起立云神仙到此燭皆放花夜深閉戶說法婦女環侍謂之摸緣張大勇知其將爲亂以狀白於縣知縣鄒大訓遣典史湊純美往緝之爲所逐純美折足

歸大訓乃親率兵往而鶴皋勢張甚訛言有神兵能騰空殺人大訓兵不敢前大勇乃請具詳大府乞援兵自募數千人是年往擒之置鶴皋於法餘黨悉平仙居志

二年太平夾嶼民家產牛獨角一目俱當中無尾數日斃太平志

五年三月提督蒼保黃巖鎮總兵岳璽在洋搜捕土盜擒獲一百七十餘名奏　旨交部議敘東華續錄

九月十四日黃巖鎮總兵岳璽溫州鎮總兵胡振聲會剿水澳幫盜船五十餘隻於東臼外洋至北兜洋擊沉盜船三隻生擒盜匪三十餘人阮亨瀛舟筆談

六年安南夷艇鳳尾盜六七千人過閩入浙逼台州松門巡撫阮元勒兵擊之二十二日水師總統李長庚率師至海門會黃巖鎮謀攻取遇颶風覆溺盜船於松門外獲僞爵侯倫貴利磔之阮元撰李長庚傳

艇盜者始於安南阮光平父子篡國後師老財匱乃招瀕海亡命資以兵船誘以官爵令劫內洋商船以濟兵餉夏至秋歸蹤跡飄忽大爲患粵地繼而內地土盜鳳尾幫水澳幫亦附之遂深入閩浙是年六月聖武記　安南大艇幫四總兵三十餘艘鳳尾水澳各六七十艘浙盜

寨檔窺二十餘艘（阮元瀛舟書記序）將萃於浙偪台州將登岸舟泊龍王堂松門山下（聖武記）巡撫阮元奏以定海總兵李長庚統率水師關會溫黃兩鎮協同策應長庚會黃巖鎮岳璽泊海門與賊隔港相持（國史李長庚傳）二十二日夜颶風起明日風益甚盜船覆溺於松門外僅餘二三艘漂出外海海門兵船亦多損長庚船隨潮溢入田挂木而止賊在松門擄破船及汲水登岸者黃巖鎮率松門兵網捊合水陸悉攻俘之（阮元李長庚傳）太平參將李成隆率兵入水得油衣包安南敕文及四總兵印敕稱大統兵進祿侯倫貴利定海教諭王鳴珂獲三人一即倫貴利（定海志）於是安南四總兵溺死者三磔死者一以敕印還安南王阮光纘光纘飾言但令其巡海不處其入浙爲盜上表謝罪自後安南夷寇不復入浙（瀛舟書記序）

八月十六日定海黃巖二鎮兵船會勦蔡牽於三盤洋攻獲盜船二隻生擒盜匪沈秋等十九人（瀛舟筆談）

七年臨海火（臨海志稿）

八年閏二月浙江提督李長庚與黃巖鎮合兵擊盜尤升等獲之（王芑孫撰李長庚行狀）

三月六日黃巖鎮總兵張成追捕黃葵盜船於披山洋攻獲盜船三隻擒盜七十七人（瀛舟筆談）

是年旱臨海志稿

九年秋八月黃巖鎮總兵張成隨提督李長庚擊海盜蔡牽於定海北洋至盡山大敗之定海志

蔡牽同安人奸猾善捭闔能使其衆安南艇賊既平其在閩者皆爲牽所并凡水澳鳳尾餘黨皆附之復大猖獗於是巡撫阮元捐官商金十餘萬付李長庚赴閩造大艦三十名曰霆船鑄大礮四百配之聖武記五年冬擢長庚福建水師提督調浙江六年新艇成擊牽於岐頭東霍等洋擒獲甚夥七年水澳等賊以次殄滅八年正月牽匿定海北長庚以舟師掩至牽僅以身免追至閩乞降於總督玉德玉德不覈其詐撫之既而牽更造大霆行劫如故九年與粵盜朱濆合犯溫州總兵胡振聲勢甚熾六月玉德阮元會奏以長庚總統閩浙水師以溫州海壇二鎮爲左右翼專勦牽阮元李長庚傳其金門黃巖定海諸鎮各守其地俟總統追賊至境出師策應八月牽濆共犯浙聖武記長庚率海壇鎮孫大剛溫州鎮李景曾黃巖鎮張成定海鎮羅江泰出普陀擊賊於定海北洋定海志二賊結百十艘爲一陣長庚將兵衝貫其中斷賊爲二使鎮兵擊濆而已急擊牽聖武記追至盡山沈其二船斃牽船盜數十人俘餘船五十餘人終以牽船高未獲遁去明年九月勦牽被風於盡山所部船多損阮元傳失愛將羅江泰行狀

江黍黃巖人也定海志

十年五月二十五日署黃巖鎮總兵黃飛鵬於三盤洋攻擊邱獨幫盜船遊擊黃象新都司謝恩詔各兵船夾擊獲盜許謂等二十六人船一艘礮械三十餘件溫州府志

是年雨巨豆於天台山中台郡識小

知守洪其紳有瑞豆行時紀其事台郡識小

太平稻生蟹太平志

蟹狀似小龜色黑背硬有翼能飛集稻葉上吸其漿稻即枯死焚之作牛馬屍臭鄉俗多燒牛馬骨糞田或謂蟹乃死骨化有老民棄葦鈞徧告村坊勸勿再糞死骨人從之自是蟹絕太平志

十一年四月提督李長庚擊海盜蔡牽於台州阮元作長庚傳

蔡牽朱濆在福寧長庚追擊之牽入浙又擊之於台州十二年十二月追牽入粵海至黑水外洋長庚中賊礮殞阮傳

十三年夏旱臨海志稿

十一月黃巖鎭總兵童鎭陞於披山外洋獲水澳賊餘黨新興幫船一艘守備胡殿彪於狗洞門獲盜船一艘生獲盜二十一名營冊案記

十四年龍見黃巖江口黃巖志

五月寧海夜雨豆寧海志稿

大如柏子色黑王起設有紀事詩寧海志稿

八月十七日浙江提督邱良功會福建提督王得祿追蔡牽於台州魚山洋擊之[illegible][illegible]室詩錄

次日復會擊之於溫州黑水洋沈其船牽及妻子皆死於海[illegible][illegible]室詩錄

十五年天台文廟火采訪冊

十六年黃巖地震黃巖志

秋仙居旱仙居志

十七年夏旱臨海志稿

太平仙居大饑仙居志

斗米錢五百五月十八日仙居都高坑產石粉可食民賴全活臨海、志

秋臨海大水 臨海志稿

寧海產瑞稻一莖三穗歲大稔 寧海志稿

冬十月黃巖下粟隕石四五枚大如斗 黃巖志

十八年臨海地震 臨海志稿

黃巖焦坑民家豕生象 黃巖志

十九年臨海東鄉民家產黑芝 台州逸聞

二十年大水黃巖六部溺死者百餘人 黃巖志

二十二年四月雷擊臨海巾山塔崩 臨海志稿

寧海湖溢 寧海志稿

二十五年大旱 臨海志稿

仙居知縣常永安發倉振之 仙居志

夏太平疫 光緒太平續志

秋七月大水海溢 臨海志稿 寧海北鄉水尤甚壞民居無算 寧海志稿

宣宗成皇帝道光元年秋大旱饑黄巖太平仙居三縣志天台采訪冊

二年黄巖雨菽黄巖志

奉文豁免水冲田地銀米天台采訪冊

三年七月仙居大水仙居志

五年臨海大水臨海志稿

十月振臨海旱災風災額賦東華續錄

六年六月仙居龍見仙居志

有龍在寶相寺井中水常溢出一日雷雨大作龍從井出壞屋十餘間仙居志

七月黄巖大風折木拔屋是年饑疫黄巖志

八年太平饑太平續志

九年仙居大水仙居志

十一年仙居饑仙居志

冬紅雨降太平關嶼趙璋家著物皆赤太平續志

十二年仙居大旱仙居志

十三年六月臨海大水臨海志稿

十四年旱仙居志 六月大風拔木壞屋黃巖志仙居志 七月十四日大風雨平地水深數尺太平縣署大堂圮太平志 洪潮衝沒寧海合寧塘寧海志稿

十五年自六月不雨至七月薦饑黃巖志 斗米錢五百仙居志

十六年夏又旱饑太平續志

十七年夏六月海潮入郡城臨海志稿 七月二十三日有五龍見雲端是夜颶風大作三日止太平續志

十二月二十四日夜臨海興善門火焚四十餘家臨海志稿

十八年正月郡城數火臨海志稿

十九年六月郡城寶茅橋火焚民居七十餘間臨海志稿

秋旱黃巖志

是歲寧海斑竹園民胡如妻一產三男寧海志稿

二十年秋七月二十二日晝天晴無光逾一日復明臨海志稿

上海游民習勤所承印

二十一年九月民訛言英夷至居民爭逃徙土寇乘機劫奪數日乃定黃巖志

時英吉利寇寧波台州戒嚴

二十二年六月朔日食既晝晦如夜黃巖志 是歲仙居旱仙居志

二十三年六月二十二日大雨雹狂風拔木十一月郡城火焚民居百餘間臨海志稿

二十四年六月臨海興善門外火焚民居八十餘間惟節婦嚴錫乾妻家獨完臨海志稿

是歲仙居蝗仙居志

奉文豁除水坍田地銀米天台採訪冊

二十五年夏太平大水太平續志

冬十一月十一日臨海興善門外又火惟嚴節婦之居獨完臨海志稿 是歲黃巖亦大火黃巖志

二十六年大旱仙居志

夏六月寧海地震歲大饑寧海志稿

十二月給寧海等縣水旱災新舊額賦東華續錄

二十七年夏黃巖大雨雹黃巖志

二十八年秋七月五日太平大水平地高八尺許鄉民鬨署罷市毀金清閘（太平續志）民以二十四年之水與是年之水由於金清閘閉八日聚衆數萬人鬨至縣署市肆驚閉遂毀閘壩監生陳梅五率衆與鬭火器傷人匪徒乘機掠富室（太平續志）

二十九年四月二日臨海民家產牛六足（臨海志稿）

六月寧海多寶寺後山崩十餘丈（寧海志稿）

九月八日黃巖澄江水漲五十日（黃巖志）

十二月三日太平城隍廟災（太平續志）

三十年三月太平旱（太平續志）四月臨海數火（臨海志稿）八月大水（太平續志）十一月朔地震（采訪冊）是歲寧海雨血（寧海志稿）

上海游民習勤所承印

大事略四攷異

順治二年夏四月明魯王以海駐台州　案南疆繹史作四月魯監國載記作閏六月南略作十一月二十日今從繹史繹史言壽鏞以崇禎十五年　大清兵攻兗州城破自縊今案明史諸王傳壽鏞薨子以派嗣十二年　大清兵克兗州被執死弟以海轉徙台州是城破死者乃以派非壽鏞也且在十二年非十五年繹史誤海東逸史監國紀作十五年破台州以派自縊死

兵道虞大復推官婁應奎　案康熙臨海志作虞大復婁應奎府志作魏大復潘應婁案虞大復見明史馬士英傳乃逆案中人也

閏六月二十八日魯王自台州移駐紹興　康熙府志臨海縣志作六月十六日赴紹明季南略作二十七日小腆紀年作閏六月十八日海東逸史作張國維以閏六月九日朝台州七月十八日王至紹興未知孰是今姑從南疆繹史

三年春三月至夏五月不雨　康熙府志作三月臨海志作二月未知孰是

上海游民習勤所承印

沈履祥張廷綬李唐禧並死之　郭肇昌成仁錄沈履祥寧波人崇禎庚辰進士官監察御史李唐禧松江人官都督僉事張廷綬寧波人官都督明末寓台州廷綬爲鄉民所首捕至適沈李二公過訪因幷獲焉提督田雄諭降再三又使所知者勸之三人皆堅執不從同日死於台州靖越門外之江下康熙府志同今案全氏祖望所撰廷綬行略以爲袍笏坐營門諭降不屈死與監國載記同今從之又三藩紀事本末以沈履祥死於八年南疆繹史亦言辛卯大兵進攻舟山命馬進寶出台州海門御史沈履祥殉台州被執死未知孰是然全氏張廷綬行狀言唐禧謂廷綬曰公當俟陳公消息案函輝死於三年六月則廷綬亦死於三年明矣成仁錄謂沈與張李同時死則非八年可知又載記以張爲都督李爲指揮行狀以張爲都督僉事海東逸史南疆繹史以沈爲丁丑進士非庚辰鄞縣志李唐禧實殉節者爲王紀事誤禧爲熙而以爲叛將大謬舊志以三人入流寓今案張是官台非寓公故改入於此

四年天台仙居白頭寇起　案惟董克愼以是年犯仙居其餘若徐守平俞國望等皆舉事於五年康熙志總書於四年者以其時已萌櫱也

俞國望俞抒素　臺灣紀事南疆繹史諸書俱作俞國望台州府縣志作俞抒素疑是一人一名一字也然亦不敢遽斷隨所据原文書之

六年十月乙巳魯王移駐舟山　海東逸史南疆繹史俱作己巳案是月無己巳日當從小腆紀作乙巳

十三年正月副將馬信叛　康熙府志正月十二日晚馬信傳集闔城官紳赴南城會議防禦案臨海洪志作十三日四鼓府志執知府劉應科通判李永盛臨海志作劉登科李一盛

王廷棟掠仙居　康熙府志仙居志皆言副將李必會兵討之兩戰始克今案次年八月鄭成功陷台州李必被獲去安能平廷棟蓋廷棟隨成功入海非李必之功也

十四年八月鄭成功陷台州　三藩紀事本末十三年十月庶子王班師成功進略溫台等郡十四年三月成功回島而康熙府志及臨海黃巖天台志皆言十四年八月成功陷台州蓋紀事本末僅得大略當以府縣志爲實東華錄十四年八月丙申海寇鄭成功犯浙江台州府分巡紹台道蔡瓊枝副將李必及府縣官俱降賊陳藹亭筆記僅云李必以城降康熙臨海志台道蔡瓊枝同知徐煥祚逃去知府齊維藩副將李必知縣黎獄皆被執去康熙府志

同陳稱亭洪若皋皆當時人親覩其事而所言不同豈有所諱耶

白榜紙銀三兩零　蔡礎沈子寱業咄咄篇自注作趙齊芳額運順治九年白榜紙一兩二錢

今從康熙臨海志

被逮者六十餘人　康熙臨海志秦挐為首水有獨并呆頭諸生六十六人乾隆黃巖志作呆頭五十六人案蔡礎寱業紀年順治十八年閏七月二十一日同被逮者計六十八人除呆頭外水有獨周熾名入制府特參趙鼎臣為齊芳子末云台郡兩庠以片紙成徒案原六十五人寄寓隸籍者十陸續決策西歸者三十有三齋志卒戍地者九統計五十有二人若金廷棡卒於未抵京山東界舟次陳傒卿金叔殷周季衛翟子崙卒於刑部獄將震白金柄碧李玉穪陳君柱翁穎公邵魁生許隆如程其弟仲喆卒於遣戍後山海關內外界合計六十有五人案蔡礎當日同被逮其所計人數必不誤而張人綱時燕集云就逮六十六人豈并及趙齊芳子鼎臣耶其姓名尚有可攷者如陳弦誦包炳南周南翟應明陳在期章程于捷應鴻漸張人綱李時懋金必耀戴廣傳奎張翼軫張仲孝張建章徐儀朱紘劉學龍蔣逢夏陳憲章朱紼趙穆昌戴勝潘賡甫朱倩卿金枝陳時夏楊枝楊或林允升秦函鄭兆甲范恂

凡三十四人見陳藕亭筆記又如費靜生（當即費賡）王仲蘇（張晤蘇集作賈中聯）楊克嵇蘇鵬九林楚岑（台州逃閒作雄存）李玉禪（即李時瑞）徐羽可（即徐儀）章伯慧（即章程名鋕存）一林曦木戴上襄張晤燕（即張人綱）楊臣亮張次星翁穎公朱玉章（當即朱鉽）何若嚴包向明（即包炳南）沈惟宸陳詠叔（當即陳弦鑑）枝亦友（當即張仲孝）戴伯秀侯惟[ ]鄭鼎先（即鄭光甲）陳用泰（張晤蘇集附有陳用泰挽詩此作用泰恐傳寫之誤）潘玉虎（即潘虞雷）許益迅董君翰羅以光戴君寵范兆玉蔣懋甫周季芷林允求傅與時（疑即傅鑾）趙端凝陳士繩陳朗人葉淡水陳叔文楊樹人朱素仙彥先于天士（疑即于從）翟介繁（疑即翟施明）周政先應上巽趙和仲周鳳一（當即周南）秦淮紫（當即秦南）周可章金廷聞陳儀卿金叔殷周季衡翟子裔蔣裳白金柄碧（即金枝）陳君柱鄒魁生許隆如許仲喆六十一人見儤業紀年又有傅裴五（即傅鑾）何志清（即何若鑑）陳大捷（即陳開泰）洪鐘四人見台州述聞雖名字不無複出而大致可以攷見也

康熙七年大風雨　康熙府志四月二十日颶風驟雨崩山拔木壞城垣及官民房屋殆甚頃刻水深數尺淹死人民至多臨海志亦作四月二十日仙居志大風雨十餘日田廬幾沒黃巖志大水皆不言何月而天台志作七月烈風猛雨連旬不息田廬沖沒案七月恐是四月之誤

十年臨海天台仙居旱　康熙府志作寧天仙三縣旱案臨海志言是年夏旱而寧海志不言寧當是臨之誤今據洪志正之

康熙十三年五月二十二日提督塞白理兵至台　案貝子功績錄臨海志俱作五月康熙府志作四月恐誤

六月二十七日金華賊李雲陷仙居二十八日副都統阿什兔兵至台　康熙府志作二十八日李雲陷仙居二十七日副都統阿什兔兵至台先後互異案府志先敘仙居陷次敘副都統兵至則陷在兵至之前可知阿什兔乾隆黃巖志作阿什圖功績錄作周雲龍

八月七日黃巖陷隨克蘇自刎死　案國史逆臣曾養性傳作九月黃巖陷今從舊府縣志又康熙府志作李闌大功績錄乾隆黃巖志俱作隨克蘇功績錄臨海志作自刎死府志及黃巖志作中箭死洪南沙集闔難記作巷戰死未知孰是

黃巖知縣熊兆鼎　案黃巖志作兆鼎功績錄作兆昇蓋形近而誤

十四年三月十七日寧波水師提督常進功擊賊於海門斃賊將朱飛熊　國史逆臣曾養性傳作將軍傅喇哈以四月斬飛熊平定浙東紀略作八月貝子功績錄作三月十七日斬飛

據四月二十日常進功自海門回台較他書爲詳今從之

四月間牒楊從龍等伏誅　貝子保台遺愛碑楊公保台實績錄均作楊御雲康熙府志作楊從龍蓋取雲從龍之義從龍其名御雲其字也至功績錄及臨海志作王從龍恐誤

七月副都統穆赫林分兵從仙居茅坪至黃巖寧溪以抄賊後案此役貝子功績錄臨海志以爲發自仙居知縣鄭錄勳保台實績錄以爲發自巡道楊應魁而黃河清椒學集戴巖華傳又以爲發自巖華巖華獻策應魁言如此今案康熙府志仙居茅坪以徑可出寧溪以抄賊後有耆民知之以告有司轉啓貝子馳聞康親王則椒學堂所言亦非無因也然功績錄載貝子傳諭巡道之言以爲前據仙令鄭錄勳啓稱仙有別徑可通黃巖該道可將地圖去與錄勳互相妥議云云則此議或出台人而入告貝子者實始錄勳其後令應魁共議之也而實績錄竟爲出自應魁不言及錄勳亦未免掠美矣

又功績錄以爲七月十五日遣穆都統等統兵從仙居至茅坪嶺二十八日抵黃巖界經涼篷寧溪爲巖尾賊之後臨海洪志以爲七月十八日從仙居南門出經梁篷八月初四日到牛山嶺賊聞大恐康熙府志以爲八月初四日由仙居南出日月互異未知孰是今缺之

知府蔡秉公禽閩寇蔡元亮　案秉公以康熙四十八年任台州五十一年去未知擒元亮果在何年盛大謨所撰墓志未詳今姑列於四十九年後

大事略五

文宗顯皇帝咸豐元年夏六月大水（臨海志稿）太平奸民藉災詐稱守備鍾鳳祥率兵捕之（太平續志）奸民駕船數十艘向各村勒索錢幣爲拆閙費不予卽被掠官軍往捕多赴水死獲四十餘人解省審釋（太平續志）

秋九月廣寇布興有掠海門（臨海志稿）及寧海境（寧海志稿）廣東盜船形如蚱蜢號蚱蜢艇濱海民呼爲綠殼布興有其魁也（鄞縣志）聯巨艦數十入海門（臨海志稿）定黃巖三鎭不能拒退入黃林港（黃巖志）賊登岸焚掠（臨海志稿）復掠澁洋五嶼門欲進掠大湖寧海胡庚等集團防堵賊知有備而止（寧海志稿）擾海門十餘日始去（臨海志稿）寧波知府羅鏞賄之降（鄞縣志）

二年八月二十七日夜半有白氣自空下墮太平橋街上須臾紅若火（太平續志）

十一月六日夜黃巖太平寧海皆地震（三縣志）

三年春正月十四日夜黃巖院橋雨血二月雨菽四月雨豆五色自正月至三月黃巖地震者

上海新民習勤所承印

五(黃巖志)三月寧海亦地震(寧海志稿)五月臨海地震(臨海志稿)

六月大水

十八日大雨山水暴漲水深丈餘彌月不退禾稼淹沒黃巖西鄉寧溪諸處山崩民多溺死(黃巖志)臨海江潮怒激二十日平地水高丈五六尺二十四日巾子山東塔圮(臨海志稿)仙居有異獸五六成羣食豬犬人呼爲海狗(仙居志)

七月三日太平火隕大如斗(太平續志)五日黃巖白龍見於雲中(黃巖志)

是月太平土寇亂逾月平(太平續志)

土寇李大六小六屯花居洞將攻城八月判知縣李宗謨獲其黨二人斬之三日與守備張繼成率兵進勦密令鄉紳顏坤壓督團兵夾擊賊以巨礮守洞口衆不敢進乃從後山火攻之賊突圍出小六中槍死大六潛伏尋就擒梟之鄉兵傷數人是役也參將林策勛不敢出城及奏功攘爲己有(太平續志)

是歲省發振饑銀一千兩郡城立粥廠五所(臨海志稿)奉文豁免水沖田地銀米(天台採訪冊)

四年秋七月七日海溢黃巖太平民死者數萬(黃巖志 太平志)

五月有巨魚數十自海門入內港色黃黑如牛無鱗漁家名之曰烏距大者重五六百斤往來半月餘或去或死人臠而食之有中毒而亡者七月五日又有白距魚入白石港是日大風雨海溢湖汾有海物狀若水牛兩角如臂色黑後曲嘴如猪喙隨潮掀舞所到處波益洶湧黃巖太平蕩田俱被沖沒溺海居民死者數萬黃巖志參太平續志

丁謨甲寅海溢記黃巖地形綫區西北多山東南頰海如正鰲鰍浦沙南沙北等鄉皆淤田新淤漲闢遂築漸趨及海有一塘二塘三四五六塘等名北起海門衛迤南太平袤百餘里東西廣二十餘里居其地者席魚鹽參留之利亦屢洪潮汎溢之虞故每一遇必築塘以捍之設閘以洩之自嘉慶元年海溢淹死無算迄今數六十年水安其宅驟浪不生室廬鱗比牲畜繁茂稱樂土焉咸豐四年甲寅七月初三日颶風陡作越日霪霖初五日午後潮上海溢水如山立倏忽之間陸地成海淹死男婦五六萬計積屍徧野廬舍無存間或附片板得生而貲業蕩洗雖有司撫賑紳富樂輸而大創之後非十年生聚不能復也歲戊午余採訪至其處見聞斯悉乃竭其被災前後俾居海濱者爲未雨綢繆之勖云

聞父老嘗洪潮之災約六十年一大劫三十年一小劫自嘉慶丙辰災後迄今甲寅相距五十八年又自嘉慶丙辰上溯乾隆丙戌之災正三十年又上溯康熙戊子相距五十八年皆上天降割成例不爽耶抑潮水有信災故不爽也瀕海者綢繆陰雨修築隄防倘思患預防之道也

潮之消長隨月之盈虛故洪潮之災多在秋月之生明與生魄後數日如嘉慶丙辰爲七月十八日咸豐甲寅則七月初五日

海溢之變前一年必有大風水示其兆如癸丑閏六月望後颶風暴雨平地水高丈餘西北鄉山居之民多溺沒者次年七月遂有洪潮之厄徵之父老曰先淡水後鹹潮與前乙卯丙辰事同

攷郡志災變門康熙戊子二月初十日白巨魚至中津橋占者謂有水災是年七月初七日海溢今甲寅尚前三四月間烏巨魚遡港江十百爲群大者如牛迎潮掀舞月餘乃去論者疑之至秋果驗

海水之大不可測域然潮汐往來亦分時刻此次海溢前一日潮上不復退人之顯怪之不驗期翌日之成浩劫也災後有自福郡才

上海游民習勤所承印

者謂初四五等日陳江潮枯不至蓋艷彼注溢孰主宰是成云洪潮將乖有怪物二似龍非龍似牛非牛抵舞塡剛波濤擁後昔觸堤隄登時傾塘潮盛謂入其鯨鬘之傳耶抑海若之使耶　未災之前瀰月不雨溝堤皆涸洪潮一至勢若排山海徃越搶滿沿越溝滿溝倒忽之間衙上數十里平地水高數丈尺屋盡傾無論茅舍其餘者石岸石日輿物衝激皆漂潮水猶猛於烈火矣　洪潮乍至之初居瓦屋者自謂可恃恃茅舍者疾走而逃孰知潮來其速淹死遺上者比比彼瓦屋沒衝傾倒絕無倖免間有得生即係茅舍之民緣梯穴孔跨伏頂存水滿屋浮隨所之而止溺萬死中得一生然必斯結茅絕樹索堅牢偶留漿喀否則敍逐棟躲仍非魚腹耳　此水與五六萬等鄉受禍最陷自三萬以上去海疑越水勢略救故得遽舍俱存人民無盡但禾黍後淹財力耗竭生齋慶粒食維艱不憂於水斷賢於鑰矣　既退之後積屍數諱不可以步廬打获補之閒梁梁相枕籍時樂善紳士分道賑趙旬除不能養彼盧遺民曰先時潮退沒物曳入海中者街多鳴呼慘哭　水退地上淤泥沒尺一留平野責沙漫漫無年藍實寧日歸處溉轉閩鬼哭莪夜實嫡發發如纔往時烟火塵茂之鄉一且變為荒塞之象傷心慘目不堪駐礙　洪潮既退衣服器用什物散布於野貧忍者因以為利成棹小舟編竹筏潮流撈取滿載而歸名曰撈水熱　災後來撒遍發大疫即所謂出御沙者朝發夕亡不可救藥其有闔門盡染後先骸死人為站號成爛抑由中濕所致然驗疫而死者半焉從水熱之入此變學災樂鶏登無心肝證其魄而速其髒正為食忍者成　潮水苦鹹淹沒之後不宜黍稻困須賽淡數年頗急何能待成乘潮退即便耕犂種發時泥土柔調苗苗盡缺次年應候成實收擾借當權布種稍後泥土乾燥難習力勸細下儲終不能研尋吐叢勸情之分何哲皆壞　次年春及成不付賛淡之說趣耕飭禾稀種撤秩日夕宵惠可悅分插之後日潮枯稿難得甘霖終不稿挽後改種稗子多穗倍收卒顆其力以濟成種高粱亦熟　舊傳賽淡定須三年此次甲寅被災次年乙卯禾稔不成丙辰歲人更覺種試之早禾大獲稻晚禾稍遲蓋不必坐待三年也（黃巖志）

二十日澄江水清二十五日再清黃巖志

十一月臨海黃巖太平水沸三縣志

十二月樂清民瞿震漢作亂陷樂清城黃巖太平俱戒嚴黃巖志太平志

黃巖知縣高檪材率衆登陴守尋震漢伏誅餘黨郎岳周迺入黃巖爲府川人所執并其弟

解縣戮之黃巖志

是歲黃巖知縣高檪材率紳士捐穀三萬石設十廠振之黃巖志

五年自去歲八月不雨至於三月沿海大饑太平續志

夏六月廣寇掠寧海寧海志稿

掠童家嶴衙蔡加爵科等村沿海居民請於官練團防堵越月始退寧海志稿

六年春三月大雪採訪册　黃巖太平雨雹大如卵傷麥禾黃巖志

夏五月太平大水太平續志

金清閘閉水鄉民聯船數百艘往毀之金清港民發礮攻之死者甚衆太平續志

十一月二日郡城大火焚屋數百間臨海志稿

是歲臨海賊劉得煜謀不軌事洩伏誅臨海志稿

七年八月仙居大水仙居志

三十五都以下水没至屋梁不舉火者數十村仙居志

是歲黄巖地震十餘次寧溪民家產一牛四頭兩目尋死黄巖志

八年夏黄巖蟲害稼烏巖民家有牝雞化爲雄黄巖志

秋仙居疫仙居志

九月臨海銅坑匪林大辰王犇牙陷寧海殺知縣鄒全節轉攻郡城寧紹台道張玉藻知府英端甫率兵擊平之臨海志稿

初犇牙以強種盧姓田盧訟諸官吏捕之忿乃據銅坑謀爲亂臨海志稿有林大辰者素以降神惑衆犇牙推之爲首七年秋劫東塍周利賓家利賓集鄉人拒之斃賊二十餘人生擒九人犇牙退據銅坑發利賓祖墓利賓請兵於官官軍未發利賓斂於復籌募土勇先鬭死之臨海志稿犇牙謀取寧台兩郡以食不給先掠寧海是年九月八日率黨百餘人入寧海城知縣鄒全節出諭大義不數語輒被害遂掠各官署燬教諭署官兵皆走匿參將虞祥麟不能走賊舍之乃索質庫錢八千貫招集亡命數日間附者二千餘人黄壇官莊諸村團鄉兵圖復城城中亦集團爲應賊懼十四日縱火焚劫而去團兵追之村民截殺斬首百餘級生擒五十

餘人數日賊率餘黨攻郡城堅守不得入退聚鐵場賴塽十九日署巡道張玉藻率將王浮
龍等統兵至知府吳端甫率將楊國楨等部湖勇合鄉團兵圍鐵場追至賴塽斬獲無算大
廣弁牙逃尊捕大廣斬之械弁牙至省賊平寧海志稿
十年三月十二日雨雪閏三月十七日隕霜黃巖志
是歲仙居山木成兵器形明年復然隱將巖崩仙居志
十一年六月十二日黃巖知縣李汝紹等勦奇田匪黃延阶大敗七月巡撫王有齡遣署撫標
中營參將林台三等勦之焚其巢九月延阶伏誅黃巖志
奇田在黃巖西南三十餘里沙埠之裏山西過嶺為茅畬南連樂清太平羣山深複最為險
阻有黃延阶者倚險為雄蟻聚亡命以屠敖三項蓮三小三葉等為爪牙結家子黃秀德周
大統水港管繼涵等為羽援劫人勒贖勢漸張是年五月二十八日率匪黨千餘人寇螺嶼
大肆淫掠六月十二日知縣李汝紹城守千總徐朝慶率兵勇三千人進勦士嶼勇先退賊
乘勢下山殺兵勇七十餘人官軍大創七月巡撫王有齡委中軍林台三原任副將梁長青
前黃巖知縣曾元澄候補縣丞許之善並檄在籍紳士候補道蘇鏡蓉等會勦八月十日賊

分兵屯蝶嶼十二日犯沙埠塘裏張十三日燒郎家墺石嶺嶺下十四日南岐處湖橋土嶼各村十七日台三由西鄉進駐茅畬攻賊之背長青及遊擊解廣華千總江齊蛟督董治平王象謙等局勇屯莞橋攻賊之衝朝慶沈鎮藩率鄉勇二千屯土嶼爲援應二十二日莞橋兵巡哨遇賊追至三童奥殺賊二十餘人賊夜遁二十三日台三入奇田焚其巢穴虎頭下閬堂山前路沙埠葉等十一村皆火日昳長青廣華率兵至屯蝶嶼二十五日復赴賊巢焚燬淨盡二十六日下令搜山饑窘始至遍地窖掠而無一獲者乃懸賞購募九月十六日茅畬卒同胥購獲延晥十七日伏誅黃巖志

十二月二十三日粤賊陷天台張孝煐被難小紀知縣王興杞典史巫佐璦等遁采訪

諸暨賊何文慶結黨曰蓮蓬會奸民多從之粤賊陷紹興文慶降蔣履備杖紀聞臨海泥山有梁佩書者投文慶爲養子嘯聚百步險阻處刦掠商旅天台諸生齊林枝等請於知縣王興杞爲勤之約四陝民團接應林枝中途爲賊所得以計脫十月十八日城中民團七百人渤賊衆佩書逸出走諸暨約倒戈內向袁槐生尋難紀略偕文慶子松泉引粤賊爲縄天福將九文爲武經政司余德宏自新昌率賊數萬寇天台十月二十三日陷縣城大肆劫掠偏張僞示分設鄉

官令各村貢財物蕩寇小紀

二十七日粤賊李世賢陷仙居仙居志

道光中粤西洪秀全倡邪教聚黨數萬竄延江楚僭稱天主連陷郡縣咸豐初破湘鄂沿長江東下據金陵分擾南北其別部僞侍王李世賢由皖入浙是年四月陷金華郡縣志偏師掠縉雲燕嶺逼近仙居西鄉村民約守蒼嶺獲一賊首偵大隊至村民瓦解去十月二十六日賊逾蒼嶺屯横溪溪頭等村火光徹天而嶠嶺以東不知也二十七日未刻賊馬隊先入城步卒繼之火鄭氏宅諸生鄭翰死焉夜半燬縣治二十九日僞張僞示安民世賢赴郡城令僞爵廷天義結天安二賊駐仙居又有天福天燕天侯等分設軍帥師帥旅帥等目給木印稱鄉官令徵糧米貨物入貢不從者分遣賊黨掠之謂之打先鋒賊入民家輒執其主加楚毒以求貲財或縛去要重賂乃免仙居志

十一月朔粤賊陷郡城知府龔振麟臨海知縣鄭煜副將李成等皆遁光緒臨海志稿

先是金華失守六月儘先參將胡鳳鳴率兵三百人至台州八月候補道張啓煊亦率八百人至郡人前後啓知府龔振麟請移赤城書院薪火三千貫犒充軍需留鳳鳴啓煊兵守台

上海游民習勤所承印

州振麟遷延不決人心渙散十月何松泉陷天台邊近附賊者數千人指日攻郡城土寇紛集延頸以待松泉至至李寶入土寇納以為松泉也迎之寶詭縶之分隸各營振麟及副將奎成皆先退走黃巖至是知縣鄭煜亦退避徐下橋賊之入郡也道石鼓村村方與鄰村有隙疑其兵至出拒之賊遂屠石鼓村初民間訛言有石鼓響城門開之語至是果驗（采訪冊）

六日粵賊陷黃巖總兵張清標知縣李汝紹皆遁（黃巖志）

偽天福李建時偽王宗李和中奸民邱善潮朱子珊等率賊數百至黃巖官亦詭逃賊入據之善潮黃巖上洋邱人為何文慶卒李世賢陷郡善潮初以為文慶也脅民間捐金三百納款抵郡而知為世賢遂俯首受殿前丞相偽爵導賊入黃巖子珊前黃巖知縣某家奴也八日松泉率賊至九日又有黑旗賊至擄監生浙慶光慶光罵賊死（臨海紀聞）

七日土寇徐大度陷太平知縣吳奎祥參將監新浩等遁（太平續志）

大度黃巖塘角頭人習拳勇桀悍善鬬惡少附之與夏寶慶王明功等結為十八黨（黃巖志）而推寶慶為首是月六日夜大度率數百人自黃泥嶺至太平城下聲言來為守城城門閉梯以入至高姓宅知縣吳奎祥先在大度出寶慶令旗脅奎祥曰速以縣印付我我為汝守城

祥不能答有團勇欲殺之奎祥阻之乃止次日早晨率匪自北門入焚縣署燒民居掠實庫午後大度黨羽皆至徧掠富室八日黎明忽遁適村人與大度有宿怨陰入城覘之歸報曰賊負重無闘志可擊也截其歸路殺奪其貲大度僅以身免（太平續志）

八日據天台粤賊分兵陷寧海知縣黎定舉參將蘇方拱等皆遁（寧海志稿）賊遣僞將耿天義潘飛熊由天台擁衆入官弁皆走匿遂據寧海盜監軍及諸路鄉官設局崇教寺勒鄉民入貢初飛熊欲詡己功故張大其辭遣人馳報在郡賊酋言寧海守甚嚴攻不能入賊酋撥黑旗兵數千助戰經亭旁海游沙墺等處殺掠甚慘歲貢生章判廷等被害迨飛熊報捷乃中道回（寧海志稿）

九日據黄巖粤賊分兵入太平（撫抗紀聞）是日賊朱子珊率百餘人入太平次日邱普湖率數千人至大度寶慶皆與焉十一日子珊率前隊賊至隘頑所趨玉環大度寶慶他掠而遁（太平續志）

十一日黄巖鄉兵擊賊走之城復（黄巖志）

十日賊至黄巖陶家洋索前勇目陶寶登馬復入其姬家寶登怒逐之有縣吏邵炳照者衛

約武舉潘兆熊發書二十六函會各局兵勦賊十一日黎明賊首攻黃巖城東門被創猶力戰徐濟率其下金維福管芝田從南門先入土嶼冢子棚浦各局兵從之賊西竄至焦坑彭映中盧錫疇等殺之（檮杌紀聞）

十三日太平營守備張繼成率鄉兵擊賊十五日賊遁追斬之（太平續志）

是日水洋各村練勇攻太平城賊酋郎善潮懼十四日攻益急十五日早遁各鄉截禽皆黃太無賴民無眞粵賊也縛斬百餘烏根莊亦殺數十水漲村尤多善潮與隊下八百人無一脫者朱子瑠所率百八十人沿途從者又數十皆殺於玉環時黃巖已復賊又鑒善潮事不敢進至徒以虛聲相嚇鄉民震恐往與關說賊欲設僞官征銀米許以按時交納僞侍王李世賢從之議定後世賢往金華戒其下勿至太平即遣賊酋來亦僅擄數十人耳（太平續志）

十七日粵賊大至黃巖城復陷儘先參將胡鳳鳴戰死知府劉振麟台協副將李成查辦團練事撫標中軍參將林台三等皆遇害（黃巖志）

先是十一日擊敗賊十三日知縣李汝紹總兵張清標聞賊既去皆入城十四日劉振麟李成胡鳳鳴亦先後至（檮杌紀聞）十五日臨海大汾諸生李時等亦率六百人至名北岸軍護守黃

巖西門（李錄克復府縣始末）時臨海人候補道蘇鏡蓉總董鄉團事十一日之捷各團勇掠物滿載歸鏡蓉不能禁也至是按兵不進或詰之鏡蓉曰天雨泥濘經費無出且北有長江西有民團何懼賊哉惟東南一帶不發義兵殊難釋耳於是索捐兵餉派土嶼一千五百貫新橋管二千貫酒食等任意搜索而進勦之謀未决鄉團解體金維福等拔幟歸十六日李世賢統率賊由郡至黃巖西鄉（椒抗紀聞）焚臨海嶺脚金榆溪諸村諸生秦鶴齡王律泰張焯等皆遇害（[illegible]）（粵匪陷台始末記）黃巖舉人盧錫晗率團勇三千餘守義城嶺戰不利賊乘勝入寨屯苦竹村連營至焦坑鳳洋等村焚殺一空火光燭天死者五百餘人城中恇遁而鏡蓉不知也曰西鄉之火山潘彭報復之師非賊也衆以爲實明晨賊大隊入百姓逃亡死者無算鏡蓉與黃秀德周大統先逝胡鳳鳴率勇二百餘人巷戰不利至方山下陣亡（椒抗紀聞）五品軍功永康施上林儘先把總臨海尹篤性皆隨鳳鳴戰死（左文襄奏議）熊振麟奎成林台三並遇害（椒抗紀聞）臨海監生楊漢彬武舉楊柳春杭州諸生唐廷采俱戰死於方山下（克復府縣始末）黃巖廩生姜丹書諸生王篤慶林榮泮朱煦袁璜翁玉堂戴廷非陳大醇黃棣南彭貫和姜化鵬池熙斧牟煦光王樂雖等皆前後被害而縣吏邵炳熙死尤酷（黃巖志）十八日賊南出將攻路橋鎮忽遁遂東回

焚柔橋山下周山下郎諸村犯西山維顯率團勇與戰力殺數十人而退十九日焚臨海家子柵浦掘錠蓉祖塋是日賊子小千歲與何松泉山黃士崗犯黃巖高奧東口峙衕蔣家山建山諸村（楊叔紀聞）牟村民戴中極（採訪冊）以拳勇號七老本招鄉團接戰殺小千歲次日賊率大隊復讎沿燒數里藏乃徙北鄉老幼於封邱山力拒乃退二十一日賊分兵南至店頭村擄沈烈女强易男裝扶上馬沈投水死焚牛洋亮橋大樹下前頭胡江田七里新界奧岸數十村擄無算二十三日掠茅畬遇與世讓女豔之不屈剖其腹而去先是太平之敗有賊六七人竄路橋被執職員陳正選武生陳殿揚留之使薙髮得不死至是黃巖復陷六七賊慨然曰活命恩無以報顧吾能力白使路橋無恐衆悅十九日殿揚率衆謁賊賊出僞示招安授正選殿揚僞職東南一帶恃以無恐有王鳴官者初爲何文慶卒後李世賢至遂降僞封報國將軍好殺示威遇薙髮者輒戮轉僞加果毅將帥諸生王鋼以同族爲事鳴官貢獻所入得分潤既而又寶慶降僞封效天侯約大度維顯寶登同降寶登既降逃歸賊械寶慶維顯至鄉殺之（楊叔紀聞）

十二月二十九日賊會李世賢同金華以其黨李鴻釗守台州何松泉守黃巖潘飛熊守寧海

李元徠守仙居（采訪冊）

世賢以台州非四戰之地入雖易而出難乃冏金華從者數十萬人所掠財物無算過仙居留屯數日乃出蒼嶺（仙居志）

是月臨海天雨豆（采訪冊）太平木冰（太平續志）

穆宗毅皇帝同治元年正月民團克復天台城（黃寇小記）

先是粵賊既陷天台十一月四日復有賊自新昌至上處山口屯於石板路村大肆淫掠焚民居村民忿激集團丁圍擊之賊死甚衆其竄逃關嶺者爲赤山左溪民團堵截又有大隊賊自東陽大盤嶺進十七都逕竄至街頭鎮凡數十里擄掠焚燬其慘尤甚西鄉民團分數枝衛勦戰七晝夜殺賊甚衆民亦多死傷十二月二十六日僞天安李一芸率賊數千自東鄉至城明日屯西關外橋上莊遇雪未出正月初雪霽八日四路團兵至圍攻賊營大獲勝仗殺余德宏於東門外李一芸率數騎逃至歡嶴東鄉團丁截殺殆盡餘賊分竄西鄉北山者亦爲民團所殺縣令王興杞前竄鄉間十一日始入城議立局防堵興杞父邦慶前任杭協副將時迎養在署招諭民團加以訓練令各村添造軍械火器二十二日驅逐新昌餘賊二

月民團復至新昌城與賊鏖戰互有傷殺二十六日因糧不繼而回（被寇小記）

四月三日民團克復仙居城（平定粵匪紀略）

二月賊掠仙居雙廟被殺者六十餘人自是三十三都三十四都會議攻城義民數萬至河頭賊出拒之遂乘夜掠馬洋諸生潘聽濤死焉三月十七日結天義拔營去延天義尙踞仙居鄉民被其蹂躪各懷鬬志副貢生吳琮約紳士王翰等號召四鄉義民二十九日先搗川頭賊營四月朔攻皤灘賊營時賊分紮掠糧於外盡殲其留者餘賊在六都坑者皆殺之遂會各團勇圍城賊焚埤抗拒見鄉兵蟻集三日夜啓城竄出團勇分四路追殺無一逸者（仙居志）

斬馘數千並擒獲逆酋延天義李元徠梟示遂復縣城（平定粵匪紀略）於是仙居賊盡則分戍蒼嶺馬鞍嶺以禦永康縉雲永康縉雲聞仙居既殲賊來乞援先援永康四月二十七日克舟山下焚其巢五月二十九日克芝英賊皆赴水死八日縉雲東鄉民導仙居民團攻龍樓靜岳十六日仙居廩生吳克明陷陣死越一月賊遂來縉雲仙居團練起凡六越月攻克縣城又擊退旁兩都賊凡死者南鄉五十有一人西鄉四百二十有九人而殺賊數萬與琮吳克明實爲之倡云（孫友實仙居忠義祠記）

九日民國克復郡城平定粵匪紀略

正月臨海北鄉廩生姚際唐等糾義勳賊使諸生陳捷傳檄南鄉諸生李向榮方避兵北地約鄉司林發榮千總花衍元諸生馬梯雲等剋期進兵以郡城後山火起爲號十五日南鄉兵先集賊邏卒偶遺火草中烟焰忽起南鄉兵遂隔江而陣賊出靖越興善二門夾擊力不能支遽退兵有死者北鄉兵後至列陣後嶺東門橋諸處賊於朱坊塗樹木栅拒我以銃外嚮我兵相持久之忽別股賊自西鄉渡江掩至與我軍鏖戰斃數賊義民梅大潮金阿三姚有森等陷陣死陣亂賊從後嶺以板度數十人逾城夾擊遂大潰死者數十人陷台始末記參採訪册

先是李世賢既去黃巖以何松泉守之臨海之家子栅浦海門等六里貢賦並附黃巖賊以海門徐鏡濤爲將軍家子周大統爲軍師貢賦屬焉世賢既返金華正月二十六日遣僞將稗天義李尚揚率兵五萬至黃巖索貢賦辱鏡濤鏡濤恥之遣人說郡賊李鴻釗曰六里臨海地誠以分隷徼黃巖賦者有也鴻釗乃率賊下海門逐司卡者賊封鏡濤排天俠設分卡於章安鎮大汾廩生李承謙善士也性慷慨檮杌紀聞前與族衆建議劃江禦守閱歲全台俱陷賊惟北岸大汾一帶獲全克復府縣始末及章安設卡賊入北岸承謙乃大會鄉族誓衆抽丁自六

十以下十六以上皆出戰（梅枝紀聞）號召族衆千人三月二十三日偵知鴻釗由海門率賊渡北岸承謙乃遣衆設伏於前所江岸辰刻賊船半濟伏發斬首百餘級奪馬數十匹墜水死者又百餘賊收船遁回章安李張銓李世統率衆追殺至章安世統中槍死衆復殺數十人賊遁回海門時沿江七十里賊氣結城賊從南岸望之疑北岸土城有設伏懼不敢渡明日承謙等設同聲局於大汾龍山斗閣籌兵以千計李晬李懋任之籌餉以萬計承謙及李作桂李作梅李春榮任之建議先攻黃巖賊以次攻郡城賊遂舉兵入黃巖（克復府縣始末）時仙居吳琮倡義勦賊臨海在籍訓導蔡釗以書與琮約釗族子銘海勇敢能任事乃糾合義兵於四月癸丑剋會師白水洋誘殺僞鄉官李庭槐并殺守隘諸賊遂渡三江三日在郡賊分兩路逆之西指棠埠渡北逾茶院嶺從石鼓渡合圍我師設伏於茅槃店磨頭新渡白茅諸村四日鄉兵復大至與賊遇於瓊溪口我軍戰死者數十人賊死者四人七日午後潮退驍賊黃老虎及渠帥汪某躍馬渡江方及半義兵湯勝廣挾長槍泅水逆之將近賊岸上大呼曰賊騎過矣賊舉腰間火槍擊之勝廣沒身波中旋躍出以槍刺汪死賊退入城（昭台輪來紀象梓動僧）時賊酋李鴻釗已爲徐瀛部下戮於三山吳琮何晬等亦復仙居郡賊聞報大懼（梅枝紀聞）至是汪賊

又被殺（陷台始末記）九日鄉明李承謙等亦率兵船抵江下（克復府縣始末）仙居天台義兵皆集賊遂宵遁（仙居志）逾桐巖嶺竄寧海（寧海志稿）

十日民團克復黃巖城（平定粵匪紀略）

前年十二月李世賢以何松泉守黃巖僞封信天義編戶給門牌分三等費頗禁淫掠時游飛熊山寧海焚掠黃巖之烏巖寧溪村民拒敗之退屯路橋是年正月松泉變殺之於是鎮諸兵馬牢籠鄉豪武舉某等多爲之用十三日松泉會蘇銳蓉於柵浦十五日松泉延蘇中極入城款留之中極曰我匹夫何能爲使北鄉安堵我無憾焉不然我不忍去也松泉義送之二十六日李尚義率兵自金華至黃巖索貢賦鄉官疲於奔命二月一日尚揚令沒天安揚賊撫天安李賊率隊寇樂清以屠教三反燬火其居教三兵拒之遂焚下溪下俞諸村賊屯沈家村至螺嶼連營十餘里淫掠無算由佛嶺進樂清被擄者二百餘人十三日尚揚索門牌費鄉官蔡某偏地苛求微太平買庫三萬金不足被笞責以五百金賄歸越三日尚揚松泉皆寇樂清以賊會殿天義鄧積仕代三月大汾隊生李承謙等既破賊於章安鎮會黃秀德自大陳山歸約合勦承謙允分餉二千令函示銳蓉大統等咸不可秀德乃召管繼訪

上海游民習勤所承印

屠敖三爲先鋒四月一日大汾李氏杜瀆盧氏蔡氏等率義兵二千餘人渡椒江以秀德爲統領繼湯敖三徐瀨陳兵西山嶺時賊屯三山瀨部下周贊楚曰贊由鄉遇者非賊首王宗李鴻釗乎僉曰然贊楚持刀率鋭卒五六人衝陣賊圍之贊楚幾殆繼湯敖三至賊潰贊楚中槍抱劍追之鴻釗乘馬渡河解衣爲鄉地贊楚不顧復追之再渡河鴻釗蹈贊楚斬之（陽杖紀聞）餘賊竄山下郎越二日秀德偕大汾李畤李懋等率衆攻山下郎殺賊二十餘生擒二十餘賊渡黃林港至貓兒橋屯五日李畤李懋李錫李永淵井翠任等及秀德皆前後從船至貓兒橋港李張銓等部衆登岸攻賊斃傷賊數十七日復率義兵三千人攻之賊首高福以槍擊賊首陳天福連中之賊奔李張銓梟其首示衆船中士氣大振三千人齊登岸殺賊百餘賊首李尚揚收餘衆尚千餘人秀德用火箭連射炸之賊奔備數百人高福追之遂斬尚揚餘賊遁入營義兵三面圍之大獲勝仗既而南岸軍爭獲賊旗誤登軍後軍心亂三面圍解衆奔爭舟李張銓墮水死陳寶庚陳祚綸陳洪培陳洪順陳均篤皆死焉秀德舟亦被風飄岸賊水賊焚其舟殺其愛妾池氏所部兵死者二百人秀德以小船救獲免周軍船皆被害周成忠死焉（克復府縣始末）時鋭蓉亦遣其弟鋭謙率鋭卒七百人攻賊賊裸體出戰蔡軍大駭鋭

淵暨馬幾鑾繼沥援之得免自水軍失利鄉團紛解（杭構紀聞）賊亦因喪主將拔營入黃巖城中

九日郡城既復秀德及北岸軍復集黃巖明日僞將鄧積士開南門遁衆追斬之餘賊由盤山嶺遁入樂清黃巖城復（克復府縣始末）十一日秀德大統寶發繼沥救三黃茂和等率家子沙埠諸匪入掠粟米器械焚千總徐朝慶遊擊林台三副將葉長青宅北岸鄉兵曰始吾以若能擊賊今去賊不遠矣率衆去十二日秀德等率兵二千至路橋勒捐萬金十三日掠首飾鋪鄭正選拒之遂大鬨擊殺數人家子援勇至火故武進士蔡捷三宅延燬沿河民房六百餘間十四日火正選宅前蔡鄭亭等皆被焚十五日按保勒捐援勇始退總兵張清標知縣李汝紹自温至館路橋岙隔遂徧勘被火處放告開徵路橋稍安而四鄉仍不免多事云（杭構紀聞）

十一日太平賊遁城復（太平續志）

初李世賢既陷金華餘賊在太平者無多人二月四日有賊百餘入城三月十五日有賊七百餘復入四月三日僞育天義呂姳自黃巖來踞城五日聞臨黃仙三縣鄉團同起擊賊呂大懼自出巡城至北門私謂其下曰城不可守也南北俱逼山山半從礮擊城城內無容身矣使人至樂清請援兵時賊已敗於温州援不至十日呂與方納妾置酒高會明日聞郡城

及黃巖皆已復遂拔營遁（太平新志）

十五日寧海賊遁城復（寧海志稿）

先是賊潘飛熊既陷寧海奉化賊首呂陸來王援魯曹兩賊將分據江瑤橋棚等八莊索取糧餉擄民爲兵有賊將蔣九文自北鄉官莊嶺遲洋堡與潘賊互相雄長四出刼掠十二月十三日掠西倉嶺岐村人皆截於嶺下殺賊數十自是長亭等村皆憤激胡陳諸生鮑圭璋等約義兵萬餘人圖進勦人未集遂爭先進攻爲賊所敗圭璋投水死衆皆被害賊益猖獗編戶給門牌令出銀潘賊亦如之數月間賊凡三易首飛熊去則汪路銓黃懸鍾代之至是四月天台仙居民集團殺賊賊敗由郡城等處來竄十一日至西鄉桐洲渡塔山柘湖塘頭柴等十餘村團兵截殺賊少郤十二日黎明賊分三路一由嶺嶴取南路一由大溪王取中路一由梁王取北路均會於塔山下殺男女一千七百餘人燬民居無算貢生王垚諸生童敬熙等皆死焉十五日聞台仙團兵至賊拔隊走城中賊亦他竄至八月賊由奉化寇寧海知縣蔣緣堵於隘樹嶺賊由梁轄嶺竄新昌經四都嶴七□莊諸生石中岡王樹槐臧兆熬潘芳等被害（寧海志稿）

六月十六日浙江巡撫左宗棠奏台州郡縣克復 左文襄奏議

摺略曰台州郡縣全境以民團之力克復溫郡亦漸次肅清均經將臣慶瑞奏報數郡皆逼在海郡臣由開遂江常以進衢州相距千餘里中隔賊氛得報稍遲據各處文報證以所聞略悉梗概台郡地瘠民强上年逆首李世賢竄陷後分遣逆黨散踞各縣爲縱橫海上之計李世賢旋以官軍入浙急思抗拒乃由台州踞竄金華賊目李鴻釗李元裸李尙揚等在台大肆淫掠士民不堪其毒因倡義討賊各相糾率出賊不意擊之旬日之閒連復郡邑斃賊五六萬賊目皆就擒斬臣獲棧天義羅賊致李世賢僞諭言台事甚詳其毀仙居士民尤甚論台黃出力士紳以在籍江蘇補用道蘇鏡蓉爲最仙居出力士紳以副貢生吳琮爲最而吳琮以其父被害殺賊報仇英烈之風尤足矜式鄉里爲可嘉也台郡既復敗賊萃於處郡溫郡之賊毀台郡士民之鈔其後則由處郡以回竄金華就現在局勢言之處賊中央絕其分竄似亦浙事一大轉機而臣愚竊不能無慮也台郡之克全藉民團官軍曾無一旅與之周旋士民一時偕作無良將吏爲之主持終慮情渙氣衰難以持久臣現飭代理台州府嚴州府同知岷齡於赴任之後詳察各處情形及實在出力士民分別安撫獎勵諭蘇鏡蓉吳

琮等互相聯絡以收衆志成城之效左文襄奏議

是歲仙居無麥仙居志

二年四月奇田匪徐錦朋等焚掠黃巖上仙浦知府韓承恩知縣劉鬫驂會勦不利海防同知希慶被殺六月三日官軍克奇田七月獲錦朋戮之餘黨逸黃巖志

錦朋黃巖大讙人以勇悍名屠敖三既去衆推錦朋爲首是年四月入仙浦噏劫殺三人擄婦孺百餘人勒贖知縣劉鬫驂告急於總督左宗棠復移請署同知希慶參將恩先仲衛守備張銘勞及前杭州協副將王邦慶等同至黃巖二十六日賊襲希慶殺之總督調護理溫州總兵貴載清署遊擊謝復雲都司楊應龍先後率兵來勦六月三日應龍將勇先入復雲繼之花鍋都司銜守備張招銀戰死諸匪星散錦朋逃至塘角頭徐大度誘而執之械至縣伏誅餘匪逸竄黃巖志

五月丁卯　詔予明臣方孝孺從祀文廟同治東華錄

五月二十二日禮部奏曰爲遵　旨議奏事同治二年四月二十二日內閣鈔出十八日奉

上諭給事中王憲成奏請將明儒方孝孺從祀學宮一摺著禮部議奏等因欽此欽遵到部

據原奏內稱方孝孺昌明正學躬行實踐其事實具詳明史本傳其著作具詳所著文集黄宗羲稱其致命遂志得中庸之道與激烈殉節者不同恭讀　高宗純皇帝御批通鑑輯覽曰及至身臨鼎鑊而抗詞直斥侃侃不撓未嘗少降其志凜然大節洵爲無忝綱常正未可以其謀事之不成而概加吹求　聖論煌煌允爲千古定論謹案朱子之道傳授黄榦榦傳何基基傳王柏柏傳金履祥祥傳許謙謙傳宋濂濂傳孝孺查黄榦及金華四子久經從祀文廟而孝孺學術精純足爲師表與從祀之典相符等語臣等伏查道光十九年奉　上諭先儒升祔學宮祀典至鉅必其人學術精純經綸卓越方可俎豆馨香自昭崇報等因欽此茲查明史列傳方孝孺寧海人幼警敏讀書日盈寸長從宋濂學恒以明王道致太平爲已任洪武二十五年以薦召除漢中府教授日與諸生講學不倦蜀獻王聞其賢聘爲世子師每見陳說道德王尊以殊禮名其讀書之廬曰正學及惠帝即位召爲翰林侍講國家大政事輒咨之帝好讀書每有疑即召使講解燕兵起廷議討之詔檄皆出其手燕兵入成祖欲使草詔孝孺投筆於地慨然就死孝孺工文章醇深雄邁每一篇出海內爭相傳誦門人王稌錄爲緱城集故後得行於世又查四庫全書總目有遜志齋集二十四卷明儒學案稱其

上海游民習勤所承印

以聖賢自任一切世俗之事皆不關懷謂入道之路莫切於公私義利之辨謂聖功始於小學作幼儀二十首謂化民必自正家始作宗儀九篇謂王治尚德而緩刑作深慮論十篇謂道體而事無不在作雜誡以自警持守之嚴剛大之氣與紫陽真相伯仲固為有明之學祖則其學術精純可見其居官也以明王道致太平為己任及靖難兵起力排衆議督守社稷卒能致命遂志全節完名是以康熙四十四年　聖祖仁皇帝賜以忠烈明臣扁額　高宗純皇帝御批通鑑輯覽稱其大節凜然無忝綱常則其經綸卓越可見歷代之論孝孺者明太祖稱為壯士蜀獻王目為正學姚廣孝謂為天下讀書種子蔡清謂為千載一人而黃宗羲師說列孝孺於有明諸儒之首皆私議其當從祀　孔庭是方孝孺學術經綸久有定論既與歷年從祀學宮成案相符臣等公同相酌擬如該給事中所請准以明儒方孝孺從祀文廟再祀典次序現奉　諭旨繪圖頒發臣等當詳細查覈另行具　奏其方孝孺從祀之處如蒙　俞允再行按次增入繪圖恭呈　御覽所有臣等覈議緣由是否有當伏乞　皇太后　皇上聖鑒訓示遵行謹奏本日奉　旨依議欽此邸鈔

七月十四日總督左宗棠奏平奇田土匪劾署台州知府韓承恩署黃巖知縣劉[illegible]均革職

請獎恤出力及死事諸員有差 左文襄奏議

片曰再本年三月間黃巖縣屬奇田地方土匪徐錦朋黃得根等恃險聚衆擄掠婦女燒燬民房並於三椏橋一帶豎旗立寨又勾結太平縣匪徐大度王明天等爲應援四月十五日署台州府知府韓承恩署同知希慶署太平營參將瞿先仲台州衛守備張銘勢及已革前杭州協副將王邦慶等先後到黃分紮各處要隘正擬會勦二十一日該匪忽傾巢出犯王邦慶希慶等倉卒爲賊所乘紛紛敗績希慶力戰死之先是臣接韓承恩告急之稟請調兵勇二千人知其意在要功而王邦慶張銘勢尤非可用之人一面飛札嚴飭一面飭署溫處道周開錫商令護理溫州鎮黃毅清署鎮標遊擊謝復雲督帶所部往勦詎黃毅清等甫至而王邦慶等已輕率致敗臣恐賊勢日張釀成巨患隨飭都司楊應龍率忠勇軍五百人助之一面嚴飭各營併力攻勦以期迅速蕆事六月初三日黃毅清督同各營分路進攻該逆恃地勢奇險負嵎不出楊應龍督勇先進謝復雲繼之該匪穴壁環開槍礮花翎都司銜守備張招銀中槍陣亡勇丁死傷者數十人各勇益憤奮力齊進遂將巢穴攻破殲賊百餘名餘黨衝出者復被各營圍勦殆盡並將村莊樹木一律焚化首逆徐錦朋失其窟穴逃至太

上海游民習勤所承印

平旋經拏獲就地正法奇田以平羅查台郡各屬負山瀕海民俗強悍匪類最多而黃巖太平濱海之區尤為匪藪以剽掠為生涯以戕官為故事惡習相仍由來已久地方官專事姑息有類養癰自髮逆竄擾以來匪黨乘機煽亂刦掠焚殺靡所不為上年紳團克復各城經臣嚴飭該府縣將地方積惡根匪嚴密擒斬雖陸續正法數十人而根株盤互既久一時未能淨絕即上年出力紳團亦有著名巨根竄附其中陽附嚮義之名陰懷報復之實事後論功紛紛爭執甚且互相械鬬結黨相攻徒飭府縣秉公核保迄無定議此民俗之敝急須得人整理也此次奇田土匪拒捕戕官署台州府知府韓承恩事先漫無準備事發一味張皇署黃巖縣知縣劉凶醫稟報軍情諸多掩飾無非為捏功卸罪地步居心尤屬巧詐相應請旨一併革職以示懲儆其最為出力之都司楊應龍應請以遊擊補用署溫州鎮標遊擊謝復泰應請加參將銜以昭激勸至署台州府同知余補同知希慶都司銜守備張招銀力戰捐軀殊堪惘惻應請 飭部照例議卹所有勦辦奇田土匪事竣首犯就擒各緣由理合附片陳明伏乞 皇上聖鑒謹 奏同治二年八月初二日內閣奉 上諭左宗棠奏勦辦奇田土匪事竣擒獲首犯正法等語本年三月間浙江黃巖縣屬奇田土匪徐錫朋等恃險結

衆抗拒官軍經左宗棠嚴飭各營分路進勦六月初三日都司楊應龍奮勇先進該匪穴壁環開槍轟守備張招銀陣亡各勇奮力齊進遂將賊巢攻破斃賊百餘名餘匪紛紛出竄復經各營圍勦殆盡匪首徐錫朋逃至太平旋經拏獲就地正法勦辦尚屬認真仍着左宗棠嚴飭各屬將地方積惡棍匪嚴密拏辦勿令勾結滋擾以靖地方浙江署台州府知府韓承恩於奇田土匪滋事事先漫無准備事發一味張皇著黃巖知縣劉蘭馨稟報軍情諸多掩飾居心尤屬巧詐均著即行革職以示懲儆其尤爲出力之都司楊應龍著以遊擊補用署溫州鎮標遊擊謝復雲著賞加參將銜陣亡之署台州府同知午浦同知孫慶都司銜守備張招銀力戰捐軀殊堪憫惻均著交部照例議卹欽此左文襄奏議

十二月官軍會勦水港匪首繆汾平之黃巖志

繆汾黃巖水港人行第五人稱管老五初隨黃一清爲勇目與紹台道仲孫茂材之保舉都司銜儘先千總咸豐十年逃歸四月以掠蘇鋭蓉姻洪炯鑑家革職十一月鋭蓉率兵攻水港火其宅繆汾下舟遁至奇田轉奔家子黃秀德庇之明年九月官軍勦奇田捕居敖三迪小溪甚急繆汾擄赴溫州與平金錢會之亂閩粵賊至黃巖乃歸共攻賊賊退以功勒捐虛

鏡蓉賊八月鏡蓉選健勇三千人陳菴前三江口諸村繼汸與敖三率匪千餘人陳白石山下郎諸村勒派兵餉鄉民皆逃散初五日會戰鏡蓉大敗追殺六十餘人沿燒民舍百餘間鏡蓉由大府請兵剿之副府遣候補游擊吳世杰都司陳子桂率虎勝軍千餘人候補府經發元統之會繼汸兩勝提督秦如虎總兵黃淡清等以爭功尋登申報得不罪十二月繼汸與敖三赴溫州投如虎營為勇日二年歸仍率諸匪赴南鄉挨村勒捐知府裘維誥知縣張嘉樹遇諸塗召諭之不從焚谷奧山坑等村頗多淫殺黃巖志 又焚掠太平白塘澤庫翁奧諸處太平續志 於是守令會稟溫處道周開錫調募勉勇十二月二十八日署溫標中營遊擊謝復雲率勇五百至黃巖明日會守令赴白石合勦禽繼汸斬之水港平黃巖志

恩免元年二年糧縣案

以台州士民自行克復郡縣率　旨蠲免縣案

三年七月十五日仙居楊砩頭塘水赤如血四日而止續歷志

十一月黃巖平田匪劫官軍兵弁多死知府劉璈率兵往勦獲匪數十悉斬之黃巖志

是年冬黃巖路橋大火雷震方山北峯塔黃巖志

四年正月雪中雷鳴（太平續志）寧海太平皆雨豆（寧海志稿　太平續志）三月仙居北山雨栗及豆（仙居志）

六月奇田匪黨屠敖三伏誅（黃巖志）

敖山黃巖下山頭人父孟池爲道士以凶悍爲人所殺兄大敖歷報之咸豐八年敖三偕黃渠三抉其目剖殺之遂投奇田及黃延院誅又因管繼汾投溫州十一月降於粵賊僞封悟天侯同治元年正月十三日寇茅畲縱火焚掠十四日火窰坑奥爲延院復讎也四月粵賊遁敖三追之遂掠樂清芙蓉十二月投提督秦如虎爲勇目署樂清都司二年調署嘉興都司率兵至乍浦大肆劫掠大府聞而惡之會黃巖知縣劉蘭馨治奇田匪急諸匪逃匿敖三署中大府檄嘉興知府許瑤光密捕瑤光令僞解訊匪至中途縱之遁逸而身自往謁大府大怒遂下獄論死四年六月斬以徇（黃巖志）

十二月十日署黃巖鎮總兵剛安泰率遊擊蔡鳳占成鶴齡守備王澎春千總江濟蛟把總牟仁彪額外林鷹揚等出關巡洋十四日遇海賊梁彩等戰敗被擄剛安泰等皆遇害鶴齡澎春逃歸尋梁彩等爲乍浦副將張其光擒斬剛安泰等議卹鶴齡澎春俱革職（檔案）

五年正月十九日內閣奉　上諭馬新貽奏總兵巡洋遇害調水師勒辦巨匪悉數殲除一

上海游民習勤所承印

摺浙江署黄巖鎮總兵剛安泰於上年十二月間督同遊擊蔡鳳占等管帶巡船駛至主山外洋突遇大幫盜艇開礮轟擊盜匪多名因衆不敵該總兵等突過詳經該撫飭調署副將張其光等統率紅單船全軍駛往會剿適與盜艇相遇三面兜擊拋擲火包燒斃盜匪十餘名餘衆披靡擒斬匪首梁彩等五十餘名斬首三十餘級奪獲礮械多件落水淹斃者不計其數勦辦尚屬妥速陣亡之署黄巖鎮總兵補用副將剛安泰著照總兵陣亡例從優議䘏遊擊蔡鳳占千總江潛蛟把總牟仁彪均著照原銜陣亡例從優議䘏馬新貽未能先自預防著交部議處所有勦匪出力之員副將張其光著賞給振勇巴圖魯名號其餘出力員弁兵勇准其附入攻克南田案內酌保數員毋許冒濫該部知道欽此邸鈔

是年仙居大水仙居志

五年黄巖匪徐大度掠縣局殺局員鄭燈知府劉璈徵兵勦之賊遁六月伏誅黄巖志

先是大度糾粵賊陷太平數日逃歸同治元年復陷樂清進攻溫州城不克被創六月自金華逃歸二年六月寄田匪徐錫朋逃至塘角頭大度思反正誘錫朋執之械縣伏法總督左宗棠檄大度赴軍營不肯行三年以劫米船獲罪仍聚黨拒捕五年令其黨與鄉民掠縣局

殺局員鄭煜知府劉璈徵兵勒捕大度逃至溫州北委匿新橋民舍六月潛來訪千總羅懋勳購人獲之伏誅黃巖志

八月十三日仙居地震仙居志

是年黃巖知縣陳寶善奉文酌減糧銀價黃巖志

詳賦役志

六年四月太平地震八月大水太平續志洪潮沖沒寧海沿海塘田寧海志稿

十一月太平武生王仁旺等聚衆毀鹽局知府劉璈令台協副將唐湘遠引兵縱殺太平續志

太平舊無鹽稅至是知府劉璈令太平知縣戴恩溥督辦其事武生王仁旺仁桂等以前巡撫阮元嘗議免稅聚衆數百人入城與新令劉羲田爭論參將周元芳不能阻遂毀鹽賣寓屋而去事聞劉璈令台協唐湘遠引兵至箬横棚嶼等村擊殺二百餘人縱燒民房無辜被害者無算周元芳通詳大府言太平向無鹽稅其糾衆入城不過求免稅耳非爲亂也事乃得寢太平續志

是年冬黃巖太平寧海仙居皆地震各縣志

上海游民習勤所承印

七年春三月二十八日仙居大雨雹 仙居續志

雹大如盌傾民舍數十村麥豆無收 仙居續志

黃巖匪葉力田掠太平九月黃巖太平官軍會勦之賊遁 太平續志

賊踞翁奧普濟寺太平諸匪皆往附之衆至四五百人四出劫掠村民皆遠徙九月黃太官軍會勦焚普濟寺諸匪竄遁無獲者後招降渠而殲之 太平續志

冬十月戊申　賜陳桂芬武進士及第 同治東甌續錄

太平大火 太平續志

東街陳姓火延燒居民九十六家屋四百餘間 太平續志

八年四月知府劉璈黃巖知縣孫憙殲奇田降匪二百餘人寇平 黃巖志

奇田匪首黃延睨伏誅後管纖汸居敖三竄溫州餘匪星散適粵賊告警并事遂寢同治元年四月粵賊既遁黃秀德周大統及纖汸敖三等皆以克復功劃地分捐其後復熾二年六月徐鎬朋被誅時敖三適客崇與都司諸匪弁隍其署及敖三獲罪諸匪復歸時推黃得根爲首得根者延睨之從子也四年黃巖西鄉牌門有黃小八者與寧溪黃象謙爲仇引諸匪

至西鄉焚象謙宅挨戶勒索五年知府劉璈既平北岸匪遂專治奇田先後率兵至黃巖勦殺數十百人諸匪創六年五月令仙居副貢生吳琛黃巖諸生蔡福同編查保甲相機招撫於是說降得根及項連三小華三等凡五百餘人七年四月汰留一百二十九人分發寧衢嘉湖太湖五營令已革副將陶寶發帶領赴省項連三不肯行斬之衆推葉力田林華照爲首旋肆劫掠十一月黃巖知縣孫熹商同海防同知成邦幹復行招撫八年四月降巨匪二百餘人既充官軍其橫如故初十日孫熹率百餘人至海門與總兵陳紹龍殲之於舟中浮其屍於海又有匪七十餘人在郡城十餘人在黃巖城十餘人在沙埠者同日戮之初檄得根歸里撫賊至是亦誅死削平奇田諸匪黃巖黃薌張敷紀亦與有功云（黃巖志）

秋七月黃巖路橋火（黃巖志）

九年三月二十九日署黃巖鎮總兵陳紹巡洋捕盜至東磯島力戰死之（黃巖志）事具名宦傳

十年夏六月寧海大雨雹（寧海志稿）秋太平豐傷稼（太平續志）冬十月郡城火延及興善門城樓十一月又火（臨海志稿）

十一年春正月太平雨豆（太平續志）夏四月仙居大雨雹毀屋傷麥（仙居志）六月臨海火（臨海志稿）十一月天台火焚民舍百餘家（張利華紀災）

是年移黃巖鎮總兵駐防海門衛城（志稿）

十三年秋七月太平大水（太平續志）

大風雨蛟出水勢浩瀚城崩數十丈壞民房數百間南鄉三塘有潮患（太平續志）

十一月天台知縣丁澍良以加賦激民變（採訪冊）

澍良以缺䘏議加賦歲貢生余秉錫控諸省省檄知府徐士鑾鞫之秉錫抗辯士鑾怒禁錮之天台士民聞而大譁澍良又以他事下武舉某於獄於是衆怒益甚乃糾集鄉民自六十以下十六以上者持荷鋤來擁入城先是澍良慮民變預請諸府派勇百餘人以自衛是日適至屯縣署民不敢逼尋有踰署後垣入縱火守兵亂民戕殺之執辱澍良姬妾子女澍良以數逼出城諸生葉樹椿以護澍良被戕省中聞變檄諸暨知縣劉引之至台招撫梟爲首者十數人澍良革職秉錫褫衣巾事始息（採訪冊）

今上光緒二年夏六月八日大風雨壞屋拔木禾稼淹沒（黃巖志）

三年五月二十三日大風雨壞屋拔木禾盡沒黃巖志補遺

五年夏六月旱臨海志稿

七年夏四月太平地震五月又震太平續志

六月二十九日臨海匪金滿劫縣獄脫重犯十九名疏防各員俱被嚴議檔冊

金滿臨海銅坑人傭於蔣世炳家先是五年八月世炳以宿讎殺同族一家三人縣令往驗拒不納請於府檄同知成邦幹率湘勇往彈壓世炳令金滿糾衆拒捕傷兵勇十餘名聞於省省檄統領李光久率軍進勦焚銅坑村老幼死者八十餘人世炳及金滿皆逸限緝嚴甚尋金滿爲守備黃瑞清所獲半途逸去益猖獗常出沒山海間掠客舟劫富室至是劫臨海縣獄脫囚犯十九名蔡錫峴赤城雜志參採訪冊經浙撫譚鍾麟　奏參閏七月十四日奉　上諭譚鍾麟奏特參疏防劫獄各員請　旨分別懲辦一摺浙江臨海縣本年六月間突有匪徒十餘人持械入獄劫逃重罪至十九名之多殊堪詫異地方官等事前既不能加意嚴防事後又未將盜犯全數弋獲實屬玩泄已極署臨海典史著革職拿問交譚鍾麟提同刑禁人等嚴訊有無賄縱情弊按律定擬具奏署臨海縣知縣楊崇欽著革職留任署台州府知府

陳乃瀚著交部照例議處仍勒限嚴緝劫獄匪徒及在逃各犯倘逾限不獲即著從嚴參辦

另片 奏副將捏報越獄希圖規避等語著台州協副將郭啓梁著交部嚴加議處以示懲儆餘照所擬辦理欽此郎鈔

七月朔日金滿劫寧海西墊釐局五日劫臨海小雄鄉料廠二十八日犯臨海縣丞邱洪源燬其署巡撫譚鍾麟分咨提督張其光暨海門定海溫州三鎮各派舟師擊之幷派記名提督熊有常率建字營軍赴台會同管帶楚軍記名副將羅瑞山相機勒捕閏七月十三日金滿劫金清釐局擄委員趙元勳下海二十五日管帶超武輪船都司葉富追金滿遇匪黨項家梅力戰死之八月初九日譚鍾麟會同總督何璟提督張其光具摺以聞檔冊

摺略曰台郡負山瀕海脊小易於出沒臨海縣屬桐樹山一帶尤爲盜賊淵藪光緒五年間匪徒將世炳等勾結思還經前撫臣梅啓照飭屬勒除倘有著名盜匪金滿漏網未獲本年三月間聞該匪在桐樹山附近之銅坑山雨撒洞內潛匿經防營縣防軍會合進攻毀其巢穴斬擒夥盜多名該匪乘間竄逸飄忽無蹤本年六月間臨海縣監內有前獲匪犯項道志係金滿親戚二十九日夜金滿糾黨十餘人進城撬坍監牆將項道志劫去並放逃重犯多

名經臣奏參勒限嚴緝在案飭營縣懸賞購緝金滿逃至海門於七月初一夜行劫寧海西勢釐局拒傷委員候補府經歷史秉誠初五日糾劫臨海縣屬小雄鄉糧廠經兵役聞信追捕先後拿獲尤田滿王倒業葉兆林楊則興並格斃陶慶豐一名即行正法臣以該匪在洋在陸蹤跡不定此拿彼竄狡黠異常必須水陸合力兜勦方足制其死命即經分咨署提臣張其光督海門定海溫三鎮各派舟師游擊內外洋面并派記名提督熊有常率建字營勇赴台會同營帶楚軍記名副將羅瑞山相機勦捕閏七月初八日臣出省巡閱嘉湖忽聞臨海分防花橋縣丞邱洪源被戕之信檄飭候補知府成邦幹率貞字營前往并委署理台州府事督率調遣以一事權旋經海門鎮貝錦泉探匪在白沙洋游弋於閏七月初八日督飭練軍勇役及輪船舟師水陸夾擊擊沉匪船一隻斃匪十餘名拏獲盜船三隻割取首級四顆救出被擄難民十餘人軍械數件時值天曉潮退盜船極小沿澳駛奔而逃舟師笨重水淺不能窮追金滿負傷逃出後又竄至黃太交界之塘角地方由洋駛入內港於十三夜將金清釐局委員候補從九品趙元勳擄捉下船勒銀取贖十七日成邦幹乘輪船駛至海門與總兵貝錦泉合商水陸夾擊適據探報水師等船追賊至鱉馬洋面即督飭副將王□

□扼守海岸派游擊張連登梁廷爵率廣勇八艇速赴盤馬門以伏波元凱輪船扼琅璣山外洋三面攻擊該匪大小十一船拚死抵拒詎見官軍愈聚愈厚匪勢不支紛紛竄逸各軍奪獲盜船六隻轟斃盜匪數十名斬獲首級十顆所餘盜船五隻就淺幫自南逝去師船以潮退擱淺尾追不及十八日輪船與廣艇分道窮搜至玉環太平交界之白沙洋梁廷爵拿獲盜船一隻斃匪三名生擒王得興一名元凱輪船追至琉璃洋擊沉大船一隻匪皆沈溺十九日盜船駛至玉環之小沙頭洋面經參將鄭鴻章率水師擊敗捕獲四名陣斬二十一名署溫州鎮總兵盧成金所派超武輪船及龍膽船九艘追至大荊之白溪該匪棄船登岸經樂清之暘谷奧一帶逃竄入山管帶超武輪船都司葉富率兵登岸窮追二十五日至山坑嶺見匪徒在山即開槍轟斃數名拿獲二名餘匪敗逃葉富跟追中彈陣亡據提臣張其光總兵貝錦泉盧成金先後咨報并據委員從九品周袞回省稟稱查得花橋縣丞署在海濱距臨海城八十里縣丞邸洪源聞該匪在洋劫局毀廠搶糧即懸賞購捕金滿甚爲留心七月二十八夜該匪數十人登岸撞門入署邸丞率役捕拿被匪截傷身死并將衙署焚燬等情臣查金滿以漏網餘匪負罪稽誅乃敢疊次搶劫戕搶實屬猖獗已極此次經水陸夾

攻連日追拿先後擊沈奪獲匪船十餘隻擊斃匪徒數十名生擒二十餘名所餘五船倘闖無多勢已窮蹙逃竄山內現已飭温台兩屬文武不分畛域協力窮搜務期殲兹渠魁以絕根株惟臨海縣丞邱洪源在任年久官聲素好平日聯絡紳團查緝匪類不避嫌怨此次被匪四劫猝遭戕害情殊可憫都司葉富管帶輪船上岸捕匪奮勇窮追中槍陣亡洵屬殁於王事相應請　旨勅部將縣丞邱洪源都司葉富從優議卹以慰幽魂其餘陣亡員弁兵勇俟查明彙奏金濤局委員趙元勛尚無下落已飭確查稟復核辦各案疏防之文武地方官現飭勒拿首犯金滿務獲以贖前愆如果日久無獲再行從嚴參辦（邸鈔）

七月十八九日閏七月初三四日颶風暴雨海潮泛溢壞禾稼暨沿海塗田（檔冊）被災情形以寧海為重臨海太平次之黃巖又次之（浙撫譚鍾麟奏摺）

八月給事中樓譽普附片具陳台州盜匪四起由於捐釐重征稅契苛索各情（檔案）片略曰臣風聞近年台州土匪四起搶劫迭見者地方官迫之也一由於捐釐之重征一由於稅契之苛索台之寧海縣界西鄉為捐釐總局而兔溪二十里一分局黃墩杜家河杉樹嶺各十里一分局月湖廟二里一分局箬帽嶺五里一分局至大李三十里又一分局計四

十里中一總局而有七分局民之肩挑貿易例所不捐者概行需索局卡並不給捐票明明局員局丁分肥徒爲民害無益國計此民之困於捐釐也臨海自近年來尤苦搜括稅契向例惟視民之有無交易產業爲準其稅亦甚薄而今則縣官到任必以前任之需索數目爲恐縱令差役四向窮搜兵燹後元氣未復民戶勢不能多置產業乃任令虎狼肆噬民或賣妻鬻子以償其至投水懸樑以死者縣官自肥其身徒爲民害無益國計此民之困於稅契也一二強悍者受累已深思欲洩憤起而爲匪其初原易誅滅而官不之問遂肆然無忌各處效尤搶劫聚衆故臨海土匪王金滿去年十二月搶劫陳天鈞之子三人今年搶掠馬金貲家財物聞十九名監犯亦其黨劫去尤可駭者七月初一日搶西埜釐局銀錢初五日搶小雄錢糧廠銀錢二十九日竟至臨海之花橋燒燬衙署殺死縣丞邱洪源駐台之兵不下二三千人分箚沿海北岸一帶而匪之往來搶掠即在兵丁駐箚附近之地是文武之不能設計捕拏可知又聞仙居縣則有洋槍會名目百姓捆送四人至署門丁訛索不遂竟不收報黃巖太平兩縣時有土匪聚集或數十人百餘人不等又聞七月間臨黃太三縣近海地方猶有洪潮之變人死既多晚稻無收早稻又爲大風所傷似此則米價一昂民不聊生恐

爲風萑熾矣可否請 旨飭下浙撫速擇明幹有爲之員赴台查辦將匪黨誅滅殆盡外於寧海各分局酌量裁撤於臨海稅契飭臨海縣照例征收不准苛索並查被洪潮地方有無成災詳細撫䘏以靖地方而安生計旋經浙撫譚鍾麟附片覆奏又經浙撫陳士杰覆奏略言台州六縣沿海環山水陸分歧同治初年開辦釐捐設局十八處分卡三十六所兩起兩驗制經前知府劉璈酌量裁併留局五處改爲一起一驗分卡二十所稽查偷漏仍令自往分局補報相沿至今委無重收重報之弊茲復飭府再三體察請將原設分卡裁撤十處凡貧民肩挑貿易概免報捐以示體䘏至稅契一項弊竇最多上年十二月間臣在藩司任內詳請查照定例設櫃征收令業戶親自齎契投稅該州縣即黏司印契尾給發收執民間買賣田產即令買主業主親赴州縣對册推收過割倘有任聽書吏私行下鄉違例索勒浮收等弊該管上司即行從嚴參究經前撫臣譚鍾麟批准通行在案因思該管道府耳目較近應再責令破除情面嚴密核查認眞整飭以冀弊絕風清官民兩便 檔案

十一月由府派員分往臨海寧海黄巖沿海各處設粥廠以振災民 檔案

自十五日起至次年正月底止施粥二次動用釐金銀二千圓奏 旨准作正開銷 檔案

八年七月大水傷禾稼（太平續志）

是月知府成邦幹以陳紹匪首金滿未獲撤任勒緝並令已革提督羅大春接統各營責成搜捕（檔冊）

三月二十九日奉　上諭陳士杰奏本年二月間金滿匪黨糾合柯獨角百餘人潛赴南溪與一帶經副將劉清望督率弁勇馳往迎拿該匪開槍拒捕互有傷亡因哨官蕭瑞元隊伍未能趕到合圍以致匪徒逃竄入山等語台匪金滿自上年奔竄後復敢糾黨思逞實屬不法已極若不及早殄除深恐釀成巨患蕭瑞元輕信謊辭致誤軍機著即行革職仍令隨營限拿金滿自贖知府成邦幹承緝多時並未將匪徒弋獲實屬玩泄著陳士杰嚴飭該員督率各營縣防軍實力搜拿勒限三個月務將金滿及各夥匪悉數擒獲以絕根株倘限滿無獲即行一體參辦將此諭令知之欽此十一月陳士杰奏竊臣於本年十一月十七日接准軍機大臣字寄光緒八年十一月初六日奉　上諭匪首金滿久在台屬肆擾七月間據陳士杰奏獲匪黨多名惟金滿迄無實在下落當將知府成邦幹摘頂撤任勒緝並准令已革提督羅大春接統各營責成搜捕現在金滿究竟竄匿何處有無出擾情事派出員弁是否

蹤跡追捕數月之久未據該撫緝有奏陳殊屬疏懈金滿幺麽小醜若果認眞緝捕何至日久逋誅總山在事各員弁意存玩泄並不實力搜拿該撫督率無方已可概見即着嚴飭各員弁上緊緝拿金滿務獲將匪黨搜捕淨盡倘再遲延貽悞致該匪乘間出擾貽害地方定將該撫從重懲處不貸將此由四百里諭令知之欽此跪誦之餘莫名惶悚伏念臣身任浙疆已經一載於所屬著名惡匪不能督率員弁迅速擒獲上慰 宸廑撫衷循省負疚殊深惟金滿一犯狡猾異常實難刻期著手尚非在事員弁有意縱弛查該匪自上年三月初竄銅坑山迨本年三月竄至普化寺疊經官軍水陸兜拿黨羽死亡既多紛紛逃散該匪卒被兔脫從此匿跡銷聲節次拿獲著匪楊獨角等均供不知該匪去向台地陸路則爲山叢集塗徑紛歧水路則島嶼連環港汊四達且該匪所經一食一宿必酬重貲居民反爲之耳目弁勇晒防屢受其誤緝捕爲難之情形臣前於請派羅大春接統台營片奏內已詳言之羅大春於八月下旬與署台州府知府郭式昌先後抵台飭汰營卒選擇紳士分募土勇期貲熟習而收成效所募土勇於九月間成軍時有黃巖著匪阮成淦王白人等復圖勾結滋事羅大春會同營縣馳往掩捕擒獲正法經臣於本月十二日縷摺具奏在案而金滿伏匿何

處則仍無蹤跡臣屢咨飭雖大春及台州文武員弁於水陸各要隘嚴密盤查認眞探訪除分撥弁勇扼要防捕外另派紳士舉人王右人黃承謙候選知縣蔣振鏞候選訓導王以藩監生李山九等各帶土勇綫民四出游巡隨時應機捕捉未敢稍涉疏懈數月以來地方尚稱安謐惟台州地瘠民悍擄掠之案所在多有近自金滿逋誅狡黠者間或詭託其名出外行劫藉以恐嚇事主而裁撤弁勇又復造作謠言希冀復行召募臣亦時有所聞及察之並無其事総金滿一日不除臣與在事文武諸員總無所辭責臣惟有凛遵 諭旨嚴飭各員弁上緊購拏認眞訪緝金滿首夥各犯務期迅速弋獲幷遇案嚴飭緝匪懲辦以期淨絕根株仰副 聖主綏靖嚴疆之至意邸鈔

是年金滿降採訪冊

官軍力捕金滿終不獲天台庠生謝夢蘭因杭州聖因寺僧德智往說尙書彭玉麟自言能說之使降彭令夢蘭往賊就撫採訪冊 總督何璟巡撫劉秉璋具疏以 聞奉 上諭前因浙江台州土匪金滿糾黨滋事迭經嚴諭該督撫派兵勦辦茲據何璟劉秉璋奏該匪悔過自新情願立功贖罪由台州紳民稟請彭玉麟轉商劉秉璋具奏乞恩懇准留營効力等語金

滿稔惡有年種種不法核其罪狀實屬死有餘辜本應立正典刑以伸國法惟朝廷除殘去惡無非爲綏靖地方安緝良民起見既據妥稱眞心悔悟率衆來營並拿獲要匪送官究辦以抒其畏罪自贖之誠而該郡士民又爲涕情懇請尚可網開一面以示法外之仁金滿著從寬免死准其留營效力會守龍及餘衆百人均著照所請一併留營責令帶罪自効該督撫務當隨時嚴加束約如再有不法情事定當從重懲辦並惟彭玉麟何璟劉秉璋及該紳士等是問欽此邸鈔自是以後黃巖匪牟維宗五太平匪潘聯瑞棠興宗等皆先後就撫奸民以爲盜可以不死從無所懼台之盜風緣是從熾矣採訪冊

九年饑秋九月大水太平續志

十年秋七月海寇掠寧海大閑寧海志稿

八月大雨綠禾歉收太平續志

十一年夏五月仙居匪潘小狗攻縣城台協副將韓進文勦平之仙居志

潘小狗仙居大戰嶴人入哥老會招集應志岳陸在高等出沒蒼嶺攻天台烏漏盤卡劫洞宮官諸倉穀殺諸生鄭鳳又劫白水洋防軍營勢洶洶欲圖仙居城知縣伍桂生悉力防堵

是月十五日副將韓進文率兵至次日黎明賊臨至城下進文率兵擊之斬首數十級生擒十餘人賊遁尋伏誅 仙居志 十一月朔奉 上諭劉秉璋奏本年五月間浙江台州府屬有外來哥老會匪勾結仙居土匪謀爲不軌經劉秉璋督率地方文武並調派防營前往勦辦該匪膽敢拒敵各軍奮力攻擊先後擒獲首要各匪當將全股撲滅辦理尚爲迅速所有在事出力員弁准其擇尤酌保毋許冒濫 邸鈔

秋七月土匪張顯煊於臨海新亭頭劫黃巖場及太平餉銀二千四百餘兩 檔案

十二年秋七月大水 太平續志

十三年夏閏四月復大水 太平續志 大雨逾半月太平水高數尺早禾淹沒米價騰貴知府成邦幹往勸議建分水閘 太平續志 設局平糶 檔案

是年大疫郡城大火焚民居二百餘家 清城續志 天台大水蛟發縣城西隅坍陷數十丈 天台採訪冊 仙居大戰奧山崩墜石大如屋 仙居志 海寇焚掠寧海山洋諸村 寧海志稿

十五年夏旱秋七月大水禾稼不登民大疫 採訪冊

七月二十六日颶風陡作大雨如注太平城崩百四十丈淹死民七八十人太平續志各縣田廬淹沒無算采訪冊

十六年大饑奉文振恤采訪冊

上年十一月二十四日奉　上諭御史楊晟奏本年浙江台州之天台仙居臨海黃巖太平依山沿海各鄉均被水災台州府城有常平倉穀萬石請飭及早散放又同治年間設立培元局存錢約十萬有奇發商生息請飭酌提放賑等語該處被災甚重自應速籌賑濟著浙江巡撫崧駿飭令該府將常平倉穀即行開放並將培元局存款酌提分撥各縣以濟賑需務須核實經理不准劣紳把持舞弊另摺奏被災地方飢民奪食匪徒乘機搶奪寧紹溫台各府多有滋事之案亟宜禁訪等語並着飭屬一體查拿究辦以靖閭閻將此諭令知之欽此至是年浙撫崧駿覆奏略曰上年十一月准軍機大臣遵　旨寄信前來即經恭錄轉行確查辦理去後茲據藩臬兩司寧紹台道會詳稱台屬上年被水以太平天台爲最重臨海黃巖次之仙居寧海又次之前據各該縣稟報即經飭令就近查勘積穀妥爲散放盤查常平倉穀一萬一百五十石實儲無虧至培元局存款九萬七千八百餘串現爲書院育嬰各項

上海貧民習勤所承印

善舉之用款關至要萬難移作賑需等情前來伏查台州府屬水災上年雖被災歉而秋收較早當時民力尚堪自給並未開放多賑本年春間奴才訪聞該屬各縣米價騰貴當由籌賑局動支洋一萬元委員購米運往平糶並令動放倉穀以資民食業經 奏明在案惟培元局所存款項既為善後之需似無庸移作賑款應請仍舊辦理俾書院育嬰款歸有著以垂久遠 鄒鈔

十七年夏四月寧海大雨雹壞屋傷麥 寧海志稿

秋八月十一日郡城大火焚民居千計 臨海志稿

十八年夏旱冬大寒 臨海志稿

十一月大雪深尺餘咳吐成冰 太平續志 江河凍合冰解隨流下觸浮橋為斷花木盡萎南方百年來所未有也 臨海志稿

天台西鄉大水蛟發沿溪民廬被沖沒溺死者無算 天台采訪冊

是年饑舉文振恤 仙居志

十九年夏旱冬十二月太平民家產一牛狀似麟經宿斃 太平續志

是年仙居大疫仙居志

二十年大水臨海志

七月二日松門潮溢塘隄盡壞晚禾被傷太平續志

七月不雨至於十月太平續志

二十一年春三月雨雪臨海志稿

賜黃巖喻長霖一甲第二人及第　賜臨海王鳳皋武進士一甲第三人及第

夏六月旱七月大水太平續志

七月大雨平地水高數尺晚禾淹沒太平續志

是年饑奉文振恤檔案

二十四年閏三月臨海民一產三子臨海志稿

上海游民習勤所承印

大事略五攷異

咸豐十一年十月粵賊陷黃巖監生潘慶光罵賊死案慶光字金麟黃巖學前巷人見黃巖志忠義傳樗杌紀聞誤作潘祥麟今正

十七日賊復陷黃巖牟村民戴中極率鄉團與戰　案樗杌紀聞作戴性道江青云本名中極今作性道乃傳聞之誤

同治元年四月三日克復仙居　平定粵匪紀略作仙居知縣癹希濂督帶民團圍攻田市賊卡殺賊四百餘名進攻仙居縣城復斃賊數百名賊退入城四月初三日民團設伏誘賊出城殺賊數千並擒獲逆首延天義李元徠梟示當將仙居縣城克復按仙居之復實由副貢生吳琮等率民團克之知縣癹希濂未必實有其功故仙居縣志並未言及紀略所言蓋本官報恐未得實不若縣志爲確

又案葉鳳昌粵匪陷台始末記言仙居有張老二者賊欲官之張堅拒不受僞職吳琮勸其僞降爲內應張始諾授護國將軍職賊中有黃大人者知賊無成皆與張謀反正適臨海黃

沙蔡釗聚義兵以書約吳琮琮與張謀張曰賊精壯悉衆嶠灘嶠灘賊若去則縣城賊東往現有黃沙書至斷不輕放西往則蒼嶺截斷勢處孤懸克賊必矣張因說嶠灘賊脅慕天安曰爾兵五千人在此過夏無糧奈何慕天安曰我正慮此張曰我有米三千石羅存溫州若得精兵三千往運足以濟事張因選壯民二千人先行慕天安派兵三千人隨至溫張先與吳琮約云爾見我大隊起賊在嶠灘者僅老弱二千人耳破之甚易可并僞造賊文令民扮作嶠灘賊到縣城賺開城門可一鼓破也張至中途僞云得慕天安檄命急回嶠灘分數十人爲一屯以土兵二千人襲之至曹店僅存四百餘人逾深潭又多溺死抵仙居城城已克復案此則張之功大矣而仙居志僅言嶠灘賊分衆掠糧於外不言爲張老二之謀殊覺可疑

又張鼎詔記云咸豐十一年十月賊既陷仙居十一月二十八日僞天福訪得仙居民張老二朱邦興二人勇猛可用告知延天義天義召二人張老二往朱邦興不從十二月六日賊索朱從重賄九日復限繳米三百石洋銀二千圓村中惶恐邦興與兄邦幹弟邦光邦政及項仁太張正平等以忠義激鄉民設礮三所於村外小山以待賊十二日賊果分兩路來一

出小南門由南溪後塘屯大洪莊離朱溪十里一出大南門由管山大戰屯雙廟莊離朱溪二十里村中諸生朱克輔朱德元監生朱志坤朱聖元慮勢不敵赴大洪莊賊營求減少賊不允殺克輔執德元德元衛賄守者以逃十四日巳刻賊天福山大洪莊率兵至仙人嶺列陣遥望朱溪小山形如錦雞意欲暫駐邦興發一礟賊陣遂亂邦興復發二礟中天福斃焉并斃賊數十人賊遂遁團兵追勦殺賊九十餘人天謀在雙廟莊攔不敢進村賴以安奠琮聞之遣人至朱溪約互相聯絡屢出攻賊俱獲勝同治元年二月六日復於雙廟莊殺賊六十餘人生擒十餘人三月八日約棻攻城各處之兵未集爲管山莊暗通賊者所洩賊馬隊驟至因而大敗死者十三人傷者八九人被執者四五人銳氣一挫四月朔攻城南門二日復攻各鄉團兵會者愈衆三日夜開西門遁案張氏所記朱溪之兵頗詳惟言張老二事與葉氏所言互異未知孰是今並著之以俟攷焉

四月十日克復郡城　案葉燉昌粵匪陷台始末記言郡城之復以爲蔡釗等之功李鏐克復府縣始末以爲李承謙等之功實則是時仙居已復賊酋李鴻釗已戮於三山賊膽既寒聞臨海仙居天台義兵皆集遂宵遁耳諸書所記未免一偏之見至平定粵匪紀略以爲蘇銳

蓉等分帶團兵攻復台州城蓋當日在事鄉紳惟鏡蓉係候補道員故報案首列其名耳至

三月北岸之捷檮杌紀聞言在十五日克復府縣始末言在二十三日未知孰是

四月一日大汾李氏杜瀆盧氏蔡氏率義兵渡江至黃巖　案檮杌紀聞作初三日克復府縣始末作初一日今從之紀聞作大汾李氏杜瀆盧氏蔡氏率義兵二千餘人渡江克復府縣始末作李承謙李時李懋等率義兵二千人號三千渡椒江並無盧氏蔡氏未知孰是

七日黃秀德舟被風觸岸　案檮杌紀聞以爲初八日事克復府縣始末以爲初七日事今從始末

九日秀德及北岸軍復至黃巖　案檮杌紀聞以爲初八日之敗水軍皆遁秀德渡江走鄉團紛散賊大震命吳琮何暐等復仙居郡賊聞報竄寧海初十日黃賊夜竄樂清克復府縣始末以爲初九日李時李懋李鏐李承瀛等部義兵二千人由郡城分攻黃巖黃秀德亦率兵三百人傍晚抵貓兒橋港奪回破艇沈舟數十號軍聲大震賊驚語曰北岸妖又至矣初十日遂遁李時等追殺鄭積士克復黃巖城十一日匪竄藏樂包火三宅再發黃秀德五百兵分守黃巖城以紀聞之言爲過今案初九日北岸及秀德之兵再至黃巖或有其事迨賊既

去秀德大統寶登繼涵敖三黃茂和等率家子沙埠諸匪入城大掠焚徐林葉諸宅人人皆知而克復府縣始末以爲粵匪潛藏藥包火三宅未免掩飾李氏此書誇功諱過頗多失實今節取之

上海游民習勤所承印

孫照鼎、張寅修　何奏簧纂

【民國】臨海縣志稿

民國二十四年（1935）鉛印本

臨海縣志稿卷之四十一

大事記

祥異　災異　寇變

乙酉　漢章帝元和二年久雨害稼洪志

壬申　順帝陽嘉元年二月海賊曾旌旌續漢天文志作于汲古閣本作於以形似而誤等天文志有千餘人三字攻會稽東部都尉詔緣海縣各屯兵戍順帝紀

庚申　吳大帝赤烏三年大疫洪志

己巳　十二年靈龜出章安八月癸丑白鳩見章安宋書符瑞志

庚寅　烏程侯皓建衡三年妖言章安侯奮當爲天子臨海太守兵斷絕海道備海督何信殺之孫皓傳

會稽妖言奮當爲天子奚熙與會稽守郭誕書非論國政誕但白熙書不白妖言送付建安作船遣三郡督何植收熙熙發兵自衛斷絕海道熙部曲殺熙送首建業夷三族注江表傳曰皓左夫人死皓哀愍思念葬於苑中已葬之後皓治喪於內半年不出國人謂葬太奢麗皆謂皓已死所葬者是也皓舅子何都顏狀似皓云都代立臨海太守奚熙信僞言舉兵欲還追都都叔父信時爲備海督擊殺熙夷三族三國志

洪頤煊曰孫皓傳鳳皇三年會稽妖言章安孫奮當爲天子非奮至此年尚存也案今本三國志江表傳無之此據台州札記錄入未知所據何本惟奮傳云孫皓左夫人卒皓哀念過甚朝夕哭臨數月不出由是民間訛謂皓死訛言奮與上虞侯奉當有立者皓聞之誅奮及五子

連歲禾稼秀而不實 舊志

臨海得毛人 劉敬叔 異苑

丙申 天璽元年得石樹 宋書

郡吏五隱得於海水際高三尺餘枝莖紫色詰曲傾靡有光彩

乙丑 西晉惠帝永興二年十二月右將軍陳敏反稱楚公敏弟斌東略諸郡遂有吳越地

丁亥 東晉成帝咸和二年六月大雷破郡廨內小屋柱十枚殺人晉志宋志作三年汲古閣本晉書亦作三年與宋書同

□年蘇峻反時臨海新安諸山縣並反應賊假王舒都督行揚州刺史悉討平之王舒傳

己酉 穆帝永和五年二月癸丑太守藍田侯述言郡界木連理符瑞志

辛未 帝奕太和六年六月大水饑饉

己亥 安帝隆安三年十一月甲寅妖賊孫恩陷會稽臨海人周胄叛應賊太守新蔡蔡通鑑作秦胡注謂其誤王崇委官遁本紀參舊志

先是太元時琅琊人孫泰有異術孝武帝謂其知長生之道累官至新安太守聚衆積財識者憂其爲亂王安帝隆安二年會稽內史謝歆發其謀言之會稽王道子道子令其子中領軍元顯誘而殺之其兄子恩逃入海愚民以孫泰蟬蛻不死爭以資給恩於是胄等入郡皆殺長吏應恩洪志

庚子

四年四月恩寇浹口五月轉寇臨海 孫恩傳

辛丑

五年十一月恩南走自浹口奔臨海 宋書高祖紀 通鑑作自浹口逸竄入海

壬寅

元興元年恩寇臨海太守辛景擊破之 通鑑

恩所虜三吳男女死亡殆盡恐爲官軍所獲乃赴海死餘衆數千人復推恩妹夫盧循爲主桓玄欲撫安東土乃以循爲永嘉太守循雖受命而寇暴不已通鑑

大饑

戶口殆盡富室皆衣羅紈懷金玉閉門相守餓死通鑑

五月盧循自臨海入東陽

太尉遣撫軍中兵參軍劉裕將兵擊之循敗走永嘉（通鑑）台州外書引宋書虞丘進傳與此有異文

己酉 宋明帝泰始五年臨海賊帥田流自稱東海王（通鑑）

流逃竄邊海山谷中立屯營分布要害帝遣直後聞人襲說降之授流龍驤將軍流受命將黨與出行達海鹽放兵大掠而反是冬殺鄞令耿猷東土大震（周山圖傳）六年命龍驤將軍義興周山圖兵屯浹口討平之（通鑑）

丁巳 梁武帝大同三年紹台山賊大起（舊志）

甲戌 元帝承聖三年（外書作大寶元年） 張彪起兵圍臨海太守王懷振於剡巖

南郡王前中兵張彪起兵于會稽若邪山破浙東諸縣命陳蒨與周文育討之彪敗走村民斬其首（陳書本紀）

賊劫監郡庾持

持食縱失民租爲山賊所刼幽執十日遣劉澄討平之持乃獲免（陳書虞持傳）

庚戌　隋文帝開皇十年（外書作九年十一月）楊素將張奫破吳世華於臨海（張奫傳）

饒州汪文進舉兵反自稱天子饒州吳世華溫州沈孝徹等皆自稱大都督素破孝徹於溫州步道指臨海（通鑑）破世華（奫傳）

己卯　唐高祖武德二年沈法興陷臨海次年爲李子通所滅（節舊志）

辛巳　四年十一月甲申（高祖紀）杜伏威執子通歸唐

癸未　六年九月戊子輔公祏反遣其將徐紹宗來寇（通鑑）

戊子　武后垂拱四年三月雨桂子旬餘乃止（新唐書五行志）

癸巳　長壽二年蝗（黃巖志）

元宗開元中大蛇與鯉鬭（廣異志）

甲申　天寶三載二月海賊吳令光等抄掠台明命河南尹裴敦復將兵討之夏四月敦復破令光擒之（通鑑）

壬寅　肅宗寶應元年八月台州賊帥袁晁陷台州僭號寶勝（紀元通譜作昇國）連陷浙東州縣民疲於賦斂者歸之（新唐書）

癸卯　代宗廣德元年四月庚寅（新唐書作十一月癸丑）河南副元帥李光弼奏生擒袁晁浙東州縣盡平（舊唐書）給復一年（新唐書）

己卯　德宗貞元十五年二月庚辰（舊唐書作乙未新唐書作四月乙未）浙東觀察使裴肅擒栗鍠於台州斬之（通鑑）

十四年十二月壬寅明州將栗鍠殺其刺史盧雲以反（新唐書本紀）至是肅召州兵討平之（裴休傳）擒鍠以獻斬於獨柳樹（新

唐書本紀因紀其事
號平戎記裴休傳

憲宗元和十二年大水害稼五行志　五色雲見

柳宗元爲浙東薛中丞奏有云紛紛郁郁自東而徂西
若烟非烟一旬而再至乞宣付史館以昭簡册舊志

己未　文宗開成四年大饑五行志

庚申　五年疫五行志

乙丑　武宗會昌五年旱五行志

庚辰　懿宗咸通元年浙東賊帥裘甫遣兵掠台州通鑑

案史載裘甫亂台州皆在寧海唐興二縣臨海似未被兵雖有
掠台州破唐興語因唐興之屬台州而言也舊志云分兵寇郡
城未知所本而玩其分注仍摭通鑑原
文非別有取證也姑以舊志所存載之

丁酉　僖宗乾符四年二月王郢攻台州陷之刺史王葆退守唐興通鑑

郢爲浙西猥山鎮遏使二年作亂至是陷州詔二浙福建各出舟師討之通鑑是年閏二月郢走死明州（綱目）

辛丑

中和元年九月丙午臨海賊劉（備史作婁）文杜雄陷台州害刺史羅虬（唐書參鄞縣志吳越備史）

雄楊梅鎮人也初與朱蘊婁文俱爲草寇文以雄爲副殺羅虬遂使漢宏不利因降漢宏署文知明州事以雄知台州（備史）

丙午

光啓二年十月丙辰杭州刺史董昌攻越州浙東觀察使劉漢宏奔台州十二月丙午台州刺史杜雄執漢宏降於昌自稱浙東觀察使（新唐書本紀）奏授雄爲德化軍（杜雄墓誌）

新唐書僖宗紀光啓元年三月有董昌大敗劉漢宏下越婺台明語而備史所載昌攻漢宏在中和二三四年間無光啓元年下州事疑本紀有誤

乾寧四年十一月丙子錢鏐陷台州（新唐書昭宗紀）

己丑
後唐明宗天成四年吳越稱寶正四年七月台州大水請運儲三十萬斛備史

戊寅
宋太宗太平興國三年吳越歸版圖隳其城嘉定赤城志

辛卯
淳化二年八月丁卯朔詔兩浙諸州先是錢俶日募民掌榷酤酒醞壞吏猶督其課民無以償台州千一百四十四石並毀棄之勿復責其直通鑑長編

癸卯
眞宗咸平六年大饑舊志

壬申
仁宗明道元年二月壬子除海蛤沙地民稅通鑑長編

乙酉
慶歷五年夏六月大水壞郛郭殺人數千主計田瑜司憲王茇來振之蘇夢齡修城記

丙戌　六年秋七月庚寅戶部員外郎兼侍御史知雜事梅摯上言海水入台州殺人通鑑長編

丁亥　七年海潮大至壞州城沒溺者甚衆

甲午　至和元年新志作二年大水城壞不沒者數尺嘉定赤城志

辛丑　嘉祐六年大水城復壞赤城志

己酉　神宗熙寧二年五月甲午台州民延贇等九人年各百歲以上並授本州助教本紀

壬戌　元豐五年五月乙未詔除杭台等十州撲買場務積欠淨利過月錢三萬餘緡從司農寺丞韓宗良請也通鑑長編

庚午　哲宗元祐五年夏四月丙辰戶部言台婺衢銀坑興發乞逐州

應管合發上供幷無額官錢幷就截應付買銀上京從之通鑑長編

戊子　徽宗大觀二年秋七月大雨竟月康熙府志

四年台州槐木連理宋史五行志

辛丑　宣和三年仙居民呂師囊應方臘作亂三月戊申攻州城不克解圍去辛亥圍州城不克解圍去四月戊辰攻州城紀事本末百四十一戶曹滕膺擊敗之舊志

案紀事本末作通判李景淵擊走之案朱子義靈廟記太守趙資道郡丞李景淵皆已遁去於所下文書猶必存其位號寇退解圍俾上功狀而已不預故紀事本末所載據所上功狀也

高宗建炎四年正月丙午雲麓漫抄作十二月二十八日平明誤帝次章安鎭續通鑑

己酉十二月五日車駕至四明十五日大雨遂登舟至定海十九日至昌國縣二十六日移舟至温台自是連日南風舟行雖穩而日僅行數十里二十九日歲除庚戌正月二日北風稍勁晚泊台州港三月早至章安知台州晁公爲來上幸祥符寺從官迎拜道左是日餘杭杷隘官陳產報人馬至縣迎擊乃退帝心稍安（李正明乘桴錄）

辛亥張俊禦宗弼敗於高橋盡將其衆入台州

正月六日張俊奏云二十八九日正月二日凡三遇敵殺傷相當（乘桴錄）庚戌金人再犯明州張俊師敗於高橋遁回台州（紀年要略）

丁巳張俊自台州引兵至行在

俊陛趨行在意恐金人小衄濟師而來力不能拒禦（撫璽三錄）

辛酉帝發章安（續通鑑）

己未金人陷明州（高宗紀）庚申劉洪道奏金人大至然尚未知明州已陷（紀年要略）時統制官李倖屯黄巖有旨俟金人至台

前宋温州（北盟會編）

丁卯台守晁公爲遁走衛兵及鄉兵相殺縱火肆掠三日宋史

丙戌劉洪道自台還屯奉化宋史

甲寅　紹興二年十月禁温台二州民結集社會本紀

戊辰　十八年李侍郎椿年建行經界

俾編目寔書其產依土風水色認兩稅履畝授砧其武藏之官於是州縣無隱田（赤城志版籍門）

庚午　二十年海寇犯章安

以徽猷閣待制蕭振知台州振請殿前水軍統制王交同捕具艦入海大敗賊一方以甯（繫年要錄）

甲申　孝宗隆興二年春旱台州艱食五行志　螟舊志

乾道元年台州饑夏亡麥五行志

三年螟（五行志）

五年台州饑

庚寅 六年夏旱甚（五行志）

癸巳 九年久旱無麥苗秋饑（五行志） 九月大火

經夕至於翼日晝漏燔郡獄縣治酒務及民廬

七千餘家（康熙府志）（府志）城闉壞（赤城新志）

甲午 淳熙元年大旱（舊志） 飢甚（五行志）

乙未 二年大水秋大風雹（康熙府志） 大雨墊城（赤城新志）

丙申 三年四月丁亥大風雹傷麥八月連雨（五行志）

辛巳至於丙午海濤溪流合激爲大水決

江岸壞民廬溺死甚衆（五行志）振之（本紀）

己亥 六年秋（五行志作夏） 大水壞田廬（舊志）

庚子　七年大饑五行志

辛丑　八年浙東常平使者朱子請蠲田賦身丁錢詔免之五行志

壬寅　九年春大亡麥饑五行志

癸卯　十年水本紀

乙巳　十二年正月雪深丈餘自十二月至次年正月不解凍康熙府志死者甚衆五行志　九月水五行志

丁未　十四年七月旱甚九月乃雨五行志

壬子　光宗紹熙三年秋七月甲戌水本紀

癸丑　四年六月不雨至於八月五行志　今刻本宋史誤紹熙作紹興茲改正

甲寅　五年二月芝草生於縣獄柱間

七葉三層葩朵可愛李

龜朋爲記（嘉定赤城志）

八月辛丑水五行志

乙卯　甯宗慶元元年正月乙巳蠲貧民身丁折帛錢一年本紀　六月壬申大風雨五行志

山洪海濤並作，漂沒田廬無算，死者蔽川，漂沈旬日。至於七月甲寅，常平使者莫漳以綏於賑恤坐免（五行志）

九月己酉蠲被災民丁絹本紀

丙辰　二年六月壬寅猋風暴雨連夕，駕海潮，壞田廬，淸潭山自移五行志

丁巳　三年大無麥，民饑多殍舊志　大疫康熙府志

己未　五年秋大水，漂民廬，害稼五行志　振之本紀

丙寅 開禧二年七月壬辰大雨駕海潮壞屋殺人五行志

己巳 嘉定二年七月壬辰大風雨夜作激海濤漂圮二千二百八十餘家溺死尤衆五行志

壬申 五年六月丁丑水壞田廬五行志 至於七月康熙府志

甲戌 七年大無麥五行志

乙亥 八年春旱首種不入至於八月始雨舊志

丙子 九年五月大水漂田害稼五行志

丁丑 十年饑盜起五行志

辛巳 十四年旱甚螟螣爲災五行志

丙戌 理宗寶慶二年九月丁卯大水壞屋人多溺死康熙府志

丁亥 三年秋復大水 康熙府志

己丑 紹定二年夏旱九月丁卯大水 本紀

是年夏旱秋潦九月乙丑朔復雨丙寅加驟丁卯天台仙居水自西北溢俱會城下防者不戒襲朔天門大翻括蒼門城以入雜決崇和門側而出平地高丈有七尺死人民踰二萬凡物之蔽江塞港入於海者三日 王象祖黃侯生祠記

冬十月壬戌詔台州水災除民田租及茶鹽酒酤諸雜稅郡縣抑納者監司察之 本紀

前邦君本路倉使葉棠聞變馳來朝廷以棠得台民心因命當天災以贖民命棠日以所見奏所未聞且乞大賜予會趙侯得祠併以郡屬棠棠亟請不俟得旨征榷予一年凡官錢皆如之秋租減其七明年夏富捐其半 生祠記

十二月丁卯册命前丞相謝深甫女孫貴妃謝氏爲皇后 后諱道清

生而黧黑瞖一目父渠伯早卒家產益破壞后嘗躬親汲飪初深甫爲相有援立楊太后功太后德之理宗即位議擇中宮太

后命選謝氏諸女后獨在室兄弟欲納入宮諸父擇伯不可曰即奉詔納女富厚奉賫裝具時不過一老宮婢事奚益會元夕有鵲來巢燈山衆以為后妃之祥伯不能止乃供送后就道后旋病瘵良已膚蛻瑩白如玉醫又藥去目瞖時賈涉女有殊色在選中及入宮理宗意欲立賈太后曰謝女端重有福宜正中宮左右皆竊語曰不立真皇后乃立賈皇后耶帝不能奪遂定立（宋史本傳）寶慶三年夏引詣慈明殿進見八月特封通義郡夫人紹定二年六月丁已進封美人九月丙午進封貴妃至是始正位（理宗本紀）后既立賈貴妃專寵貴妃薨閻貴妃又以色進后處之裕如太后深賢之而帝禮遇益加焉（本傳）

案后之冊立年月本紀作紹定本傳作寶慶洵出一史而前後自相矛盾攷本紀有紹定二年進封美人之文則本傳稱寶慶三年冊立誤矣又案謝氏家乘深甫諸子中無揮伯惟深甫兄潤甫子名渠伯仕至朝請大夫知常德府提舉二州兵馬贈通奉大夫或即其人之誤歟

庚寅

三年大水（謝采伯密齋筆記）

大年知府李宗勉因洪水蕩析悉力拊綏（咸淳臨安志）奏準蠲除水荒田地一萬七千餘畝（康熙府志）台民德之（臨安志）

案密齋筆記紹定庚寅余自三山道東嘉而歸己丑大浸江岸僅存桑竹庚寅乃三年非二年據此則兩年俱被水災玩李守所奏在四年則蠲除者乃三年之水災明矣

庚子 嘉熙四年中秋前一日大火密齋筆記

庚戌 淳祐十年八月甲寅大水本紀

壬子 十二年六月丙寅大水五行志

冒城郭漂室廬死者以萬數五行志

遣使賑卹存問除今年田租本紀

案以上二條康熙府志作嘉熙十年十二年嘉熙止四年改元淳祐緣二年號相屬失檢之誤也

癸丑 寶祐元年七月庚寅大水

詔發豐儲倉米幷各州義廩振之本紀

甲寅 二年六月路分董椿等禽獲海寇本紀

台州海寇積年民罹其害㩁泊進士周自中等禽獲詔㩁官一轉餘推賞有差（本紀）

丁巳　五年八月丙戌火（本紀）

己巳　咸淳五年九月壬子大水

己卯詔發本州義倉米四千石并發豐儲倉米三萬石振遭水家（本紀）

丙子　帝㬎德祐二年正月戊子知台州楊必大降元（本紀）　十一月元伯顏統兵到台城陷（舊志）　太學博士權知台州王珏本州教授邵囦與禮部侍郎陳仁玉（仁玉仙居人）　築城浚濠倡義民堅壁以守城既陷珏囦死之（赤城新志）

案康熙府志舊志楊必大降元並繫於十一月與王珏守台同時而瀛國公本紀則稱必大降元在正月戊子府志舊志未知所本宋史必大降元與建德軍婺州處州同時疑當時僅以表降至十一月元師乃至台耳

張世傑奉吉王是至台旋往溫州　文天祥過仙巖義士多從之

庚子　成宗大德四年三月大風雹舊志

癸卯　七年風水大作溺人通志

乙巳　九年饑舊志

丙午　十年旱舊志

丁未　十一年又旱四月不雨大飢民相食康熙府志

戊申　武宗至大元年疫復飢死者甚衆舊志

甲寅　仁宗延祐元年歲惡道殣相望宋文憲集

乙丑　泰定帝泰定二年飢康熙府志

丙子 順帝至元二年飢大火舊志

辛巳 至正元年四月火七月大水舊志 府志作閏七月

壬午 二年自春不雨至秋八月康熙府志

甲申 四年秋海嘯上平陸二三十里康熙府志

己丑 九年六月地震舊志

壬辰 十二年大旱四月不雨至七月舊志 八月方國珍攻台州知州趙琬死之

國珍黃巖人殺捕鹽巡檢亡入海元前後命參政朵兒只班及孛羅帖木兒擊之俱被擒反爲招降國珍兄弟俱授官有差〔元史參泰不華傳續通鑑〕已而汝穎兵起募舟師守江國珍懼復叛誘殺台州路達魯花赤他哈布哈亡入海使人潛至京師賂諸權貴仍許降授徽州路治中國珍不聽命陷台州〔明史〕其弟國瑛以舟挾知州趙琬至黃巖潛登白龍奥舍於民家絕粒不食

人勸之輒瞑目七日而死赤城新志

癸巳 十三年方國珍據有台溫慶元三路開府慶元以其弟國瑛據台州舊志

甲午 十四年大飢五行志

己亥 十九年方國珍以台溫慶元三路納款于明

十五年明太祖起兵遣使招諭十八年又遣使招諭至是始納款舊志且遣次子關爲質太祖卻其質厚賜而遣之復使博士夏煜往拜方國珍福建行省平章事弟國瑛參知政事國珉樞密分院僉事國珍明猷三郡實陰持兩端煜既至乃詐稱疾自言老不任職惟受平章印誥而已

冬十二月大雷雹舊志

丁未 二十七年九月甲戌明遣朱亮祖率師討國珍辛丑朱亮祖克

台州方國珍遁亮祖入城撫定之

此明太祖吳元年也先是國珍雖納款於明又北通擴廓帖木兒二十五年元復以國珍爲淮南行省左丞二十六年復改浙江行省左丞相弟國珉國瑛子明善並爲平章政事至是明太祖遣朱亮祖攻台州湯和吳楨率舟師攻慶元亮祖至天台守將湯盤以城降九月至台國瑛復遁至海其黨哈兒魯以城降亮祖分兵下仙居等縣台遂定（舊志）

己酉 明太祖洪武二年日本掠溫台（台州外書） 夏四月癸巳台州獻瑞麥二（中野錄）

庚戌 三年十二月詔籍國珍所部三府軍士及船戶十一萬餘人隸各衛爲軍（明史盧熙傳）

時以其黨入海剽掠命收軍籍無賴誣引平民騷然寧海知縣王士宏力言乃罷

辛亥 四年倭歸明台被掠男女七十餘人（舊志）

戊午　十一年秋七月（二申野錄作八月）海盜遣官存恤（本紀）

庚申　十三年火（舊志）

丁卯　二十年十一月城海門（舊志）倭寇海上太祖顧謂湯和曰卿雖老强爲朕一行和請與方明謙俱明謙國珍從子也習海事常訪以禦倭策明謙曰倭海上來則海上禦之耳請量地遠近置衛所帝以爲然和乃度地浙西東並海設衛所城五十有九

庚午　二十三年夏秋旱（康熙府志）

壬申　二十五年有飛蝗自北來禾稼竹木皆盡（二申野錄　府縣志作三十五年誤）

甲戌　二十七年火（舊志）

乙亥　二十八年城前所（舊志）

壬午　閔帝建文四年夏六月大蝗減稅糧一半（康熙府志）

乙酉　成祖永樂三年春夏旱舊志

丙申　十四年七月大水府志

己酉　宣宗宣德四年五月倭船四十艘連破桃渚先洪熙時黄巖民周來保困於役叛入海至是導倭入犯台州外書

甲寅　九月秋大旱傷稼二申野錄

丁巳　英宗正統二年星隕化爲石舊志

己未　四年倭犯桃渚焚劫官庾民舍浙江僉事陶成擊走之明史陶成傳

庚申　五年旱康熙府志

癸亥　八年城桃渚舊志　八月海門海潮泛溢壞城郭官亭民舍軍器

甲子　九年七月大水冬瘟疫大作死者甚衆五行志

乙丑　十年疫死甚衆大旱黃佐翰林記

戊子　憲宗成化四年大雨海溢康熙府志

庚寅　六年大水民飢康熙府志

乙未　十一年蝗康熙府志

丙申　十二年夏四月大旱飢二申野錄　大水康熙府志

丙午　二十二年大旱五行志　饑康熙府志

戊申　孝宗宏治元年夏四月大風雨發屋走石海溢平地數丈漂沒陵谷死者不知其數舊府縣志

癸丑　六年造黃册分徵額赤城新志

己未 十一年大旱康熙府志

庚申 十三年飢民食草根康熙府志

癸亥 十六年九月十八日海溢波濤滿市幾五尺越日不退康熙府志

乙丑 十八年九月十三夜半地震有聲舊志

丙寅 武宗正德元年八月初六日大風雨壞民居康熙府志

戊辰 三年夏旱螟大飢民殍康熙府志 十一月火風舊志 風烈火一發十數處焚府縣學及民廬萬餘家飛燄及中子山二塔欄檻俱燼城中餘者無幾家男女死者二百餘人舊志

壬申 七年乏食五行志

戊寅 十三年大水民多渰死康熙府志

庚辰 十五年六月癸未夜台州火隕三大如盤觸草木皆焦五行志

辛巳 十六年大疫康熙府志

丙戌 世宗嘉靖五年大旱饑甚人食草木舊志死者相枕康熙府志

己丑 八年大水西城陷下尺餘漂壞田廬死者甚衆舊志

甲午 十三年春大疫康熙府志

辛丑 二十年六月旱金一所文集 七月十八日颶風大雨發屋拔木洪濤暴漲平地水數丈死者無計舊志

七月山中豻出

身皆火諸山龍出與鬬水火相薄赤氣漫空壞臨海太平天台三邑民居田畝無算（西園雜記）

乙巳　二十四年大旱無麥禾秧盡稿（舊志）

丙午　二十五年大疫（舊志）

丁未　二十六年民間訛言采童男女一時嫁娶殆盡（康熙府志）　十一月倭犯甯台大肆殺掠

壬子　三十一年四月倭入海門五月由黃巖攻台州知事武暐禦於拗嶺敗死遂圍郡城太守宋治擊遁之

倭入海門至殿市街居民狎之尋見其殺人如刈草始奔竄五月破黃巖轉逼郡武暐敗死遂圍郡城將犯仙居宋太守與仙居令馬濂合兵擊退之（舊志）

癸丑　三十二年五月大風雨連日壞田稼（康熙府志）

甲寅 三十三年倭自海門登岸趨郡城舊志

乙卯 三十四年倭復由海門登岸刼黃巖又由沙埠登岸刼仙居至天台由嵊縣之清風嶺總督吳宗憲兵敗之是年太守譚綸到浚濠修城練兵訓卒民恃以無恐舊志

丙辰 三十五年二月倭自臨海入黃巖西鄉九月百戶鄖官追賊於兩頭門死之台州外書

丁巳 三十六年二月倭入台州知府譚綸檄參將戚繼光擊敗之明紀

康熙府志 四月賊攻府城計二十餘艘入臨海島朱門攻海門衛應襲俞憲章死之台州外書

更流刼松門象山桃渚又有繼至之賊與合攻府城僉事李三畏知府譚綸率兵勦之

案舊志於三十七年下稱倭數萬薄城譚守先偵以利啗之賊稍懈遂將近城居民盡行燒燬無所駐足又聲言猥兵十萬盡堵要害處賊始遁而三十六年二月四月二條俱不載必有一誤俟再攷

戊午　三十七年四月倭屯柵浦（康熙府志）

三十八年三月倭攻桃渚所四月圍解

時賊攻城甚急總督軍門檄副使譚綸往救至與戚繼光合攻賊遁蔿塢依山爲固官兵又進攻之遂併入柵浦賊巢（台州外書）

庚申　三十九年七月大雷雨東門外湖邊有大木倒已六年一夕復植立（二申野錄）

辛酉　四十年四月二十六日倭犯郡城戚繼光率丁邦彥陳大成等追敗之

前犯桃渚鯉浦賊是日亦流至花街（沈明臣平倭紀略）時久雨台城多圮花街去城不五里衆洶洶（戚南塘表功碑）戚自桐巖嶺

馳抵城下激厲將士勇氣百倍以丁邦彥爲前鋒陳大成爲右哨陳濠胡大受爲中哨趙記孫廷賢爲左右翼各置監督齊陳而前至花街約二里賊以一字陣迎敵丁邦彥部下各列銃分番蹙賊乃各分右府敵我左哨陳大成反擊其左於是旗鼓盡變奇伏互出賊大敗大成兵追至瓜陵江下邦彥兵追至新橋五戰五勝（平倭紀略）

案表功碑作公晨歸忍飢提兵遣部下朱珏先斬其先鋒七人賊遂由間道夜趨仙居白水洋與此不同

三十日倭犯郡城旋由間道往仙居（平倭紀略）五月甲子戚繼光大敗之於白水洋斬首八百（唐亮臣白水洋紀功碑）

前登折頭大夥賊二千有奇自燒船南突府城戚部兵已分留新河臨頑可戰者千五百人賊衆我寡乃與唐公亮臣厚犒之懸千金爲衝鋒者賞戚又盡出箭中銀酒具散之監軍知縣趙大河登壇誓衆申論大義士氣大振五月一日戚率部至大田設伏待賊賊亦設伏待我會天雨不戰越二日賊徑出大石往仙居戚曰賊出中渡由裏路至白水洋七十里我兵由官路至白水洋五十里兵法云先處戰地而待敵者佚遂策馬鼓行四十里至上風嶺屯止多令探者覘賊既率兵上嶺伏五日前鋒

北頭早乃下令各斫松枝執而坐賊望之爲林不介意行列二十里衣甲旗幟甚盛官兵對山瞭之俟其行過半乃仆松枝吶喊齊出賊驚以三四百人作一字陣來衝我兵分爲一頭兩翼一尾陣以太學生蔡汝蘭左蒸監督而陳惟成陳法陳蚩楊文通等俱大河監督以鴛鴦陣衝鋒疾若風雨有前無退賊遂敗遁上一小山然猶格鬬不已丁邦彥出裹路徑擣山下四面仰攻賊樹一竿於北山下令兵大呼爾從者從竿下走走者數百人賊復上大山官兵又仰攻賊奔上界嶺山恃險立營若蓬麻山巔斗峻只一徑可攀陟邦彥等首先攀緣魚貫而上吳惟忠等繼之數賊疾前來砍我兵用長槍槍賊墮巖下遂得登賊六七百人殊死戰我兵一以當十賊敗落巖谷死者不計數走者奔白水洋朱家園乘勢圍之火四起賊屢突不得出趨大河弟幽甫率兵舉鳥銃擊之悉殲賊六日戚班師入城唐率府司迎之士民相慶謂自罹倭患無如此捷大快也（平倭紀略）

穆宗隆慶二年七月大水

二十九日大雨傾盆（陳承綸憑枕錄）颶風海潮大漲挾天台山諸水入城三日（五行志）貧家小戶束手無計自地而升樓自樓而升屋敲椽卸瓦之聲達於四境攀緣牽引號哭徹夜縛小兒於背者有之屋上生育者有之屋上裹屍者有之稍一懈怠即

成魚鱉（憑杖編）溺死三萬餘人沒田十五萬頃廬五萬區（五行志）屍骸遍野官府委吏埋葬半月方盡穀爛麥腐俱不可食蓋因六月不雨太守高甲桑神祈禱步至白龍潭用蔥子縱陰閉陽之術焚豬公雞公斬五旱龍用鍼鐵穢物觸諸龍潭以致斯變（憑杖編）

乙亥 三年秋復大水舊志

丁丑 五年丈量田地成則赤城新志 秋大疫民多死府志

戊寅 六年正月大火自縣治前至西門民居殆盡舊志

辛巳 神宗萬歷九年旱蝗食苗根節皆盡府志

丁亥 十五年金千戶鐺家石版出血惕如集

己丑 十七年六月海沸

廨宇多圮碎民船戰船壓溺死者甚衆（五行志）

庚寅 十八年大旱推官王道顯請賑康熙府志

甲辰 三十二年十一月地震有聲舊志

乙巳 三十三年旱蝗食豆菽康熙府志

丙午 三十四年至三十七年連旱井水盡枯舊志

辛亥 三十九年三月至五月不雨六月始種禾康熙府志

己未 四十七年旱舊志

庚申 光宗泰昌元年秋八月海門兵譟入郡城康熙府志舊志

焚掠街衢刼大姓八十餘家開監放囚撫軍題報擒首惡康應尤王四人杖斃之衆兵閧祭縞素建祠於海門衛塑四人像祀之當道優容不問舊志

辛未 莊烈帝崇禎四年閏十一月海門兵李芳張華王珙等作亂圍

郡城太守傅梅擊卻之

是年八月時兵李源李芳作亂於海門衛焚燒備倭公署郡守傅梅上其狀有命擒渠魁及其黨三人下獄李覺而遁至閏十一月芳糾黨張華等七十人至郡城聲言保李源等傅守即先解源等於省城閉城固守十餘日間遣壯丁縋城擒悍兵卓敬二人杖斃戮屍於城兵懼散歸次年正月海門參將陳某斬芳華琪三人首級獻軍門并取李源等於獄斬之並傳首梟示於中津橋之南（舊志）

乙亥 八年十一月二十六日地震屋皆動（康熙府志）

戊寅 十一年六月十三日大風雨

折屋發石南北二山大木盡拔（舊志）

十三年颶風（康熙府志）

十四年大旱饑民采草根樹皮爲食（舊志）

癸未 十六年金華許都反郡丞朱軺奉檄監軍會討康熙府志郡紳陳函煇同行新河游擊李大開擒執之寇平

甲申 十七年五月闖賊李自成於三月十九日丁未破京師懷宗自縊於煤山時清世祖章皇帝順治元年也時台道傳雲龍聞省報卽傳郡守閔繼縉通判楊體元臨令宋騰熊及鄉紳密議次日提塘傳有小報云四月初五有旨陞官及本省提學劉大鞏辭朝等事前報乃訛傳也傳道卽出示禁訛言各官理事如故後傳消息漸眞諸生集道前見本道尙鼓吹開門遂憤喊罷市十三日生員應皐生自省回備言杭紹已哭臨遂出示於十四日起哭臨三日士民畢集慟哭如喪考妣六月初二日詔到福王于五月初一日登極于南京改元宏光冬十月魯王名以海原分封兖州被李闖破陷宏光改封于台州

乙酉 順治二年夏閏六月南京稱宏光元年魯王在台州起前職方郎中陳函煇爲兵部侍郎謀起兵陳函煇自撰年譜諸書僞稱兵部侍郎維年譜自稱如此

王名以海太祖十世孫（魯南十世作十一世孫）簡王壽鏞之子原封兗州失國後走江南十七年十一月二十一日福王命駐台州（魯監國載記）時在籍職方郎中陳函煇丁憂王遣使弔問與兵備魏太守戴謀築城治兵適諸營私鬭函煇挺身調停未一日（函煇年譜）大將軍貝勒檄各府繳印知縣吳廷猷見王密議執差官殺之適海門參將吳凱率所部三千人至遂起兵（魯監國載記）初八日授廷猷巡撫餘各陞擢有差（舊志）

海門兵譁刧黃巖抵府士民因執兵道魏（陳年譜魏作虞）大復辱之推官潘應婁（舊志作婁應奎今從府志）遯

時政日亂稅糧叠增有司因而煆煉民不堪命應婁署縣事徵比太急失士兵心赴道訴之爲大復所斥時已聞江南不守人情洶洶合海門兵以失餉譁至黃巖多被刼掠復擁至府民間相傳爲兵道調至防守送參將於城外參將以誤餉激變爲言歸過大復因大鬨閫道署（康熙府志）執大復於轅門毆辱備至（舊志）應婁聞之踰垣先遯郡守戴立大素以廉靜得民親至慰諭括府庫并借鄉紳買銀以散兵始解送大復回省（康熙府志）適清兵入杭事寢不問（舊志）

六月二十七日戊寅（舊志作十六日）張國維迎魯王於台州（明季南略：熊汝霖孫嘉績各起義餘姚，謀迎立魯王于台州，適朱大典亦遣孫廷勸進，國維至台，與陳函輝、宋之普、柯夏卿等合謀定議〔南略〕。時錢肅樂亦遣舉人張煌言來迎〔魯監國載記〕，即日移紹興，以國維爲大學士，以大學士方逢年議稱監國〔魯監國載記〕）

丙戌 三年春二月至夏五月不雨苗盡枯（舊志）命監察御史沈履祥督餉台州（魯監國載記）

時江上有四十八鎮，取給於寧紹台金四府，台州客兵雲集，天旱米貴，百姓惶惶（舊志）

太白經天（舊志）海門僉事張廷綬與客兵鬭殺死無算

時谷文元、宗室萫漊李礎以客軍駐台州，橫暴殊甚。武生張廷綬，鄞人，初以奉迎功陞總統，陳函輝奏授僉事，鎮海門。閩大將李唐禧，故金山衛世襲指揮使，至台州，與廷綬共練兵以輸江上（魯監國載記）。六月初二日閩江頭失守，李兵與張兵相鬭於中津橋，殺死無算（舊志）

六月初三日舊志監國遁還台州旋入海魯監國載記

監國次海門張名振以師迎之至石浦遂赴舟山黃斌卿拒不納名振冀石浦從監國入海魯監國載記既登船聞張國維至黃石巖因傳命國維防遏四邑國維至台州無舟不能從遂回東陽治兵再舉時六月十八日也南略

初六日方國安兵潰入台州焚燒民居殆盡舊志

國安聞監國已航海遂焚掠城中兩晝夜旋走黃巖舊志參魯監國載記

初八日清兵入台州御史沈履祥都督張廷綬指揮使李唐禧並死之魯監國載記

清貝子將軍向提督田雄統兵到台招撫追方國安於黃巖國安降舊志沈履祥避山中被執死之張廷綬以袍笏坐登門論降不屈死李唐禧亦以不降被戮臺府紀略會稽郭圭佐監國居台州欲有所為聞兵敗抑抑而卒魯監國載記

是日禮部尚書陳函煇慟哭入雲峯寺赴水死

四年春大饑民間食草根米價每石銀六兩餓死者甚衆（舊志）

戊子　五年（府志作四年陳藕亭筆記作七年）天台仙居白頭賊起邑賊糾衆應之兩縣崇山峻嶺南接甌婺北達閩越殘兵敗將多竄跡其間頑民不服薙頭者附之紹興俞杼臬俞國望（魯監國載記）天台裘魁金湯仙居童克慎徐守平金元采周以賜（舊志）生員張錦陳君初（陳藕亭筆記）結寨於九龍山裏林八寶山六都坑諸處（舊志）以白布裹頭鄉人名之曰白頭賊八疊謝以兗大石金白棠亦糾衆為亂（陳藕亭筆記）

己丑　六年冬居民上城守堞時山寇圍天台甯海黃巖陳君鑑起兵應之副將馮國用會七府之兵至仙居進勦九年推官李士宏入山招撫至十年始平（舊志）

壬辰　九年收零積餘米改徵銀（康熙府志）

十年（陳藕亭筆記作十一年）仙居景星巖賊王國棟天台羅城巖賊周欽

賁爲亂掠黃沙

諸賊負隅刼掠晝伏夜行西北東陽永康天台西南縉雲仙居臨海居民俱受其害黃沙爲虎口之食所遭尤慘（陳幾亭筆記）

乙未 十二年六月免去被災額賦十二月免臨海等縣禁民船入海

東華錄

丙申 康熙 十三年正月十三日副將馬信叛應賊執道府縣各官下海

府志

先是副將馮國用被參候勘在台代以陝西人馬信時張名振踞舟山造船會勸台協承造三十八隻竣工於十二年十二月二十九夜被海賊先竄名應募水手竟駕船而去馬信懼罪且素與台道傅夢籲不協於是月初二日暗遣親丁黑李三出海引賊艘入關十三日四鼓（府志作十二日晚）傳集官紳赴下門城樓會議防禦既至以誤餉發端執縣丞劉希聖斬之隨斫通判道標中軍鄭之文方控弦被刃仆地兵道傅夢籲知府劉應科倅李永盛令徐珏等俱被執卽送出海示信比明刼倉庫罄掠財物

執男婦一千八百人童子七百餘人圍守於天甯寺及城南民舍次日海綜至因分饋之自縋赴水者不勝計十五日盡燔公廨民廬至夜始揚帆去十七十八日城旣無官奸民聚衆搶奪事聞杭州發駐防滿洲三旗守台二十二日至十四年正月撤回（府志參縣志）

十一月鄭成功掠浙江溫台等郡（東華錄舊志）

十二月十二夜大風雨迅雷震電

丁酉　十四年八月二十六日叛將馬信引鄭成功襲破台城道標中軍鄭之文死之巡道蔡瓊枝遁餘官被執下海

八月十二日馬信引鄭成功破黃巖知縣劉登龍死之副將王我降賊十八日泊下浦二十日圍郡城兵道蔡瓊枝協鎮李泌謀固守李標兵四出設防存城不過五六百人力難出戰賊自少兩山起由北至西七里亭環城樹柵結營巨炮接續內向一炮發卽聲連十里每日發大隊巡行高聲喚降排列雲梯而不附城間使乞援二十三日（康熙府志）書志作二十二日夏梅勒田提督

帶滿漢兵來援前鋒至中渡賊伏發兵敗退守新昌賊分兵寇破天台仙居甯波二十六日城陷僞總制張英入城鎮守台道蔡璭枝同知徐煥祚遁去鄭之文誓不從賊先令二妾投繯賊執之文去至九月初四日夜罵賊不屈死之〔府志武功傳〕初入日成功自東門入城登北山出興善門回船賊兵盤踞六邑城鄉財物奸淫婦女惟留郡城不動寸草十七日擄掠既飽執知府齊維藩副將李泌知縣黎巘身下海而去璭枝入城招撫以待大兵十月都督田雄提兵到推官王階分房鄉試回署府事調援勦總兵張杰守台〔府志〕

案東華錄云巡道蔡璭枝副將李泌及府縣官俱降賊而陳藕亭筆記僅云總兵官李泌以城降二說與康熙府志不同蓋滿城官員俱被俘擄舉報不實故所記如此陳藕亭親見其事較康熙纂脩諸人似更有據宜可從也

戊戌 十五年秋大水決西城入殺人署府王階詳請振恤〔府志〕 九月

海寇復入關總兵張杰禦卻之〔府志〕

寇由家子柵浦直抵紉嶺〔舊志〕時京還道府初至士民瘡痍未起聞儆膽落張杰出紉嶺堵禦推官王階鼓衆登陴始有固志

（康熙府志）守埰五十餘日（府志）賊覘知有備衆之颶風大作（府志）杰擊敗之於三山江口（舊志）賊驚遁出關（府志）得其巨礮重五百斤賊以爲神物後巡道楊三辰癸臺安置於城南轉角樓（舊志古蹟）

冬十月周全斌擄海門

成功還舟山葺戰艦九月有言北將謀叛者悉解兵權進忠不自安奔海門衛納降周全斌追至海門圍之進忠突圍走全斌不追遂據其城江日昇

己亥　十六年四月海賊掠沿江

未幾北去遂有鎮江之禍（康熙府志）

八月張煌言自台州移師林門復軍桃渚尋潰去（鮚埼亭集）

九月免台州四年至十二年寇刼倉庫稅糧（東華錄）

辛丑　十八年旱自五月至十月不雨民饑（康熙府志）裁各項土貢雜辦

悉徵折色免荒棄田額徵　遣尚書蘇納海等至台撤邊海三十里居民入內而空其地俱康熙府志

以海賊累犯由附海居民接濟遂海悉行遷遣（康熙府志）限兩月止不遷者殺（陳瓢亭筆記）拆毀民房木料沿邊造作木城臨邑遷棄十有九圖（舊志）先是雖被賊患猶有家可居一朝被遣託居附城攜老扶幼哭聲遍野生業既失病疾死亡賣妻鬻子甚者流爲乞丐慘不忍言（陳瓢亭筆記）

秋郡守郭曰燧以追糧辱諸生趙齊隆齊芳於堂諸生水有瀾周熾鼓衆鬨巡道楊三辰袒郡守水有瀾周熾絞死戍六十餘人於邊

新例紳衿欠糧褫革解京流配其士子有司徑得杖責生員趙齊隆暨弟齊芳欠白榜紙銀三兩零行學追比不納轉解府郡守郭曰燧當堂笞杖兩庠公憤哭聖具告退頂衣呈六十六紙巡道楊三辰反以諸生近海謀且叵測轉詳總督趙某趙以厮役爲大官得賂力主其事疏入適犯新例奉拿爲首水有瀾周熾并呈頭六十六人解京勸審遂以抗糧鼓衆退職

造反定讞水有濁周熾當日擬絞齊隆道斃其餘六十三人金紹先書貞明公傳後作六十八人疑水有濁周熾爲首事人不在其數　其名有可知者陳弦誦包炳南翟應明陳在期章程于捷　疑即台郡識小之于天士　應鴻漸張人綱李時璐金必耀費　麻傳奎張翼軫張仲孝張建章徐傚朱紘劉聲寵蔣逢夏陳憲章朱絲趙穆昌戴勝潘震雷朱信卿金枝陳時夏楊枝楊或林允升秦涵鄭兆甲范恂　以上三十四名見陳藕亭筆記　何志濟傳聚五　疑即傳奎　陳大捷黃中華沈瑞五林礎存翟介繁　疑即翟應明　鍾起應上巽洪鏜　以上十名見台州逃聞　又有蔡礎張巖白李玉然陳君柱邵魁生翁穎公許隆如許仲哲　以上八名黃巖人見台州逃聞　俱流徒罪杖三十即押赴上陽堡開元堡仁壽堡等處安置爲土官牛彖管轄被徒諸人多半孳非已作緣曉聲推寫一時名流爲首讞官不分皂白煆鍊成獄寃無可訴次年三月又行文提諸流徒妻屬同去其有力者只得以老婢及廢疾者充之餘則以病故報惟李時璐妻張氏及張人綱妻周氏親赴流所十年遁跡故張人綱有詩云幾時孤子還生父何日流人葬死親長戍無辜借內于寬儒冤罪等頑民後遁跡者十之七淹亡者十之三倜儻通才一網俱盡科目絕榜者二十五年邑勝悲痛時山中有鳥名郭公邑人怨郭守殘忍即以野鳥呼之聞郭公聲

多彈射殺之舊志參陳藕亭筆記台州遠聞台郡識小

壬寅 康熙元年正月朔有巨魚二乘潮至郡江闕三日其一死重四百餘斤舊志 十一月僞將軍陳文達來降文達東甌人有衆近三千僞授擊敏將軍順治十八年掠太平邊海村坊太平縣志至是來降入城信寓民舍幾半載始分插各處閭閻苦之康熙府志

十二月虎入城陳文達兵變殺之舊志

乙巳 四年七月康熙府志作月大風壞屋舊志

丁未 六年台州邊衛瘠苦減征康熙府志

戊申 七年四月二十日颶風驟雨山崩城壞舊志

己酉　八年夏旱舊志　十二月十四日大雨雪深幾丈許至次年正月初旬方止（康熙府志）

辛亥　十年夏旱舊志　除台屬逋糧東華錄

壬子　十一年旱蠲積荒田銀米康熙府志

癸丑　十二年十月天寧寺金剛土像出汗數日舊志

甲寅　十三年三月二十四日閩耿精忠叛與閩黃巖總兵阿爾泰行知台協副將秦宏猷請兵會城康熙府志　先是癸丑年十月吳三桂叛於雲南台道吳應鵬三桂族也本年正月十三日阿爾泰密帶兵至郡城執應鵬解京三月二十五日阿總兵據桐山營報行知協鎮以二月十五日耿精忠叛於閩台協右營奉調出師人情洶洶乃請兵會城（府志參縣志）

五月二十日提督塞白里自寧率兵由台援溫大掠舊志

叛兵由台至温，進勦大掠城中。六月初九日（舊志）閩温州降賊（康熙府志）鑾撤賓太兵回台，仍轉守甯波，城中男女奔竄四鄉，山賊大起（舊志）

二十八日杭州駐防都統周雲龍統兵援台（舊志）

案康熙府志作二十七日副都統阿什兔將滿兵至台，與此不同，俟考

六月詔將軍喇哈達調兵守台甯（東華錄）　八月初七日賊破黃巖，郡城大震（舊府志）　十月初十日賊犯郡城，我師迎擊於長天洋，敗績，因畫江以守

黃巖既破，郡城益危，曾養性以李長春之死，不敢輕進，朱飛熊屢促之，十月水陸並進。是時城中滿漢兵十餘萬，副都統伯穆赫林、都統吉爾塔布、吳申巴圖魯、雅達里、閻雲龍、提督塞白里、段應舉及滿洲奇蘭大四十八旗，月支糧六千餘石。台道楊應魁、郡守高培、同知祖進朝、通判許嗣興、邑令王鑄鼎措應軍需。賊初到，穆都統、段提督、吉都統過洋橋迎戰於長天洋，賊分兵

三路右從紫沙鼎左從江岸抄出我兵挫敗急回而浮橋爲賊所斷遂循江而西由紫埠渡過江回城因沿江置守賊營南岸花茶亭龍潭鼎奎家溪等處養性居中宏勛居左爾泰居右沿江築土城朱飛熊泊舟小兩山結營北岸爲浮橋以通往來我兵恐東路漸逼築城桑嶺分塞白里守之以通甯海大路白塔瞭堡山鯉魚山後嶺各置營扶遠密布土阁西路至松山十里汫築石頭城密布土阁安設火炮三江口留賢等處各安營數十座設置兵通天台先是仙居爲賊所破僉書汪國祥率兵恢復賊李雲蔣汝飛遁去以京口副將李良臣守之已而都統周雲龍議棄仙居又爲僞總兵朱國遠必忠周玉樹所據賊兵遂出天台大路以斷糧道（黃志二）

十二月甯波將軍固山貝子傅喇塔統兵來援

賊於南岸搭浮橋將兩面夾攻雲龍復議棄台守新昌（黃志二）適台道楊應魁兼程至昌言於衆曰台爲甯紹門戶台失則浙東非我有矣衆以餉乏民逃爲辭楊曰公等力爲朝廷殺賊守城招民辦餉我責也於是城守之議始決（康熙府志二）十一月初四日貝子提師至合寨提督楊遵夜於西門外搭浮橋賊覺來爭互發巨礮各有損傷周都統亦中礮死（黃志二）

十二月台饑貝子發銀煮粥救濟（功績錄）

十四年二月精忠將自處州遁走仙居副都統穆赫林大敗之於白水洋復仙居縣（東華錄）三月甯波水師提督常進功帥舟師擊賊於海門斃賊將朱飛熊

貝子命常進功舟師進海門夾攻我師於初十日先攻少兩山貝子書記王（作晴陽棣）從龍爲賊間諜密報賊賊預有備迎擊滿兵死者甚衆（府志）蘇松提督前營參將成國樑隨征大軍過浮橋時國樑曰勝負無常數萬之衆只設一橋非計也既戰師競退國樑毀後將渡識索果絕同戈再鬭身被三創顧謂弟國楫曰此身豈容爲賊辱遂赴水死（紹興府志）朱飛熊自迎常進功於海門外爲礮擊死賊勢少挫先是阿爾泰密啟貝子謀爲內應亦爲間諜報知送耿精忠絞死楊道覺有異乃緝獲從龍及邱文祖磔之賊謀愈挫（舊志）

秋八月初四日穆赫林分兵由仙居茅坪出寧溪抄賊後曾養

性遁回溫州郡城解嚴

七月仙居知縣鄭錄勛啓貝子可由仙居茅坪山小路出黄巖甯溪以抄賊後貝子遣穆赫休等及漢兵以鄭錄勛爲鄉導十八日出仙居南門經凉蓬八月初四日到半山嶺賊聞大恐初七夜起營由海船遁回溫州台城解圍初八日貝子提合城兵馬尾追出衕嶺過黄巖至溫州（兩志）

丁巳　十六年正月大震雷雪（舊志）

己未　十八年夏旱（舊志）

庚申　十九年十月初三夜西南方白氣亘天半月不散每夜移至正西而息（舊志）

辛酉　二十年秋旱（舊志）

壬戌　二十一年冬虎入城（舊志）

癸亥 二十二年盡復沿海遷界民業

十年展界十里拆毀木城至是臺灣鄭克塽投誠遷界盡復許民出海網魚（府志）

春虎入城傷人（康熙府志） 久雨無麥 夏五月不雨至六月（舊志）

甲子 二十三年海賊房某乘夜入關掠湧泉村男婦二百餘人（康熙府志）

丙寅 二十五年七月大水

漂田廬下津石橋崩（康熙府志）

辛未 三十年十一月地震（康熙府志）

癸酉 三十二年九月奸民蔣崇鼎謀叛郡守宗之璠協鎮蘇侃獲其黨誅之

崇鼎東鄉人曾為府胥僞造箚印謠言眞王出大將生自稱太平王與其黨金大成陶明庚等約於九月九日起事郡守協鎮

先期偵獲七人下獄刑房吏有與賊同謀者十一月十七夜劫獄殺禁卒一人逸去後拏獲陶明庚等三十餘人審實正法蔣金俱逋（康熙府志）

丙子　三十五年四月大旱至六月十三日雨農始稼（康熙府志）

（參泉臧亭筆記）

己卯　三十八年八月大水

平地高丈餘漂田廬没瞬字文案盡失溺死者甚衆（康熙府志）

甲申　四十三年六月饑民滋事以石塞府門

時福建寧波饑告糴於台富戶貪重利悉賣與之貿糴者糾衆二三百人鬨於府署知府閻承詔不遑所訴反靴蹋一人暈衆遂鼓噪賴協鎮王公調停乃解（陳繇亭筆記）

丙戌　四十五年五月大旱至七月二十八日始雨（康熙府志）

丁亥　四十六年五月旱（康熙府志）

戊子　四十七年二月初十日有巨魚至中津橋向人作朝拜狀至十二日隨潮始去（康熙府志）

七月初七夜大風雨壞廨宇損田稼請題蠲免時夜更餘東南天色如火鬪龍吟聲怨風雨大作發屋拔木兩學文廟及譙樓俱傾拔石坊十餘座（康熙府志）

己丑　四十八年六月大水（康熙府志）

庚寅　四十九年秋旱請題蠲振（康熙府志）

癸巳　五十二年五月旱至七月始雨八月大水（康熙府志）

甲午　五十三年六月旱請題蠲振（康熙府志）

辛丑　六十年正月雨穀豆箭竹結實六月大旱八月始雨歲大飢民食蕨根請題蠲振（康熙府志）

癸卯　世宗雍正元年大旱飢同治志稿

丙午　四年給臨海銀一千兩採買穀石儲倉通志

丁未　五年秋大水同治志稿　有二虎自後嶺躍入城副將吳進義撥兵擊之一斃之文昌祠後一斃之普賢寺前同治志稿

庚戌　八年虎夜入城同治志稿

庚申　高宗乾隆五年秋大水同治志稿

癸亥　八年除溫台漁稅東華錄

丙寅　十一年六月大旱民朱招奇等以求雨入城鬨於府署知府馮豐獲二人送省斬之同治志稿

戊辰　十三年五月大疫同治志稿

庚午　十五年冬大雨同治志稿

辛未　十六年大旱饑同治志稿五月撥福建江南倉米平糶

壬申　十七年大疫同治志稿

癸酉　十八年秋大疫同治志稿

丙子　二十一年旱同治志稿

辛巳　二十六年旱同治志稿

丙戌　三十一年秋大風拔木發屋海潮傾溢沿岸居民溺死無算同治志稿一

冬有大鳥止於北山

戊子　三十三年秋大水入城同治志稿

己丑　三十四年夏旱同治志稿

辛卯　三十六年六月廿四日大水　冬十一月城中大火同治志稿

壬辰　三十七年有大鳥止於湧泉翼長如船背高於馬浹月方去同治志稿

乙卯　六十年夏六月二十四日大水同治志稿

丙辰　仁宗嘉慶元年大雪同治志稿

癸亥　八年旱同治志稿

戊辰　十三年夏旱同治志稿

壬申　十七年夏旱葉舟紀災詩　秋大水同治志稿

癸酉　十八年地震同治志稿

甲戌　十九年東鄉民家產黑芝形似眠牛大如出胎之猫〔台州述聞〕

戊寅　二十三年雷擊巾子山東塔崩

庚辰　二十五年旱葉舟紀災詩　秋大水海溢殺人同治志稿

乙酉　宣宗道光五年大水同治志稿

丁酉　十七年六月海潮入城同治志稿

辛丑　二十一年一日午後天驟黑如夜逾二時始明月日佚秦壩且樂齋筆記

癸卯　二十三年六月廿一日大雨雹狂風拔木同治志稿

己酉　二十九年四月初二日兩水農家牛生犢六足光緒志稿

庚戌　三十年大水蠲緩被災村莊新舊額賦東華錄　十月初十夜地大

震（光緒志稿）

辛亥　文宗咸豐元年六月大水　九月海寇布良帶入海門郡城籌防（良帶聯巨艦數十艘入關定黃溫三鎮兵不能敵退入黃林港賊登岸大掠駛至湧泉擱淺反攻海門十餘日焚民居官署千餘間恐大兵至遂揚帆去（黃巖志參同治志稿）及陳山館紀事）

壬子　二年粵匪陷金陵籌辦團防（光緒志稿）

癸丑　三年春大雪　三月初七夜地震　六月旱十九日大風雨大水（光緒志稿）是秋大饑（蔡墉且樂齋筆記）十一月蠲緩被災村莊新舊額賦廷諭振災民一月口糧（東華錄）（江潮怒激平地水高丈五六尺居民露處屋脊人畜死亡五穀穢爛臭不可聞二十四日巾子山東塔全圮（同治志稿））

甲寅 四年夏五月有巨魚數十尾自海門入三港口黄巖志十一月初五日海潮泛溢城鄉溝池積潦同時俱沸歷二時止沿江廬多被淹沒同治志稿

丙辰 六年十二月初二日大火西自鎭海樓東至寶芽橋南至淸河閘北至紫陽宮同治志稿

丁巳 七年六月十五夜星隕至屋脊而滅光緒志稿

戊午 八年秋七月彗星見鶉尾拂微垣次相左移析木之津至尾箕而滅黃鉞琦分野說 銅坑土匪王彛牙推林大覺爲首陷寧海轉攻郡城知府吳端甫集民團力拒之遁彛牙將爲亂有林大覺者以降童惑衆彛牙推之爲首七年秋圾東塍周利賓家利賓集鄰里與之鬭格斃二十餘匪送官正

法者九人葬牙退據銅坑發利賓祖蔑利賓請兵於官官兵未集銳於復仇募土勇先鬬死之至是攻陷寧海一轉攻郡城吳守集各保民團堅守却之賊退據鐵場吳守率黃一清蘇鏡蓉勸之賊夜刼營一清力戰陳斬其軍師何達九月道員蔭良奏自省率師至會署寧紹台道張玉藻攻克鐵場幷破賴愚斬其黨賴維沈賴慶渥蘇鏡蓉訛夷牙議招降之俾縛林大覺正法民團不服殺其悍黨水裹興鏡蓉懼激變以號衣衣夷牙挾之遁十一年餘杭之敗蠛點蠛霞雜俎

辛酉 十一年夏彗星見長竟天歷兩月餘始滅秦壙且樂齋筆記 十一月初一日粵匪陷郡城知府龔振麟協鎮奎成知縣鄭煜棄城遁

光緒志稿

先是金華失守六月間胡侍衛鳳鳴統兵三百人入台八月間張啓煊觀察亦率八百人至台紳士前後啓於郡守請移正學書院膏火三千串權充軍需留胡張守台龔守遲延不決人心瓦解紹興賊何文慶子松泉受越中粵匪僞命於十月初八日陷天台合遠近附賊者數千人尅期攻郡城不虞僞侍王李世賢於廿六月由金華度倉嶺廿七日未刻陷仙居十一月各鄉

土匪紛紛入郡延頸以待松泉而世賢統兵由仙居猝至時邑西石鼓村方與鄰村構釁疑爲鄰村挑戰兵拒之世賢屠其村比入城土匪猶以爲松泉也跪迎道左世賢盡縶之分隸各營松泉至亦投世賢初寇未至民間訛言有石鼓響城門開之語至是始驗十五日李世賢攻黃巖道出義城鄉沿途殺掠無算十二月初二日復掠義城鄉監生彭燦揚集山民擊之初五日敗之於澱家嶴又敗之於油溪追至花園而還殺賊數百賊自後不敢復出南鄉輒蠢蠢稿

十二月李世賢同金華以僞王宗李鴻釗守郡城　天雨豆 光緒志稿

壬戌 穆宗同治元年饑斗米千錢　正月十一日鄉民大舉攻賊敗

續 光緒志稿

時北鄉廩生姚際唐等創義勸賊使在城生員陳捷傳檄兩鄉生員李向榮方避兵其地合中營都司林發榮千總花奪元生員馬梯雲監生彭燦揚等尅期進兵以後山火起爲號是日兩鄉兵先集邏卒進火草中烟燄漲天遂率兵進隔江而陣浮橋

斷不得渡自十一日相持至十三日賊乃出興善門過橋拒戰鄉兵驚遇賊追至楓山頭彭燦揚所率兵自兩山腳下賊敗回城不復出鄉兵亦散歸北鄉兵後至列陣後嶺車門橋等處賊於朱坊塗樹木柵拒我以銃外擊我兵相持久之忽別股賊自西渡江掩至與我軍鏖戰斃其數賊義民梅大潮金阿三姚有森等陷陣死我陣遂動賊從後嶺以板度數十人踰城夾擊遂大潰死者十數人—葉烝昌粵匪陷台始末參楓叢稿—

三月廿二日大雨雹傷人椒江南北數十里麥苗俱盡 光緒志稿

廿三日大汾庠生李承謙等毀家拒賊破之江中 光緒志稿

李世賢既返金華正月廿五日遣李尚楊代鴻釗以椒江北岸尚完善謀以舟自海門渡前所李承謙乃大會鄉族以忠義相激厲自六十以下十五以上皆出戰設伏於前所城江岸辰刻匪船半濟伏發沈其二舟其一舟敗乘潮至章安義民李世統等率衆追至章安世統中鎗死賊斃幾無噍類時沿江七十里承謙命多樹旗幟而疏布之賊從南岸望之懼不敢再渡李繆克復府縣始末

四月初三日黃祥雲會李承謙攻賊追李尙揚於三山斬之 光緒

家子黃祥雲黃一淸之姪也勸賊黃綬爲賊所敗焚其村避之大陳山自大陳山歸復約勸承謙允餉二千金祥雲乃召管繼湧屠數三爲先鋒夏四月初三日大汾李氏杜氏盧氏蔡氏百家監生黃一淸溪口監生王宗秀共集義兵二千餘人渡江以祥雲爲統領繼湧數三徐灝陳兵西山嶺時賊屯三山灝勇目周賢楚曰黃巾躍馬者非賊首王宗乎僉曰然賢楚持刀率銳卒五六人衝陣賊圍之賢楚幾殆管屠至賊潰賢楚嗔劍追之王宗乘馬渡河解衣囊擲地賢楚不顧復追之再渡河王宗忽失足踣地賢楚力殺之自亦暈於地踰時蘇衆乃扶之歸 據杖紀聞

初七日西鄉集衆攻賊斬賊帥汪某於三江渡賊敗入城 西鄉與仙

居接壤仙居副貢吳琮舉兵復縣城在籍訓導蔡釗以書約琮攻賊釗族姪蔣鎔海勇敢能任事乃糾合義兵於四月初一日會師白水洋斬僞鄉官季廷槐於市殺把隘賊無算遂渡三江郡賊分兩路逆之西指柴埠渡北逾茶院嶺從石鼓渡合圍我

兵設伏於茅染店磨頭新渡白茅等處初四日鄉兵復大至與賊遇於瓊溪口我軍戰死者數十人賊死者四人初七日未時潮退驍賊黄老虎及渠帥汪某躍馬渡江方及半義民湯慶廣挾長槍泅水迎之將近賊岸上人大呼曰賊騎逼矣賊舉腰間火銃擊之慶廣沒身波中旋躍出以鎗刺汪中心屍隨水中黄賊奪屍退入城（葉蒸雲粵匪陷台始末參采訪）

初八日賊竄寧海郡城平 光緒志稿

汪賊既誅賊遂喪膽登三嶕嶺以望惟東鄉無義兵遂於五更拔隊東走踰銅盤嶺竄寧海樹旗城堞上人猶疑不敢入至晚覘之城已空矣是時蘇鏡蓉避居大陳山府協兩印皆在其手聞賊遁遽通稟大吏攘其功故諸官書如平浙紀略等皆云蘇鏡蓉克復台州蓋據官書爲憑而不知其實非也（張綺九峯山房詩草參拾仁日記）

免元二兩年錢糧 光緒志稿

以台州士民自行克復特旨蠲免檔案　嗚呼粵逆蔓延幾遍天下入名都大邑如入無人之境未有敢攖其鋒者臨海天險之郡官兼勿守爲賊所陷者六閱月人心怨望爭欲起而平之斯時也郡境既無半旅之援國家又無寸鐵之畀而乃義旗一

隆廳清六邑捐軀者肝腦塗地陷敵者刀箭攢胸使事平議敘出以大公則貞魂毅魄不至函恨於黃泉勇士壯夫定能盡瘁於王國顯豪右盡效其功守令妄上其事疾病考終者優卹世膺瘡痍遍體者恩膏未沐致令腹心干城之材每出其積不能平之氣爲他日地方貽疚甚且身罹法網而不悔其所以挫忠義之心而啓寇盜之漸者伊誰之使歟伊誰之過歟恢復以來垂四十年文士載筆未盡可據而鄉曲二三父老每扶童孫坐論舊事神采飛動者皆當日百戰夫也就詢得實援筆紀之庶幾足備史家之采擇焉

乙丑 四年元月雷雪 光緒志稿

壬申 十一年移黃巖總兵署於海門從郡守劉璈請也 檔案

丙子 光緒二年六月大風海鄉龍見 光緒志稿

己卯 五年六月旱 光緒志稿

辛巳 七年土匪金滿爲變劫縣獄殺花橋縣丞邱洪源燬其署尋就

撫 光緒志稿

金滿北岸穿山金人備於蔣姓光緒二年間始以宿仇殺同族一家三命縣主往驗拒不納請於府派同知成邦幹帶湘勇彈壓金滿糾衆拒敵殺傷兵勇多名後爲守備黃瑞湧所獲半路脫逃猖獗尤甚出沒山海間不定是年六月二十九夜劫縣獄三十餘名巡撫分咨水陸兵勇相機剿撫飭成邦幹署府事督率調遣前後疊敗之於白沙洋盤馬洋環璣山小沙頭等處殺賊殆盡金滿負傷逃七月二十八夜殺花橋縣丞燬其署大憝限緝嚴密闔郡騷然金滿自知罰重困賭梁因寺僧法智與天台庠生謝夢蘭說於彭宮保玉麟逢於九年間就撫爲長江水師千總升守備台之匪風從此熾矣蔡錫岷赤城雜志參采訪

乙酉 十一年七月哥老會勾通土匪刼白水洋刼防軍軍械攻仙居城協鎮韓進文剿平之 光緒志稿

丁亥 十三年大火 光緒志稿

由州橋頭西至鼓樓東至台州衛南至白塔橋北至紫陽宮燬民居二百二十餘家自四鼓至辰刻止赤城雜志

大疫光緒志稿

己丑 十五年七月蛟水發自天台壞沿江民廬田畝溺人甚多

庚寅 十六年饑每銀圓穀七斗奸民相掠奪光緒志稿

辛卯 十七年大火光緒志稿

西延賜橋東至若齋巷南距牌門閣北界紫陽宮焚民居千計

壬辰 十八年夏旱冬大寒江水爲冰光緒志稿

溪澗江河府冰合凍爲南中所未有冰解日隨流而下觸浮橋爲斷花木果實被凍俱死

甲午 二十年大水光緒志稿

乙未 二十一年饑請題賑濟光緒志稿

是年祇準借運平糶以勸不成災故

二月十八十九兩日雷雪霰　三月初三日雷初四日雪

戊戌　二十四年閏三月縣學前民一產三子采訪

庚子　二十六年夏大旱饑采訪

辛丑　二十七年秋大水饑采訪　平地水深丈餘殺人壞田廬無數

壬寅　二十八年春夏饑采訪　郡守徐承禮借款告糴請巡撫截漕米二萬石振之

秋大疫采訪

甲辰　三十年春樹介采訪

夏旱大荒采訪

丙午 三十二年饑大掠每銀圓穀四斗采訪

八月大水采訪

庚戌 宣統二年四月靈江淸二日徵訪冊

辛亥 三年七月初三日暴雨狂風山水驟發矮屋均與簷齊閱二日始退又大雨累日颶風並作大木斯拔田禾盡淹人民牲畜溺斃者所在多有徵訪冊

臨海縣志稿卷之四十一終

洪瑞燁校

李光益、金城修　褚傳誥纂

【民國】天台縣志稿

民國四年(1915)油印本

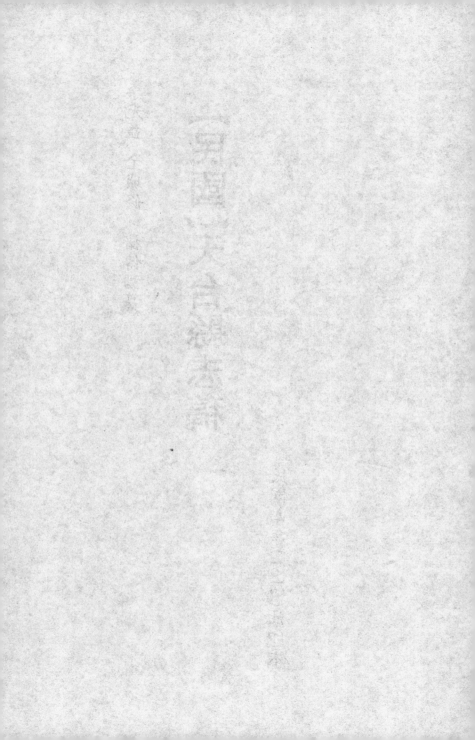

吳

災祥

黃龍三年會稽南始平言嘉禾生見太平縣志虞、與縣三國時吳

兵警

一

梁

唐

公章安置南始平郡晉武帝以雍州有始平故改爲始豐

天監五年四月始豐縣獲八眼龜一

元和十二年五色雲見

元河南姜爲薛中丞浙東奏五色狀左臣得旨內台奏月日人色雲見者一州官吏偕道耆老覺皆隆觀已具奏聞并錄圖奉進者伏以景雲上瑞王者德江符煥彩之也在天知聖德之莊咸

寶應元年八月台州賊袁晁陷台州遂陷浙東州縣二年三月丁未袁傪破袁晁之衆於浙東四月庚辰河南副元帥

伏惟陛下孚有截道洽
與很承天地之貞明導
陰陽之和象紛紛郁郁
自東自徂西若煙非煙
一向而頁至徵吉膜事
筆前閒伏乞宜付史官
以招簡淵赤城赤志作
元和中舊注元和十二
年薛戎拜越州刺史兼
御史中丞浙東觀察使
事當在元和十二三年
閣

李光弼奏生擒袁晁浙
東州縣盡平今之石壘
寨即王師討袁晁處也

天台基劉御和袁郎甲
賊賊偽僅行過到中山
小護上太射注五即章
光劉詩武劉陸除剃賺
王師羅戴華袁師溶浊
峙團所書成西散罷陽
春發敗身大白依遠峰
眾馬首橫之入猿帝蘭
浩僱新遷桃原識故蹊
已閑開蹤待遍許臥東
溪袁郎中即袁傳也中
與閭甄集皇雨再來有
和泉郎中以賊後越到
中山水詩

前

大中十三年己卯冬十二月浙東賊裘甫作亂觀察使鄭祇德遣兵合台州兵共討之咸平元年正月乙卯戰於天台觀前續志云戰於桐栢觀前官軍大敗甫自稱天下都知兵馬使改元羅平鑄印天平三月朝廷以前安南都護王式為

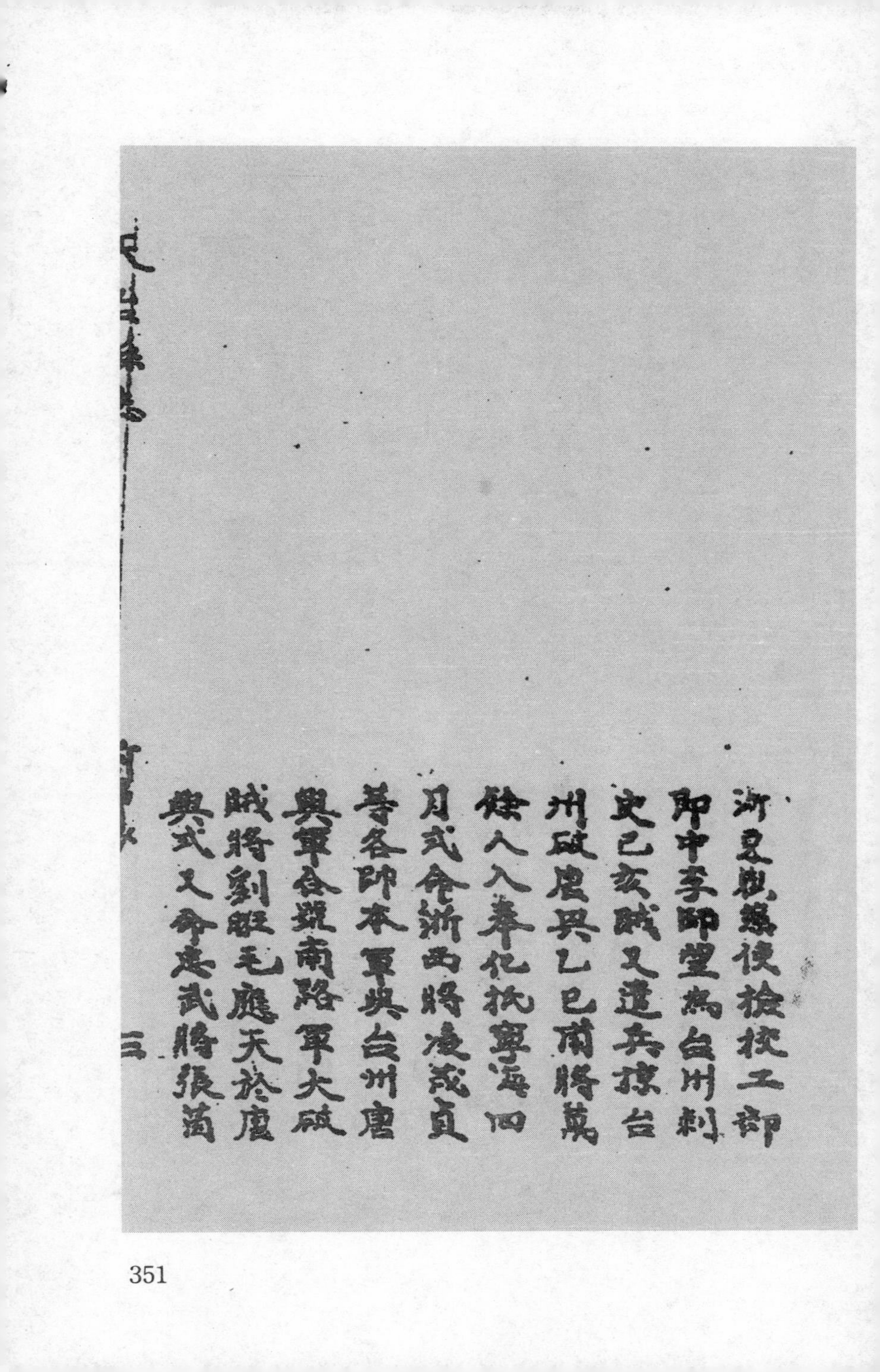

浙東觀察使檢校工部郎中李師望為台州刺史乙亥賊又遣兵掠台州破唐興乙巳蘭將萬餘人入奉化抵寧海四月式命浙西將凌茂貞等各帥本軍與台州唐興軍合戰南路軍大破賊將劉暀毛應天於唐興式又命忠武將張茵

將三百人屯眉與斷賊
南出之道八月刺史李
李師望募賊相捕斬之
所降數百人得劉從簡
首以獻師望有小記在
桐柏觀九鎮碑後云檢
校尚書工部郎中兼台
州刺史李師望大中十
四年二月十七日准詔
領忠武義成武寧兗海

豐稠等進兵一千七百人襲擊杜侏討除草賊至來年四月二十三日戰於天台山前二十六日收復廣義縣首比內千戰斬首四千級招降九千人至九月方平其以咸通九年為大中十四年者蓋此年十一月丁未方改元咸通也

慶歷五年乙丑夏六月大
水入溺死萬餘時鴻使
田瑜副使王僧孟丞縣
拯救除焉

大觀二年戊子秋大雨經
月

宣和二年庚子睦寇方臘
作亂賊衆進逼台城其
徒呂師囊金七佛攻陷
城池縣齊力戰破之克
復全邑

紹興十七年丁卯連理木
生于開法寺楓榆共幹
二分三合
紹興二十二年芝草便頭
芝生於縣圃時邑令陸湫二
十四年甲戌四月不雨
至九月五穀無收
乾道九年癸巳夏秋大旱
民多氣亡
淳熙十四年丁未九月蝗

大雪平地盈尺

慶元二年丙辰六月大水傷禾民饑疫疾大作

嘉泰二年壬戌部民賈爾卿獻瑞粟一莖六穗

紹定三年五六月不雨七月大雨至九月不止水溢湫溪居民盡為水漂二十里烟火斷絶時邑人葉守棠捐資往平江

元

雜本縣濟寺僧状養遺
孤官給衣糧立義塚以
瘞骸骨縣令潘晉孫至
奏減其年租賦十之三
不差夫以紡農平價以
賑饑貧民賴以甦

大德十一年丁未大旱饑
采人採草根樹皮以充

貨

至元二十六年己丑二月
寧海人楊鎮龍反賊衆
據玉山縣二十五都儀

稱大吳國有衆十二萬分攻新嵊天台王鑒吉解浙東宣慰使富彌討破之本縣人李六洪來倚為贊從後全家抄沒鄉民詿誤者衆事平因于胡寶置巡檢司設兵防禦今官戕田地多係李洪二家產業

方國珍之亂曾據西北之

闍稽山寨而為明臣
亮祖所敗

明

洪武十七年甲子秋八月大
風雨山谷水暴漲沿溪
居民多被衝溺
洪武二十三年庚午夏秋
大旱至年夏六月旱蝗
減稅糧一半
永樂三年春夏旱二麥無

救知縣康彥民與史林
同往鄉勸富户發粟賑
濟仍于郡倉借給麥種
次年償官

永樂七年己丑八月大風
雨拔木漂禾傾屋與舁

永樂十一年癸巳春夏之
交淫雨復大雷五月
至六月終禾稻未盡穫
通判陳嚴知縣張洞庭

祷小應

正統八年癸亥三月穀雨隕霜如雪殺草木蠶無食葉自四月至八月連雨水溢麥禾無收

景泰七年丙子大饑民多流亡

正德三年戊辰大旱穀價騰湧民流就食官

發粟賑之
嘉靖五年大饑民食草根木實多至餓死
嘉靖八年八月經旬大雨平地水深尋丈民居衝漂通衢以竹筏濟渡
嘉靖十年十月縣東火災延燒儒學
嘉靖二十年七月龍見

大風雨青[illegible]表
田禾盡損
嘉靖二十四年大旱民饑
自四月至六月不雨無
麥禾不下種鄉邑俱荒
米麥每石銀三兩盜賊
公行里邑消耗民多逃
亡餓死

嘉靖三十一年五月倭亂
南海門燒燬黃巖縣羽
書馳報烽火不息本縣
戒嚴三十三年十月又
自平陽犯仙居馬鬃嶺
人民驚竄三十四年十
二月初五日又自平陽
至仙居顏流由百步嶺

横山嶺至溪南搶掠沿
月于義里街放火天寨
燬剡縣兩民居焚燬殆
盡時太平日久武備不
修故得入為患後賊將
軍維光討平之以上俱
見舊志

萬歷十五年七月中旬大
風雨拔木傷禾民以樹
皮草根充食大疫迎殍

蔡丞周行縣救飢施藥活數萬人杜潭黃世顯備藥救濟一方縣令給匾旌之

萬歷十七年大饑

萬歷十八年大旱五月至九月不雨後淫雨盈冬至次年仲春方霽麥禾俱無二十年廿一年俱荒民多流亡

萬曆二十三年冬至日地
震
萬曆二十四年五月二十
八日地震六月初十日
又震十一日十五日又
震閏八月初一日日蝕
將盡歲大歉
萬曆二十六年三月二十
日雨雹四月初三日又
雹大害是歲饑

萬曆二十六年五月二十
三日縣東火災明倫堂
啟聖祠齋房俱燬
萬曆四十七年大饑東門
外餓死者四人邑令張
弘代發粟賑饑於四門
煮粥活饑男萬餘
萬曆四十七年饑
天啟五年秋颶風暴雨四
春盡被民淼蕩[illegible]

文

崇禎九年奇荒民掘土號觀音粉食之多斃

崇禎十五年壬午歲饑復大疫死者相繼西鄉民家雞鄉有二頭四翼其異

崇禎十六年六月初三夜有大魂大如車輪自東角屋上流入西門餘光如綿長數丈經時方滅

崇禎十七年正月朔城中
夜聞鬼哭

清

順治三年丙戌奇荒斗米
銀陸錢民多逃竄

順治五年山寇作亂新嵊
賊首余書豪東陽賊首
小倪并山賊首金湯西
鄉賊首章和尚皆頭裹
白布為號延村燒擄劫

撩六等八月初八日賊衆數千直犯北門時防將徐守賢率兵從南門出游擊其後擒殺百餘人積屍遍野賊黨逃遁復誅內應數人城池以全縣令金鑾會盡往鄉招撫相繼投降其患始息後東陽賊首周致貴復踞羅城塘作亂金紹台

順治十一年甲午大旱平

處四府合勸方平

米銀佐錢門食禪樹皮

一餓殍盈野

順治十三年七月大水近

水民居悉淹杜潭苦竹

平頭潭尤甚水滿屋梁

淹沒人畜無算

順治十四年丁酉八月海

寇犯郡至台葉掠天台

防守韓文盛降賊于九月初四日引賊萬餘至台皆裸體赤腳號大兵入城焚掠殺傷甚衆八民逃散城野蕭條知縣董大嗣赴省請兵剿平

順治十七年庚子旱蝗食木殆盡鄉民皆入山採蕨村舍無烟

康熙七年戊申六月發風

猛雨連旬不息河廬冲
沒縣令侯仁爵申請賑
撫蔣具題蠲免民困
少蘇
康熙九年十二月大雪月
餘平地積數尺人畜樹
木多凍死山谷房屋盡
崩次年辛亥大旱人民
仰食於黃太縣令趙廷
錫申請撫院范具題蠲

本年錢糧十之三人獲更生

康熙十三年三月十八日西門劉將軍廟神像汗出如雨六月初七日有二海鳥黑色大如鵝飛入城中獲其一不食數日乃死

康熙十三年福建耿逆反賊將曾養性破黄巖直犯郡城據小雨山我兵沿江守禦炮聲晝夜不絶白民驚竄十月貝子統滿漢大兵征勦分兵數千駐劄天台賊黨從仙居入寇嘯聚潰水紫

凝山梁坑莒溪諸處十一月十二日賊破平頭潭鎮各營入山會勦十一月廿三日戰於孟湖嶺殺賊千餘人十二月初十日戰于紫凝山又殺賊千餘人擒馘者不計其數餘黨逃散十四年正月由天台進兵收復仙居八月大兵攻陷

小雨山賊衆連夜遁還
溫州巡海道楊知府高
同檄縣令王潤民招撫
台民方入城復業

丁卯彥獻書同山貝子
曰天台新喋上遇有會
下建溫處居台郡咽侯
權術必由之所備天台
一失則郡城難保遇以
為仙居之賊不先賊則
天台新余來可高抗雨
臥也如凡則飛閣何日
得複王師幾時奏就為
令之討葉若大設縱敵
縣贏將士我毫與起一
從天台南山小篇此與

鄧兵竟闘步、淆諸賊不肯駐居隋丘會之劉之店稷
賊逼、劉風聲也坐可戰不至之以潛合兵賊兵貴退
之鄧復趕奪先、某一而能四賊滿屯以由兵餓白發
兵賊以潛入除不鼓走道南屠漢賊兵諜又作處一
潛之叔武浥仙意畫兩真紛賊大所散旗撤隙對從
夜歸居鄂江辰攻賊勢萬衆不兵必乍入天點而天
渡南得後之之真兵決一難度聲走但至台役入門
江又賊寇賊賊無法攻自有主攻之作德回渡陵路
往以人之之如則鍋所死、者智師德路賊居鄉青城南

於其所以若得不盡如士役其兩可肆將未陵勝曹
正旨無於不送戰數辯不械及泰以以士乾賊之離
且補濟浮以賊而以手行明闊相盡疏層擄之悲賊
二金刺橋兵自服迎之扶賊離洪殘賊行利皆與營
十逸大賊四然歟王依毛全其願矣心欲於興若二
三往事路進陵闕師又有嚴瓶等狀則綏用左仁三
日拔員從俗首睢則將把豹心之顏此多火陸居十
以燕子春此若手黃華小東淮罪執處方激冬之里
兵印奇心盡立何太貴民兵其謀阿亦如屬草兵攻

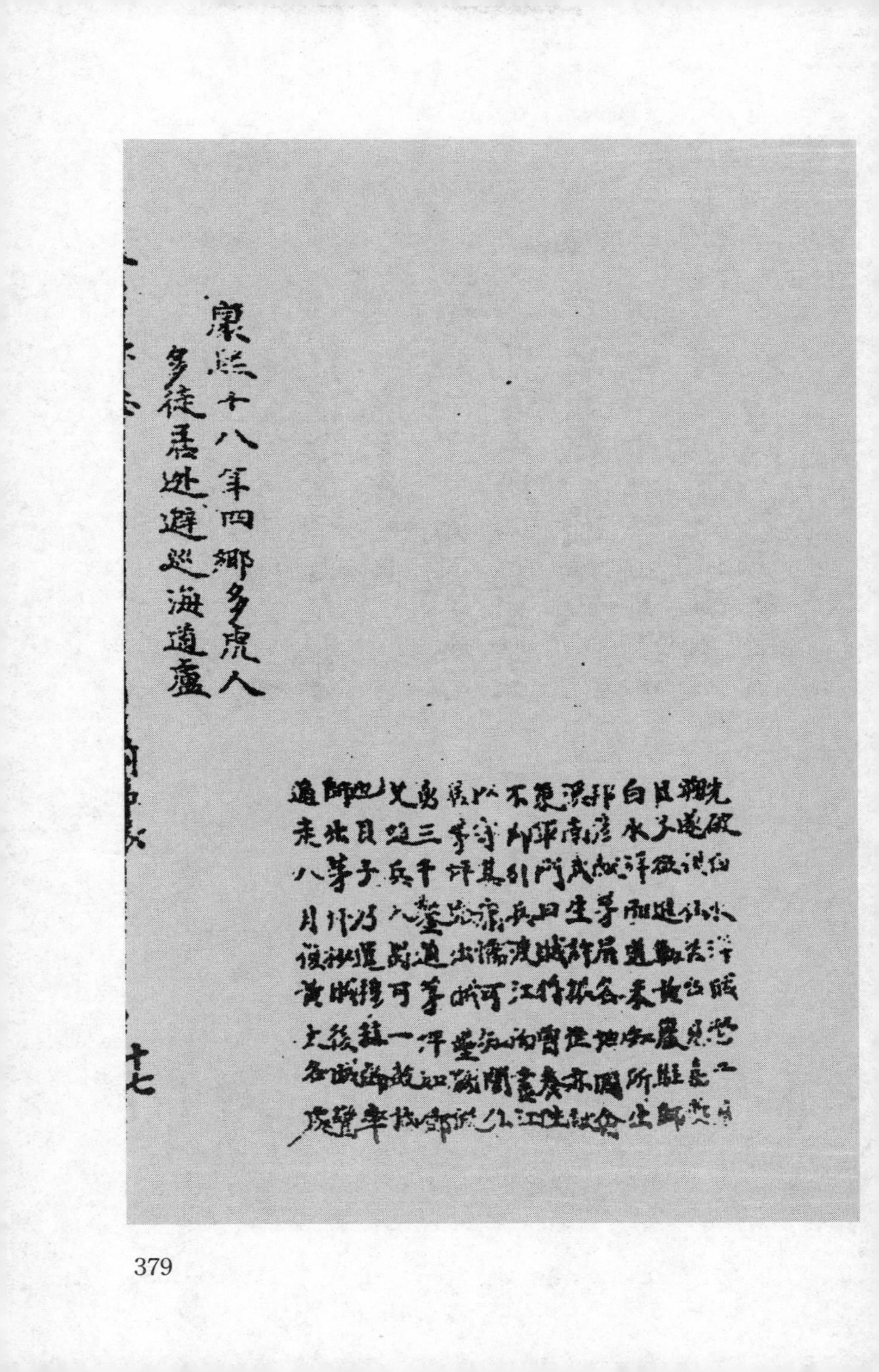

康熙十八年四鄉多虎入
多徒丢迯避巡海道盧

[illegible]

十七

行部並台准學生衆多藝條議令各鄉都多設虎檻槃弩一月連斃十二虎其患始息

康熙六十年春夏大水蜃見方山嶺山麓衆禁二娃田廬一時陷没

康熙二十二年正月至四月陰雨不止二麥無收麥種隔一者俱有收

康熙五十六年饑且疫時制府滿保以巡察海疆至台郡諭開倉平糶募衆賑郡守張聯元邑令鄭錄援叅捐設煮粥施賑諸生叅宦張貞志齊祖尚亦捐賑穀充叅制府滿復捐銀二百五十兩製買冬衣五百件

分給災民民甚德之
郡守張有記
康熙六十年自六月至
八月不雨井泉盡涸
遂稻晚禾顆粒無收
與臨海寧海同飢民
離流載道深山窮谷
採蕨根殆盡郡縣上
其事請題蠲賑
康熙六十一年壬寅旱

荒

雍正元年癸卯旱荒邑
令張養若虔禱于北
山迹影潭始雨葉莎
[illegible]為作喜雨碑記

乾隆十六年辛未歲大
祲道殣相望孝齊周
南具言荒狀巡撫上
其事得旨給發庫銀
民賴以少蘇

乾隆五十六年辛巳五

十八年癸巳皆大饑

嘉慶十五年庚午蟲之蝻

矣

嘉慶二十五年庚辰旱

荒歉啟民多流亡

道光元年旱荒民多失

業

邑有趙金龍者拳勇好鬬尋衆戲訛

猺謀作亂結黨數千人將起事邑

中巨紳舉兵擒獲之後置之極法
咸豐二年壬子鄉邑賊王具牙來擾
許令罡喜祖集義勇安營於鄰襄
后等處邑境無危

咸豐己未庚申間山賊
入村莊擄小兒居民
鳴鉦逐之有星墜東
南隅光甚長越丈餘
咸豐十一年辛酉十月
訓甸城中鬼夜哭至

望日前後黄闇滿城白氣如霧盛以爲兵氣先至云

二十三日色無光二十六日雷雹粒炎

武壹十一年辛酉臨海灰山禄佩書作亂云與合呈吳紀年民國討平之佩會議捉山黎查今宗黨千餘人紛擾商賈貨物富豪莫能制嘶萌不軌之心毅紀元三十月五

令禾議會勤生員齊林枝請約四
與民團揚懸迷為賊所得以計脫
歸十八日城中民團七百餘人直
薄城寨賊阻險自守不得入四與
民團乃遠出城背稱山攻之賊驚
潰遂入焚賊巢穴獲器擇師梁佩
擇爲其首餘黨四散弁亂佩書遁
至新昌旋走揩豎與文巖岱向邏
賊匪以圖報復 二十三日賊匯
蔣九丈何松泉余得鴻寇禾台鄉

縣丞興杞與史丞佐瓊通賊入括之先是王令父杭協剿將郭慶於十月初八日自東陽白峯橋兵潰奔入天台見興杞說賊勢盡寬不可當教諭魏譽均訓導童經樂先遁天台宋慶虎遁歸臨海至是王令及佐瓊皆遁九文等引兵二千由關嶺入括之佐瓊尋降賊為仇人所殺松泉文慶之子也衆佩舊從入台編戶需索甚急横二十

六日佩書與賊羣且聲言發兵仇
專為九良禁止始猶欽遵　二十
九日何松泉入陸海太田果佩書
從之　十一月朔賊孟守三令道
覺寇金華破仙居遂陷縉雲太守
龔公死之　初三日西鄉民[illegible]
賊於九龍山敗之黑旗大賊數十
餘萬由新昌入關嶺振石梯路大
掠金帛婦女燒民廬舍西鄉民團
會集九龍山謀禦賊衆畏縮不敢

前銜兆松　當先斬賊馬隊二人賊氣奪衆自後鼓譟殺之賊亦[illegible]盡丢輜重而竄鄉兵追殺直至[illegible]嶺由是回鄉始知賊無能為人人奮奮雪心矣獨初五日[illegible]兵大敗於湖蓋嶺黑渡大敗賊自東陵大盆山逃竄殺湖[illegible][illegible][illegible]連營打七千里沿途[illegible][illegible][illegible]不堪言狀有踐者虜者燒者殺者扶服劉附祭并褒贈不絶衆情甚[illegible]

四夜大小西鄉互相約俟晨民團數十萬會湖竇鎮擊賊戰移于常勝之營初不在意及見團兵勇且衆始鏖戰六日賊大奔先是鄉民聞賊且至環寨壘山谷壘石自衛及聞賊敗各爭出以木斷其去路賊困不得出于是始蹂踐相殺血洶洶有聲賊首莽匿塹死積屍徧野丈漢之水爲之不流賊心驚膽顫望見鄉團以爲神兵無復有

西入之志將九叉循之食氣遂留
屢下僞符余得家守天台而自率
所部走鄉城　二十六日賊李一
芸入天台一芸繞賊數千人入韶
白城竄殺走西橋上撒附民居纍
望臺于西門高六七丈而又于城
外增築城壁布徒卒擒緣爲守禦
討此賊號令嚴明兵糧豈足大有
勦滅西鄉之意人人洶懼　同治
元年壬戌正月初八日西鄉民團

攻賊破之壘一芸余衛家走死一
芸防守甚嚴㕘布開孫查廬不設
息會三月朔鄉民遠近爭燈爆
竹歌吹聲大作鬧郭翁獻牛酒者
填喜頌從之且歎之也遂於月之
乙日宴于置酒高會大犒戲累酣
飲遂且忽風自西來吹折其望臺
于旗一芸天驚大色急登臺以望
則見鄉兵猶山遍野人戴白冠為
疏勢如潮湧直搗城西門一芸發

巨礮聲之達覺數十人衆稍卻相
藉互食時莫敢先入已而兆樹馳
皋臺下立登城併守壁者數人二
其耀急下麾督戰繼而臺上火起
紛而下賊衆奔竄不及習避然哭
甚爲殘壞其壘淵溺死者屍與橋
平衆得寇兵網中初一嘗於晏宮
處壁石經巨礮自衛鄉民祖伏壘
下僥其礮既轟擊卒嚮之以去由
是賊衆膽落瓦解無復圖志一芸

獨與其麾下數十人望象郡而遁

鄉兵追之首獲一芸叢黨夾道入

微壞焉居民所殺天台平十一日

王令興耗自非山回往十七日抵

總率處慈自臨海回任二月初三

日敕諭姚鑑均剿導童紹嵩自續

溪回任　初九日克復郡城縉郡

賊聞天台鄉至且濱逐來勢復郡

城　二十五攻新昌賊克之台圍

初由新昌與賊戰於黃澤失利武

天台縣志

生陳守周與儲女晏罵賊不屈死
王吳國英孟嘉賊援寨走追殺敗
夏遂復新昌八月勦奉化九月克
嵊縣二年正月十八日復東陽當
是時大台義聲震浙左右

…

同治元年壬戌三月中旬
夜大雨雹如運萬斛石
從空擲下麥盡偃無顆
粒收者

同治十三年甲戌大西鄉以墻如[illegible]

光緒十三年臧西鄰為紀

緣事辭官歸滎之二海五國衙署焚燬內宣花廳等處并燬兵亦及官屬遇十人被刺丁令并禁辱官眷生員蔡樹培以縣官設夫言禁止為亂民縛槍斷頭而死泉始漸漸退散徐縣守聞之閉城防堵遂究余翰芳於獄中而加以土霸王之名余翰芳者歲貢余東錫之孫為種縱士紳侍質於縣獄者也

水所決與臨納亦七十丈

光緒十八年雨御蛟水發沿溪廬舍均被沖沒溺斃者無算陳盛然出資金雇人買棺收葬凡百餘具

宣統三年七月有長星見東北方

宣統三年辛亥十月南山盜周永發

率衆自北門入與國英接戰不利
旋分股逸縣治之右一週焚毀大
堂內燈毬花燈三對亭臺隨立成
焦土又燒城隍口裏民家一所炮
聲隆然東北鄉急派辦闖然而入
猶滿街巷官帶余帶漾議督隊自
西城街過沿途接仗斃賊不下百
五六十人永廣見勢孤遂決其羽
黨數人從南門逸去

（清）王壽頤、潘紀恩修　（清）王棻、李仲昭纂

【光緒】僊居志

清光緒二十年（1894）活字本

光緒僊居縣志卷之二十四

雜志下

災變

災祥兵寇史所必書而邑志所載或有疏略抵牾者蓋以歲遠而無徵傳聞之異辭也夫天災人害其理相因往往關於國運非徒一邑之害敗也然如漢書五行志每事必求徵應則近於鑿矣舊志分災異變亂爲二一似各不相涉者則又淪於虛矣今從府志合災變爲一而爲之表析災異祥異爲二而以寇變分隷其閒以見徵應之大凡庶而懼意云爾

朝代	災異	祥異	寇變

隋開皇十年庚戌

唐天寶元年壬午

宋慶歷五年乙酉 大水

嘉祐六年辛丑 大水

政和三年壬辰 大水壞城溺死者無數

宣和二年庚子

樂安李生藐赤城志舊傳天寶中此州李木生一枝呼爲藐蒜然而源山敍乃先兆也

樂安蔡道人自稱大都督婺州汪文進稱天子據東陽署蔡道人爲司空守樂安楊素討平之見隋書及資治通鑑

睦州方臘作亂僊居呂師囊應之白塔寨巡檢鄧進尉徐戩成與戰死之遂陷縣城進攻州城

乾道九年癸巳 大旱無麥苗

淳熙三年乙未 大水

十三年丙午 正月雪深一丈民多凍死

嘉定八年乙亥 春旱禾稼不入土六月始雨

紹定二年己丑 九月大水壞田地一萬七千三十四畝零

嘉熙四年庚子 饑

元至正十一年辛卯 正月朔西北有黑氣橫亙數十里漸薄城經兩晝夜方滅

十四年甲午 處州賊尹亞大攻陷縣城火之

二十二年壬寅　二月苗寇王保殺其帥由婺州入仙居所在縱掠方國璋欲款之被襲而死保奔新昌而去

明建文四年壬午　六月大蝗禾稼竹木俱盡

永樂十四年丙申　七月大水

景泰二年辛未　四月海花盛開　案是年十二月邑人王一寧入閣預機務

成化十一年乙未　蝗食苗

二十二年丙午　大旱饑

宏治元年戊申　四月大風雨發屋走石水溢

十一年戊午　大旱

十三年庚申　饑民食草根

十八年乙丑　九月十三日夜半地震有聲

正德三年戊辰　夏旱蝗饑

十三年戊寅　大水民多溺死

嘉靖五年丙戌　旱饑斗米四百錢

二十四年乙巳　春淫雨二麥無收夏旱秋不入土斗穀三百錢飢民搶商米

三十一年壬子　倭寇由黃縣人仙居逐之去

三十二年癸丑　寇倭出永嘉金溪登岸掠安仁

板橋學上寧村由黃巖臨海登岸者掠白水洋王翔嶺上筆村

三十五年丙辰　六月倭寇由金溪登陸攻縣城屯四十餘日太守譚綸率兵平之姚令本棠建戍

隆慶二年戊辰　七月大水田禾漂沒民多飢死

三年己巳　秋蛟發水溢山崩禾盡沒

萬曆九年辛巳　旱蝗食苗根節俱盡

十八年庚寅　大旱推官王道顯禱祭以賑

二十六年戊戌　大旱令汪夢說詳發倉賑之

三十二年甲辰 十一月十一日戌時地震有聲

三十三年乙巳 旱蝗豆粟亦盡

三十四年丙午 旱歉收穀一二斗遞攜甘士价

三十五年丁未 旱發粟賑給

三十六年戊申 旱

三十七年己酉 旱連年亢旱井泉皆枯

三十九年辛亥 正月至五月不雨六月始種禾

崇禎五年壬申 桃李冬實

八年乙亥 十一月二十六日地震屋皆動

十三年庚辰 大旱饑 永嘉紅包頭賊寇安仁同萬卯

十四年辛巳　大旱荐饑民採草根樹皮以食

承派率鄉勇禦之逃去

十七年甲申

縉雲賊包朝官踞力航山爲亂知縣施於身殺威之遂其黨勦留梟於市朝官亡去

國朝

順治三年丙戌　大旱斗米七百死者枕藉於道

四年丁亥

五年戊子

永壽賊董克俱聚黨犯似居五月斬東陽人徐守平糾合無賴自西鄉發難至香川頭而潰

七年庚寅 大水北城幾陷壞田廬無數民多溺死

八年辛卯 四月顯慶寺佛像汗出如珠拭之不止

九年壬辰

十年癸巳

十三年丙申饑

十四年丁酉 四月晝忽暝自十二都至廿二

溫州海寇錢頭犯東南鄉防將趙德等禦之於十三都敗績副將馮所會七府兵至仙居勦寇推官李士宏入山招撫賊平東陽許都黨謀叛數爲亂海寇王廷棟自黄巖寧溪登陸入仙居掠上王結岩景星義副將李必會兵討之兩敗始遁

都雨雹如卷石屋瓦盡碎歷歷有物惎煜火往來跳遂[illegible]盡數麥偃於田不得顆粒

案丁酉八月寇鄭成功陷郡城執李必及齊守雞藩參合兵借以去則王廷棣之遷乃陞基成功入海耳非李必之功也

十七年庚子 大水七都下流橫街地陷深十丈餘十都下溪地陷深三四丈

十八年辛丑 自五月至十月不雨禾無顆粒民食草根縣令明遠慘礉少恩復董迫以賦役比戶逃亡城中僅存十餘家

康熙三年甲辰　大水

四年乙巳　夏旱

五年丙午　秋旱蝗

七年戊申　四月大風雨十餘日拔廬舍壞白虹見西方府志誤列九年

十年辛亥　秋蝗食苗根節俱盡并及木葉鄭令錄勳申請蠲租

十一年壬子　五月望鎮山廟前井中有火氣上騰狀若紫煙

十二年癸丑　自五月望後至十二月初旬不雨五穀無收鄭令詳請蠲租

十三年甲寅

二月朔雨黑色如墨

六月二十八日闖賊偽都司李雲陷縣城郡將汪國祚擊擒之

十月望鄭令錄勳奉檄撤防抱邛總會賊偽張兵朱福人據之

十一月偽將兵蔡玉樹至與偽令張光思頗善撫民民爭入城

十四年乙卯

二月朔鄭令隨官兵克復縣城婦女悉被俘掠

七月二十八日官兵由仙居茅坪間道出齋茨以鈔賊後鄭令為導闖賊遂遁

十八年己未　旱蝗、

四十九年庚寅　七月大旱請題蠲賑

六十年辛丑　正二月關雨豆穀豆堅硬不可食穀粒大倍常熟

十六年辛未　大旱禾無收邳縣裔序禱詳請入奏詞甚痛切上念其愛民大加賑邺

六十年乙卯

嘉慶元年丙辰　妖賊李鶴皋自奧素教謀爲亂武生張大昇以狀白於縣募義民數千與鄰合大訓討平之

十六年辛未　秋旱

十七年壬申　夏饑斗米錢五百　五月十八日鄣高坑產石粉可食民多賴以全活見帶亭集

二十五年庚辰　大旱常令永安發倉賑濟

道光元年辛巳　大饑

三年癸未　七月大水

五年乙酉　正月十五夜雷雨雜之以霰連日大雪見帶亭集

六年丙戌　六月有龍在寶相寺井中水常溢出一日雷雨大作龍從井中

飛出壞寺屋十餘間

九年己丑 八月大水

十二年壬辰 大旱

十四年甲午 旱六月廿八日大風拔木飛瓦

十五年乙未 旱斗米五百錢

二十二年壬寅 大旱 六月朔日食既晝晦如夜

二十四年甲辰 蝗

二十六年丙午 大旱

咸豐三年癸丑 六月大水滿街奔流有異獸地震五六成羣食猪犬人呼爲海狗

七年丁巳　八月大水三十五都以下水沒屋梁不舉火者數十村
西城夜風樟溪有鬼夜哭數夜乃止

八年戊午　秋大疫

十年庚申
張阜山木毬開桐樹春開抽枝至夏悉成兵器形干戈斧鉞無一不備明年夜然賊將毀廟

十一年辛酉　八月大水
十月二十七日粵匪入僊居四月副貢吳棕倡義殺賊初三日克復縣城初九日郡城

同治元年壬戌　春無麥穀石三千

三年甲子　東夏鄉雨雹大如石塊數十里　七月初九日十五都偏稀頭塘

壘瓦盡碎麥盡僵穎粒無收水盡赤如血四日而止

四年乙丑　大水夏闕民房發二三尺許　三月北山雨果及豆稱可食　十月五日高遷小方塘水漲倒流至大方塘數炎面止

五年丙寅　八月十三日地震有聲然

六年丁卯　十一月十八日十六都地震乎地人不能立

七年戊辰　三月廿八日雨雹大如盌屋傾者數十村麥豆無收

十二年壬申　四月晝暝雨雹大如盌三十四

都上王雙覇十餘里屋瓦盡碎麥苗花葉俱成齏粉

光緒二年丙子　六月初八日大風雨

十一年乙酉　五月十六日土寇攻城寧邵之殲匪首百餘人

十三年丁亥　閤郡大疫　夏大戰渙山崩隕石大如屋

十五年己丑　七月二十七日大水淹丈餘秋大疫

十六年庚寅　斗米一五百奉文賑恤

十八年壬辰　東鄉大荒奉旨賑恤

十九年癸巳　大疫

【光緒】黃巖縣志

(清)陳寶善、孫喜修　(清)王棻纂　(清)陳鍾英、鄭錫滜續修
(清)王詠霓續纂

清光緒三年(1887)刻本

雜志二

變異

災祥寇變史所必書而放佚者葢已不少況志乘所紀尤多疏畧乎今因舊志所載彙而爲表復參考諸史以補其鈌其有牽連省郡不可識別者則從畧焉別祥於災者以其雖異而不爲民害也

歷代 寇變 災異 祥異舊志分紀瑞異二類今併入

漢

永建六年 續漢書天文志十二月宄星芒氣長二尺餘在牽牛六度後一年會稽妖賊曾於等

十餘人燒句章攻東部都尉案是時東部治章安此吾黃變異之始

吳

赤烏十二年

靈龜出章安見宋書符瑞志　八月癸丑白鵠見於章安見宋錄宋志

鳳皇三年

會稽妖言章安侯奮當爲天子臨海太守奚熙發兵自衛部曲殺熙送建業夷三族見三國吳志

晉

天璽元年

臨海郡吏伍曜在海際得石樹高二尺餘枝莖紫色詰屈傾靡有光采見宋符瑞志

咸和三年　六月辛卯大雷見宋志

永和五年　二月癸丑臨海太守藍田侯述言郡界木連理時郡治章安見符瑞志

太和六年辛未　六月大水見宋志稻稼蕩没黎庶饑饉

隆安三年己亥　十一月甲寅孫恩陷會稽臨海太守新蔡王崇委官遁見晉書安帝紀

四年庚子　五月孫恩轉寇臨海見宋高祖紀

元興元年壬寅　孫恩寇臨海太守辛景討破之恩赴海死衆推盧循爲主見晉書天文志孫恩傳五月循自臨海入東陽劉裕破之進與循相守于石步固二十餘日見宋高祖紀及

大饑

虞耶進傳

梁

承聖三年　東揚州刺史張彪起兵圍臨海太守王懷振懷振求救見陳書世祖紀

陳文帝　遣侯持監臨海郡以貪縱失民和爲山盜所劫幽執十旬世祖遣劉澄討平之見陳書侯持傳

唐

武德四年辛巳　李子通亂台州陷

六年癸未　輔公祏亂

長壽二年癸巳

盜

紀年	事	異
天寶元年壬午		李生葫蘆赤城志舊傳天寶中此州李木生一枚呼為葫蘆俄而祿山叛乃先兆也案府志言樂安李生葫蘆則非在邑境矣
寶應元年壬寅	袁晁亂僭年號寶勝改升國明年誅	
元和十二年		水害稼
開成四年己未		饑
五年庚申		疫
會昌五年乙丑		旱
咸通元年	裘甫亂八月伏誅	
中和元年辛丑	杜雄反據台州見通鑑	

宋

天聖元年癸亥

漁人得異鰕長三尺餘前二鉗寸許有紅鬚尺餘首如數升器若繪畫雙目十二足文如虎豹五色皆具中使吳仲華繪象上聞詔賜名神鰕晏元獻公孫有賦

慶曆五年癸未

夏六月海溢人多溺死

政和八年戊戌

九月萬歲鄉陳丑妻一產四男詔改萬歲鄉爲繁昌鄉

宣和二年庚子

睦州方臘作亂仙居呂師囊應之掠州城燬學宮

三年辛丑

寇金七佛陷黃巖侵掠近境見鐵反齊賓

氏二女傳

紹興十六年丙寅　三龍鬭於斷江水中

隆興初　甘露降於藥山孝子蜀彥通母墓松上陳守巖有以詩紀之見詩外編

二年甲申　大水

乾道二年丙戌　歉

五年己丑　台州大風水漂民廬壞田稼人畜溺死者甚衆黃巖尤甚見宋史府志

八年壬辰　斷江岸南田中有聲如釜鳴者半月

九年癸巳　旱無麥禾

淳熙元年甲午　竹花實似麥

三年丙申

八月辛巳大風雨壬午大水決江岸壞民廬溺死者甚眾見宋史

七年庚子

大饑

九年壬寅

永甯江澄是年丞相杜清獻公範生案舊志在元年今考清獻生於九年故移於此或元年江澄而清獻以九年生也

十三年丙午

正月雪深丈餘民多凍死見宋史

十五年戊申

水敗田稼見宋史

慶元元年乙卯

六月壬申台州及屬縣大風雨山潮海濤並作漂沒田廬無算死者蔽川漂沈旬日至於七月甲寅黃巖縣水尤甚常平使者

莫遵以綏於振恤坐免見宋史

二年丙辰 六月辛未大水有山自徙五十餘里其聲如雷草木冢墓皆不動而故址潰爲淵潭見宋史五行志

三年丁巳 六月辛未有大石自隕雷雨甚至山水潰湧見宋史

嘉定元年戊辰 闍婆國番船寇松門巡司失印記復降給見松門遺事

二年己巳 七月壬辰大風雨駕海潮壞屋殺人見宋史

八年乙亥 春旱首種不入至八月始雨大饑

九年丙子　瑞芝生於儒學直舍

紹定二年己丑　九月大水

嘉熙四年庚子　荐饑

淳祐元年辛丑　春斗米八百民采蕨葛木皮食之竹華於山如稻而色紺碧或紫其實肥於麥粒有牛采炊之香美甘潤與稻不殊車君水有竹米記見安內編

寶祐三年乙卯　三月霪雨

德祐二年丙子　十一月元兵至牟大昌拒戰於黃土嶺敗績死之屠其家見府志

元

元貞二年丙申　四月黃巖州饑賑之見元史

大德十一年丁未		大饑民採草根樹皮食	
至大元年戊申		大疫復饑	
至治三年癸亥		三月黃巖州饑賑糶兩月	
至正元年辛巳		閏七月大水	方國珍微時盛暑治田鄉人見有朵雲覆其上
二年壬午		自春不雨至秋八月	
四年甲申		秋海溢上平陸一二三十里	
八年戊子	十一月方國珍兵起命參政朵兒只班討之追至福州被執見元史泰不華傳		
十一年辛卯	六月孛羅帖木兒擊方國珍兵敗被執七月遣大司農達識帖木兒降之見續綱目		

十二年[illegible]　三月方國珍復叛入黃巖港泰不華與戰死之八月攻台州見元史順帝紀

十三年癸巳　正月方國珍復降十月授治中不受

十四年甲午　九月方國珍執黃巖州達魯花赤宋伯顏不花知州趙宜浩俟命遂據台州見順帝紀　大饑見元史五行志

十五年　春方國珍陷慶元七月襲溫州克之

十六年　三月國珍復降以爲海道萬戶見順帝紀

十八年戊戌　五月以國珍爲江浙左丞進太尉衞國公

十九年己亥　三月方國珍以溫台慶元獻於明見明史

二十年庚子　二月蔣英自台州奔福建方國璋擊之後爲所敗國璋中流矢歿見明史方國珍傳

二十七年丁未九月朱亮祖克台州方國瑛走黃巖十月哈兒魯以城降十一月湯和克慶元十二月丁未方國珍降浙東平明史太祖紀

方國珍始末

國珍洋嶼人行三長身黑面體白如瓠力逐奔馬與兄國馨國璋弟國瑛國珉皆以販鹽浮海爲業國珍與蔡亂頭以爭牢盆相讐州不與直已而李大翁嘯聚海上亂頭繼之剽掠漕運再殺使者勢甚鴟張行省懸格令捕國珍故蔡讐也又慕賞格嘯衆欲擒蔡蔡懼自投於官總管焦鼎納蔡賂薄其罪國珍恚曰蔡爲寇我不能耶適以逋租遣巡檢某往捕國珍方食左執食桌爲障右持巨槓爲梃格殺巡檢遂與其兄弟聚兵入海掠截漕運時至正八年戊子十一月也元命參政朵兒只班討之追至福州國珍焚舟將遁元兵自相驚潰只班被執爲上招降之狀授國珍海道千戶不受十年十一月率水軍千艘泊松門港借糧居民罔敢不與十二月攻溫州及沿海諸縣遣孛羅帖木兒擊之十一年六月兵至大閭洋國珍率勁卒縱火鼓譟元兵不戰自潰赴水死者過半孛羅及郝萬戶皆被執二人乃爲飾辭上聞以求招安郝故出高麗

后位下請託得行遂議立巡防千戶所設長貳參授其二兄弟及黨與數十餘人官復遣大司農達識帖木爾至黃巖招降國珍兄弟皆登岸羅拜退止民間紹興總管泰不華欲命壯士襲殺之達識帖木爾曰我受命招降公欲擅命耶事乃止是時有百戶尹三珠者守黃巖率百餘人出與國珍戰死焉明年泰不華諭爲台州路達魯花赤時元兵方征徐州募舟師守大江國珍懷疑復入海不華遣義士方大用往諭國珍留之遣其姪黨陳仲達往來議降不華具舟張受降旗下澄江風雨潮不利與國珍遇於黃林港呼仲達伸前議仲達目動氣索不華覺其心異手斬之即前搏國珍船其黨麇至欲抱持入其船不華瞋目叱之國珍之黨攢槊刺不華中項死六月國珍坐定光觀遣悍兵入黃巖悉燬官亭民括八月攻台州國瑛以舟師誘總管趙琬至黃巖舍於白龍奧琬不食死十三年遣左丞帖木兒南臺侍御史左答納失里招諭之二人報國珍已降遂降金符宣授拜其昆弟及其黨與官有差伐石立宣德碑國珍不受命時邑人潘省元伯修挺身說降答納失里奏其功國珍之黨使盜待諸塗而殺之遂據有台溫慶元三路開府慶元日與兄國璋姪明善等焚掠沿海州縣朝廷莫可如何奏以國珍爲慶元定海尉尋爲海道萬戶明年爲省都鎮撫陞行樞密院判官自後汝穎兵起海內鼎

湖界遷國珍浙江行中書省參知政事會有詔討張士誠國珍遂出師士誠知國珍且至遣將史文炳呂貞統十將軍兵七萬禦於崑山崑山去士誠姑蘇僞都七十里文炳貞陳兵崑山仍以步騎夾岸爲障士誠命游兵往來旌旗數十里不絕氣勢甚盛國珍曰濱海之地非四達之衢乃復參用步騎兵雖盛不足畏也國珍舟師僅五萬身率壯士數百趨奔子橋文炳貞使十將軍薄戰矢石如雨國珍戒其衆持葦蓆塗泥冒矢石急奮夾擊之十將軍以火箭亂射國珍燎及鬚髮橫刀大呼而入殺兩將軍及十餘人軍大潰國珍與壯士追擊邀其中堅橋左右步騎訖不得成列文炳貞棄馬走亡七將軍溺死者萬計國珍乃次兵於岸明日又戰七戰七捷直至城下士誠得報遣使納款請奉元正朔國珍乃還遂以節鉞鎮浙東開治於鄞元以國珍爲勳戚加爵賞俄至太尉左丞相國珍之初作亂也元出空名宣勑數十道募人擊賊海濱壯士多應募立功所司邀重賄不輒與有一家數死事卒不得官者而國珍之徒一再招諭皆至大官由是民慕爲盜從國珍者益衆元既失江淮資國珍舟以通海運重以官爵羈縻之而無以難也有張子善者好縱横術說國珍以師泝江窺江東北畧青徐遼海國珍曰吾始願不及此謝之去十八年明師取婺州遣主簿蔡元剛招國珍國珍謀於其下曰江左

號令嚴明恐不能與抗況爲我敵者西有吳南有閩莫若姑示順從藉爲聲援以觀變衆以爲然十九年三月遣郎中張仁本奉書進黄金五十觔白銀百觔文綺三百匹明祖復遣鎮撫曾養浩報之國珍請以温台慶元三郡獻且遣次子關爲質明祖曰古者慮人不從則爲盟誓交質今既誠信來歸便當推誠相與何事懷疑而以質子爲哉厚賜關而遣之復使博士夏煜賚銀印往拜國珍福建行省平章事國珉參知政事國瑛樞密分院僉事是年元亦授國珍行省平章事已又改爲淮南左丞國瑛國珉並爲平章事國珍名獻三郡實陰持兩端煜既至詐稱疾自言老不任職惟受平章印誥而已明祖察其情諭以書曰吾始以汝豪傑識時務故命汝專制一方汝顧中懷叵測欲覘我虛實則遣侍子欲郤我官爵則稱老病夫智者轉敗爲功賢者因禍成福汝審圖之是時國珍歲治海舟爲元漕張士誠粟十餘萬石於京師元進國珍衢國公分省慶元國珍受之如故特以甘言謝明祖無內附意及得所諭書竟不省明祖復諭以書曰福基於至誠禍生於反覆隗囂公孫述故轍可監大軍一出不可虛辭解也國珍詐窮復陽爲惶懼謝罪以金寶飾馬獻明祖復郤之已而苗帥蔣瑛等叛殺胡大海持首奔國珍國珍不受自台州奔福建國璋守台邀擊之爲所敗被殺明遣使弔祭踰年温人周宗

道以平陽來降明善以兵爭參軍胡深擊敗之遂下瑞安進兵溫州國珍恐請歲輸白銀三萬兩給軍俟杭州下郎納土來歸明祖詔深班師吳元年克杭州國珍據境自如遣間諜假貢獻名覘勝負又數通好於擴郭帖木兒及陳友定圖爲犄角明祖怒移書數其十二罪復責軍糧二十萬石國珍集衆議郎中張仁本左丞劉庸等皆言不可從有邱楠者獨爭曰彼所言均非公福也惟智可以集事惟信可以守國惟直可以用兵公經營浙東十餘年矣遷延猶豫計不早定不可謂智既許之降抑又倍焉不可謂信彼之徵師則有辭矣我實負彼不可謂直幸而扶服請命庶幾可視錢俶乎不聽惟日夜運珍寶治舟楫爲航海計二十七年明祖破平江命參政朱亮祖攻台州國瑛迎戰敗走進克溫州平南將軍湯和以大軍長驅抵慶元國珍率所部遁入海追敗之盤嶼其部將相次降和數令人示以順逆國珍乃遣子關奉表乞降曰臣聞天無所不覆地無所不載王者體天法地於人無所不容臣荷主上覆載之德舊矣不敢自絕於天地故陳愚衷臣本庸材遭時多故起身海島非有父兄相藉之力又非有帝制自爲之心方主上霆擊電掣至於婺州臣愚即遣子入侍固已知主上有今日矣將以依日月之末光望雨露之餘潤而主上推誠布公俾守鄉郡如故吳越事臣遵奉條約不敢妄

生節日子姓不戒滑攜釁端擐勞問罪之師私心戰兢用是俾守者出迎然而未免浮海何也孝子之於親小杖則受大杖則走臣之情事適與此類郎欲面縛待罪闕廷復恐嬰斧鉞之誅使天下後世不知臣得罪之深將謂主上不能容臣豈不累天地大德哉蓋幕下士僭鼎辭也明祖覽而憐之賜書曰汝違吾諭不即斂手歸命次且海外負恩實多今者窮蹙無聊情詞哀懇吾當以汝此誠爲誠不以前過爲過汝勿自疑率衆來歸悉從原宥國珍乃謁和於軍門和送國珍等至建康入朝明祖而讓之曰若來得毋晚乎國珍頓首謝授廣西行省左丞食祿不之官數年後疾革遺內史問所欲言國珍日臣荷厚恩無以爲報唯子孫庸魯不省人事願上曲加保全言畢而逝明祖憐憫之爲文賜祭葬官其子禮廣洋衛指揮僉事歸虎賁衛千戶所鎮撫先是國珍病時屬諸子無歸海濱可求京城外之地葬之遂葬於城東二十里王山之原命翰林學士承旨宋濂爲神道碑銘濂謂隋大業末海內紛紜汪華聚衆保民據有歙宣杭睦婺饒六州之境雖屢受隋爵及唐高祖有天下遂封府庫籍民數以歸職方擢爲歙州刺史沒於長安其事與國珍似無大相遠者而我國家天寵所被視唐則有加焉舊志云元綱已墜方氏首逞脅力卒能保全三郡歸命眞人不罹血刃其勛庸不可泯云今校方氏

海上亂民也跡其抗師拒命焚毁官亭民舍維時邑民受其荼毒者何異綠林黃巾之慘而顧推其後此歸命之功可謂不揣其本而齊其末矣汪革聚眾保民未嘗毁一無辜焚一城郭也然猶謂之據有六州方氏而不謂之寇盜何哉以亂竊據能以著全歸此其所以獲保首領歟而比之汪氏保障功勳抑亦過矣

明

洪武三年庚戌 十一月詔靖海侯吳貞籍方國珍所部三府軍士及船戶凡十一萬餘人隸各衛為軍時方氏餘黨多入海剽掠故也見台州外書

十六年癸亥 倭寇金鄉衛遂及台之松門浙江僉事石魯坐誅見台州外書洪武實錄

建文四年壬午 六月有飛蝗自北來禾稼竹木皆盡

年			
永樂二年 甲申	黄巖賊龐蓄民伏誅 見成祖實錄	颶風壞官庫案牘皆失	
七年 己丑			
十四年 丙申		七月大水	
十五年 丁酉	倭寇松門金鄉 見外書		
洪熙元年 乙巳		六月大雨永高平地五六尺傷禾稼六百二十頃 見府志	
宣德元年 丙午		四月免黄巖縣糧稅	
二年 丁未			永甯江澄是年孝丁趙廷九鼎會試第一
四年 己酉	五月倭船四十艘連破台州桃渚先是洪熙時黄巖民周來保困於役叛入海至是導倭入犯 見台州外書		

七年	壬戌	旱饑	邑新廟前古樹忽雨穀民賴以播種
九年	甲子	旱	
正統五年	庚申	旱	
成化四年	戊子	大雨海溢	
六年	庚寅	大水饑	
十一年	乙未	蝗	
十二年	丙申	大水	
二十二年	丙午	大旱饑	
宏治元年	戊申	四月大風雨發屋[illegible]石海溢	
十一年	戊午	大旱	
十三年	庚申	饑民掘草根食	

年	干支	事
十六年	癸亥	九月十八日海溢波濤滿市幾五尺許越日不退
十八年	乙丑	九月十三日夜半地震有聲
正德元年	丙寅	八月初六日大風雨壞民居
三年	戊辰	夏旱螟大饑民殍
十三年	戊寅	大水
十六年	辛巳	大疫
嘉靖五年	丙戌	大旱饑草俱盡死者相枕
十三年	甲午	春大疫
二十年	辛丑	七月十六日颶風壞屋發石拔木大雨如注洪湖暴漲平地水數丈死者無算

二十四年乙巳 大無麥甚饑斗米錢三百民多殍 縣西苦竹村有竹數畝皆生米纍纍覆地人不知其可食也有豬日往啖之不飼而肥居民始覺而採掇焉蒸以爲食無異麥粒遠近聞者爭取之人得數斗一方賴以不饑

二十五年丙午 大疫

二十六年丁未 訛傳采童女民間一時嫁娶殆盡

三十年辛亥 楠木結實如棃

三十一年壬子 四月倭寇入海門關知縣高材禦戰不勝邑民楊志等被殺五月十七日犯縣治泊舟澄江據城七日燬官民廨舍殆盡殺擄

甚眾府遣知事武煒赴救至釣魚嶺伏發死之案台州外書五月二十八日福清賊首鄧文俊等率倭夷二千直入黃巖焚縣治居七日而出時縣無城賊乘潮猝至故陷至十一月參將湯克寬追逐之於馬下洋文俊始就擒

三十二年癸丑

五月大風雨連日不止壞民田稼

三十三年甲寅

倭自金門洋突入松門衛邑民於三拐抱等戰死舊志倭寇掠縣境　十月賊自寧海登岸流劫越盤石嶺趨黃巖見台州外書

三十四年乙卯 九月倭賊由海門登岸劫黃巖十一月由沙埠登岸流劫經黃巖仙居

三十五年丙辰 二月倭自臨海入邑西官軍與戰於茅畬鐵騎廟西敗績死者甚衆

三十六年丁巳 七月大風雨浹旬拔木發石壞民田廬大傷禾稼

三十七年戊午 夏四月倭寇屯𥓦浦焚掠沙巷長浦及路橋

四十五年丙寅 秋大疫

倭寇始末

舊志云日本在東海中古倭奴國也都筑紫後遷太和州惡其舊名改號日本以其近日所出也東海之地爲國無慮百數又有夷亶二州相傳爲秦時方士徐福所止俱服屬倭奴度皆與會稽臨海

相對漢光武初始通中國其人頗識儒書尤信佛法初
弱而易制慕容廆嘗掠其男女數千捕魚以給軍食其
後種類繁殖漸習用兵唐攻百濟百濟借其兵戰於白
江口咸亨開元間遣使貢方物請從諸儒受經悉賜物
貨書以歸宋雍熙元年遣僧奝然獻銅器并日本職貢
年代紀越明年附台甯商船以歸中國稱其譯日寄其
貴人大抵皆僧也元世祖嘗招之不至迨後許其互市
舶海至四明艨艟數十戈矛劍戟靡不畢具出其重貨
貿易即不滿所欲燔燒城郭抄掠居民往往為邊海患
蓋其人雖粗知文學然性多很詐狠貪好鬬嗜殺其來
朝貢非有慕義之誠專求貿易利賞賚耳大都因海賈
招引而致明祖灼知其故兩卻其貢而特著於祖訓曰
日本雖朝貢暗通奸臣謀為不軌故痛絕之洪武永樂
間累寇台温芬峴楚門楊浦數被其害故沿海築城置
將皆以備倭為名宏治以後海濱無驚軍民綏帶咽哺
上下恬然不以東夷為意海防漸弛而奸商鉅賈闌出
不禁嘉靖二年兩道爭貢互相詆毀西海道使者宗導
謙設讐殺南海道使者宋素卿輩寧紹境內頗為騷動
嗣後瀕海多故然猶出沒於邊渚耳逮壬子遂深入我
縣治而漸直闖廣相繼擾擾先時猶以閩為候期後登
汛颿來歲無寧日乃廟廷議建閫募兵增城治[illegible]
屢衄而倭奴創艾矣然縣邑襟連溟澥為倭帆必經之

徑而鼠馳電掃倏往忽來不可以少安忽蜂蠆之慮也豫防之策大要有三曰嚴關出之禁練舟守之師謹哨報之法而又汰冗兵以紓民任良閒以專寄未雨綢繆思過半矣（案明史倭奴唐咸亨中改日本宗導謙設明史作宗設）覺殺使者瑞佐焚其舟宋素卿走免明臨海王士性（廣志繹）云倭寇浙始丁未止辛酉前此皆倉猝無備至王子王公忬始練兵選將得俞大猷湯克寬盧鏜等浙人始知兵甲寅忬去又復蹂躪丙辰胡公宗憲雄才闊畧始敗之譚公綸與戚繼光劉顯繼至浙人始力能勝倭志在殺賊至今稱南兵者皆其遺也故論浙中倭功當首祀胡譚及俞湯盧戚劉而戚功在閩方畧又出諸公上矣

隆慶二年戊辰		秋七月二十九日大水平地丈餘（案府志）七月颶風大作海溢
三年己巳		秋大水出廬多壞民艱食免黃縣存留錢糧
萬歷五年丁丑		春瘟疫夭札三月旱秋禾無實洊水壞民

田廬

六年戊寅

秋七月十八日大雨縣東北小艾川山崩壓死數人

四十八年庚申

六月廿一日海門衛兵譁焚把總署以缺餉故也至七月二十日始定

崇禎十年丁丑

永甯澄三日一日全濟二日江北濟三日江南濟是年參政柯玉峴夏卿傳臚二甲第一　三月瑞相寺山茶結四桃大如梨裹盧而表素腐間青黃先是里人牟玉遇道人年四十餘布衣自市偕至寺中云余予爾果可獻邑令嘗畢出門去蹤四月晟

起往視則山茶垂四朶矣摘之以與吳給諫執御給諫以獻王令達甫有姑射人如雪安期棗似瓜之句見吳執御詩集

十三年庚辰

颶風拔木覆廬

宏光元年乙酉五月海門衛兵譁劫黃巖失餉故也六月八日魯王以監國於台州尋赴紹興

國朝

順治三年丙戌六月三日魯王自紹興敗回竄於海七日方國安兵過署城八日大兵至台民始定

大饑民死載道見康熙志

六年己丑白頭山寇數萬營於泥嶺巖諸生陳君鑑聽之宵兵剩捕君鑑自縊寨遂天台有俞抒

素金湯仙居有董克愼等皆頑民不服薙頭者所謂白頭山寇也

八年辛卯

火擄（省志）補

十三年丙申　海寇黃廷橑自甯溪登陸入仙居

山羊入城

十四年丁酉　八月十二日海寇鄭成功破城守將王戎降知縣劉登龍死之

十五年戊戌　冬海寇復入海門關總兵張杰擊卻之

十六年己亥　四月海寇掠沿江

十八年辛丑　大旱

海寇始末

舊志云順治二年明魯王朱以海僭稱監國於台州擁兵赴紹依方國安於蕭山明年六月國安兵敗以海奔回台州張國維王之臣等從之走海門張鳴俊以船迎之而去國安兵亦潰而東沿途焚

劫至黄巖屠戮甚慘大兵追擊敗之乃降張鳴俊等擁衆竊據舟山沿海郡縣每苦侵掠十二年台協馬信私通鳴俊於除夕使降賊黑李三駕戰艦以獻之引寇入閏十二年正月十二日曉執道府縣各官掠府城男婦二千五百人下海二月襲甯海六月海賊黄廷棟自黄巖甯溪入掠仙居十四年八月十二日由三江口繫至黄巖防守不及邑令劉登龍死之守將王戎以城降與賊肆掠居民焉信復誘之昭郡肆劫下海嗣是連年寇掠未幾北去寇鎮江十八年尚書蘇納海至台以海賊累犯由附海居民接濟所致撤邊海三十里居民入內而空其地康熙二十三年以後海寇始平

康熙七年戊申	地震大水
九年庚戌	大火城居存不及半十二月大雨雪
十三年甲寅	八月三日耿逆左軍曾養性犯縣城參將武灝叛應之城陷
十四年乙卯	八月七日賊遁

耿寇始末（舊志）康熙十三年二月十五日耿精忠反於閩黃巖總兵阿爾泰接桐山營塘報行知台協副將秦宏猷兼請兵會城六月溫州降賊陷處州進犯金華陷仙居副總統阿頭圖將兵至台七月分兵守黃巖城守參將武顯慶勸總兵阿爾泰降賊爾泰不從瀕遂私與賊通耿精忠原有兩協總兵汪元勳曾養性既反遣元勳向衢金養性向溫合養性至溫而祖宏勳附逆勢益張其部下李長春者以勇敢為前驅水師偽將軍則朱飛熊也八月三日賊兵至黃巖阿爾泰與分守官兵拒戰於城外不利入城固守初七夜武顯慶響砲應賊與官兵巷戰領隊官薩克蘇中箭死門啓賊入我兵俱戰沒殺賊亦數十人李長春與焉詰旦召阿爾泰待以客禮還其兵復姓劉養性遂擁衆據城初時殺戮甚慘駐兵羽山遣偽官徵比錢糧朱飛熊將舟師至白石據汪氏宅為府第十月十日水陸並進大兵移古吳三都統與提督段應舉塞白里等亦先後大集賊犯府城我兵隔江與賊戰守十一月甯海將軍固山貝子統兵至十四年二月復仙居三月夜渡江攻賊營不克收兵入城得間諜楊從龍等誅之從龍曾養性私人也投貝子軍前效用初參議楊公應魁緝獲城內與賊通者戮于市尚未及從龍也舊鎮阿爾泰雖為賊將心存反正屢有密語啓貝子請為內應從龍以告養性執爾泰

郡閩縱殺之凡貝子舉動賊無不先知參議楊公啓貝子潛發奮實傑之機甯波水師常進功會剿賊朱飛熊貝勇自海門先出迎戰免冑登船棚指揮爲礮擊死養性既失朱飛熊心膽俱落乃移陣椒江秋七月大將軍和碩康親王分兵由仙居茅坪仄徑南出八月八日賊夜走貝子發兵追殺調祖進朝隨師入黃巖招撫居民焚香迎接始有更生之慶先是貝子以黃巖之從賊也將屠城參議楊公爲民泣請曰城爲 武灝等所賣耳邑民何辜賺行求活者累日至是得全 甯海將軍固山貝子功績錄靖南王耿精忠於十三年三月二十四日叛於閩遣僞左軍都督曾養性由福甯州向溫台四月平陽降逼溫郡溫接壤黃巖總兵阿爾泰頓羽達督撫兩臺交移提督塞白理剿援五月二十二日塞白理自甯抵台赴溫進剿六月初九日溫州降賊塞至溫之館頭已踰五日不浚而還十八日經台回甯波二十七日金華山賊陷仙居知縣鄭錄勳復之二十八日杭州駐防都統周雲龍率滿兵至台七月清降賊八月初二日寇逼黃巖屯札南門外羽山初三日阿爾泰率鎮兵城守兵及象山新昌二營援兵出戰南門外大敗初曾養性在溫黃巖城守參將武灝已陰納款陽修濠溝假爲備禦及寇屯羽山薄南門城下旌旗蔽日鎮兵城守兵與象山新昌援兵約五千阿鎮欲決死戰強灝同赴

敵賊勢披猖遂敗折卒一千五百餘人諸將僅以身免時灝圭降爾泰欲撤營奔台爲灝所制黃民洶洶乘爻武官聚議東門祠山廟士民沿街塞道長跪乞命求爲保全計爾泰不許降造蠟書馳報台道提督都統救援周都統遣薩克蘇率滿兵三百至黃爾泰恃爲心膂援守西門堅意死守初七日武顯開東南二門降賊滿兵與賊巷戰俱死僅留二人匿三清橋陳孟玉家得脫薩克蘇自刎賊前軍都督李長春亦被滿兵擊死是晚爾泰左右皆離叛尚宿南門較場捲數騎將歸署灝接之偕降養性待爾泰以携男禮改名劉建中僞授定遠將軍黃巖知縣熊兆鼎不肯仕僞以僞定遠將軍誥宏勳掾吏仇維貞管縣事拔昭從人民流亡市井邱墟所有民居俱賊佔住富者勒其供應貧者苦於力役遭僞苛政酷虐非常僞養性屯羽山設大紅炮彈發火十餘座稱爲大營營中前後護衛甚嚴每日率羣寇在城東郊外二里許卧虎山腳操練陣圖新降士民俱著割辮蓄髮裹以網巾使用銅錢從閩搬運文曰裕民通寶土與一鄉民不肯行用即斬於市僞將軍朱飛熊閩人係水師都督梟獍無比每赤足不履駕大艘蹄絡大船自海門排至黃城北門外浮橋飛熊係聽曾養性節制不時赴養性營盤商酌機宜至則有少年健兒五百人隨之唤曰兒子皆服大紅哆囉呢短甲[illegible]

阮姑娘閩人保慶婦亦率水師咸猛莫倫舉步如飛迺夜恐人行刺獨宿桅斗之上部下之寇皆熬煎樹油磬煉兩足有赤腳者有穿所謂鐵草鞋者怒輒殺人水戰時本婦輒爲先鋒九月二十七日養性率寇從西鄉義城嶺梢溪駐劄郡城靈江之南祖宏勳阿爾泰率寇從北鄉黃土嶺至郡與養性合分三營養性居中宏勳居左爾泰居右養性營後有刀斧手五百人分布左右名日後營十月初十日都統伯穆赫林吉爾塔布提督段應舉塞白理等率兵過浮橋戰於長大洋敗績十四日仙居又陷二十七日都統周雲龍議屠台台道楊應魁力爭而止十一月初四日甯海大將軍固山貝子提師援台十二日發台協官兵交監司楊應魁推問時疑台兵道憲也應魁力白其誣其疑乃釋十二月大雨雪十四年正月大霖雨軍士苦之十七日周都統爲飛礮所擊隕於七里崖下二十三日賊水師都督朱飛熊之弟朱光祖帶兵一百餘人戰船三隻投降貝子納之安置蔡嶺營二十五日發兵進剿仙居二月初一日克之初五日寇營小兩山二十九日水寇進泊小兩山總兵阿爾泰雖則降賊志圖復讐遣一技勇號周千斤者持蠟丸三顆泅水欲入城啓貝子致藍司楊應魁與其臨征子夸藍大被巡江寇兵夜於江面遷獲解寇師僞總兵崔轉解督養性發之知其約於三月初七日決戰養性

當將爾泰挈解耿逆殺死又如其字樣另寫血據書三函別遣親心來投段約以初十日爲期養姓隨將章家溪大營挐寇添入小兩山營內貝子監司素愼行兵動謀萬全但信爾泰無從寇意其子又在麾下故一時莫察先令水師提督常進功舟師進發海門夾攻竟於初十日夜調滿漢兵進攻小兩山轉爲所敗折滿兵三千餘人漢兵亦如之我師大挫是日爲立夏節十七日常進功海戰大捷殺賊將朱飛熊四月初旬貝子移旣白雲山初駐城心葉宦宅賊發向之故移至白雲山下楊圍發復向之應魁言城中必有奸細遂嚴諭各文員察訪獲奸人楊從龍搜出僞劄併土究邛文挺等戮之嗣後軍機密不復泄矣六月初四日貝子令傳滿漢文武各員凡有劄辯入民聽其入城貿易七月十五日遣滿時穆都統等統大兵從仙居至茅坪嶺於二十八日抵黃巖地經涼棚窩溪烏巖尾賊之後賊知大恐八月初七夜拔營往溫州過黃巖經宿即行其半從海門駕船而去初八日貝子盡提台郡滿漢兵馬追至拘嶺駐劄十四日至黃巖又追至樂清溫州台州圍解自寇曾養性暨水軍朱飛熊部衆寇台號稱十萬黃天仙相繼淪陷遇歲荒歉土寇蠭起若有不可終日者今一旦蕩平固我台人之幸實賴

聖天子之福也

康熙十八年己未		秋旱蟲傷	
二十九年庚午		颶風拔木毀廳縣堂壞	
四十五年丙戌		五月旱	
四十七年戊子		七月初七夜颶風驟雨發屋拔木官廨學宮民居田廬多壞奉文蠲賑	
四十八年己丑		六月大水	
五十四年乙未			江澄三日是年文學江道之濟成進士入翰林
六十年辛丑			春雨豆穀豆堅不可食穀粒大倍常或謂竹結實土人呼為竹米磨粉作食療飢頗效

雍正元年癸卯 六月大旱奉文蠲賑

八年庚戌 六月初五日颶風大雨出洋巡舟遭覆溺奉文優䘏

乾隆十六年辛未 旱歲饑奉文賑䘏 冬秋大有

十七年壬申 暴雷震死鄉民四十人有一家女子先後震死者有震死父子及牛者有震死父女者有堂兄弟姊三人同震死者

二十五年庚辰

大有年

三十一年丙戌 七月初六日颶風擧忽發石拔木大雨如注洪潮暴漲平地水丈餘死者無算奉文賑䘏

三十二年	丁亥		大有年
三十五年	庚寅		麥秋大有
五十五年	庚戌	十二月二十四日大雷雨冰木介	
嘉慶元年	丙辰	正月大雨雪如油土人謂之油雪橘樹麥苗多死　七月十八夜大雨海溢平地水高丈餘瀕海居民死者無算	
十四年	己巳		龍見江田有民居屋瓦如飛而上
十六年	辛未	地震	
十八年	癸酉		烏坑民家豕生象
二十年	乙亥	六月二十九日大水六都溺死者百餘人	
道光元年	辛巳	秋大旱	

二年壬午			天雨荳
六年丙戌		七月大風折木拔屋饑疫	
十四年甲午		六月大風民居多壞大木斯拔	
十五年乙未		自五月初旬至七月不雨荐饑	
二十一年辛丑	九月民訛言嘆寇至城中居民紛紛奔避土匪乘機刼奪數日乃定	冬樹介	
二十二年壬寅		六月朔日食既晝晦如夜	
二十五年乙巳		君頭街大火	
二十七年丁未		夏大雨雹	
二十九年己酉			九月初八日澄江水清凡五十日澄澈[illegible]波遊魚畢見後以[illegible]火懸亂

三十年 庚戌

春邑西鎮東海後有蚯蚓巖經中雀行食之觀者甚衆雀不能蛇亦不去至冬乃已

咸豐元年 辛亥

海寇焚掠海門定賓達三鎮退入黃林港邑人奔避吳谷英機禁之乃止

二年 壬子

十一月初六夜地震

三年 癸丑

自正月至三月地震正月十四夜淀湧民者五六月十八日大家樓棟兩血如注霖雨山水暴漲禾稼二月初旬雨鼓四月淹沒水深丈餘踰月附豆方色七月初不退四鄉有蝗等處五午刻有白龍見於山崩民多溺壓死者甚中大如駒長數十丈至中始歇

四年

中衆灣民瞿從漢作亂秋七月初五日大風夏五月有巨魚數十賊城陷邑人惶駭高令雨海溢潮湧時有海自海門入內港色黃棟材率衆登陴以守物狀若水牛兩角如黑如牛無鱗漁家名逐衆賊敗滅亂民鄧得色黑後曲嘴如鶴之曰烏鯉大者重五

毋周迴六邑境爲叙崇隨潮掀舞所到之六百斤往來半月餘
川人所執并其弟逆臨波鎰洶湧澈海屑或去或死土人繩而
縣殺之

賦死者萬計尚令粿食之有中毒而亡者
材率紳士捐發三萬秋七月初五日有白
石設十五廠賑之詳距魚入白石港二
下承羽荒致祀 十十日澄江水溢二十
一月塘水無故覆岩五日耳濤南北岸丈
是歲地震 餘尚混

丁明經虞甲寅海溢記黃巖地形修扁西北多山東南瀕海如正鑑鮑浦沙南沙北等鄉皆塗田新漲遞開遞築漸趨及海有一蕩二蕩三四五六蕩等名北起海門南迄太平袤百餘里東西廣二十餘里居其地者席魚鹽黍稻之利亦塵洪潮泛溢之虞故每一蕩必築塘以捍之浚渠以洩之自嘉慶元年海溢淹死無算迄今幾六十年水安其宅波瀾不生宰廬鱗比牲畜繁茂稱樂土焉咸豐四年甲寅七月初三日颶風陡作越日愈甚初五日午後潮上海溢水如山立倏忽之間陸地或海淹死男婦五六萬計積屍偏野廬舍無存間或附片版得生而貲業蕩洗雖有司捐賑紳富樂輸而大創之後非十年生聚不能復也歲戊午虞採訪至其處見聞頗悉乃述其被災前後[illegible]月實者爲未雨綢繆之一助云 聞父老言洪潮之災約六十

年一大劫二十年一小劫自嘉慶丙辰災後迄今甲寅相距五十八年又自嘉慶丙辰上溯乾隆丙戌之災正三十年又上溯康熙戊子相距五十八年豈上天降割成例不易耶抑潮水有信災故不爽也濱海者綢繆陰雨修築塘隄固思患預防之道也 潮之消長隨月之盈虛故洪潮之災多在秋月之生明與生魄後數日如嘉慶丙辰爲七月十八日咸豐甲寅則七月初五日海溢之變前一年必有大風水示其兆如癸丑閏六月望後疾風暴雨平地水高丈餘西北鄉山居之民多票沒者次年七月遂有洪潮之厄識之父老曰先淡水後鹹潮與前乙卯丙辰事同 攷郡志災變門康熙戊子二月初十日白巨魚至中津 倫占者謂有水災是年七月初七日海溢今甲寅當前三四月間烏巨魚至澄江十百爲羣大者如牛逆潮掀舞月餘乃去識者憂之至秋果驗海水之大不可測量然潮汐往來亦分畛域此次海溢前一日潮上不復退人頗怪之不期異日之成浩劫也災後有自郡來者謂初四五等日國江潮枯不至蓋邑彼注茲孰主宰是 或云洪潮將至有怪物二似龍非龍似牛非牛掀舞潮前波濤擁後首觸塘隄登時傾壞潮遂湧入其蛟蜃之儔耶抑海若之使耶

未災之前彌月不雨溝渠皆涸洪潮一至勢若排山奔竈越瀹滿瀹越溝滿溝倏忽之間衢上數十里平地

水高數丈瓦屋盡傾無論茅舍其餘若石匣石臼等物衝激皆飛誰謂水懦猛於烈火矣　洪潮乍至之初居瓦屋者自謂可恃居茅舍者疾走而逃孰知潮來甚速淹死道上者比比彼瓦屋潰衝傾倒絕無倖免間有得生即係茅舍之民緣棵穴孔跨伏頂脊水滿屋浮隨所之而止固萬死中得一生然必新結茅屋綰索堅牢偶留殘喘否則潰逐棟解仍葬魚腹耳　此次四五六蕩等獨受禍最酷自三蕩以上去海寖遠水勢略殺故得廬舍具存人民無恙但禾黍被淹財力耗竭更生甫慶粒食維艱不斃於水而斃於饑矣　旣退之後積屍載塗不可以步蘆汀荻浦之間纍纍相枕藉時樂善紳士分道瘞埋旬餘不能盡彼處遺民曰先時潮退潰捲曳入海中者尙多嗚呼慘矣　水退地上淤泥盈尺一望平野黃沙漫漫無乍燕青草日薄虞淵輒聞鬼哭暮夜青燐熒熒如織往時煙火騰茂之鄉一旦變爲荒墟之象傷心滲目不堪甡睨　洪潮旣退衣服器用什物散布盈野貪忍者因以爲利或棹小舟編竹筏潮流撈取滿載而歸名曰捉水熟　災後未幾遠發大疫即所謂吊腳疫者朝發夕亡不可救藥甚有闔門遷染後先駢死人焉屍穢感觸抑由中巠所致然染疫而死者半屬捉水熟之人此輩幸災樂禍全無心肝殞其魄而速其斃正爲貪忍者戒　潮水苦鹹淹沒之後不宜黍稻固

須養淡數年後急(?)方(?)能待或乘潮退即便耕犁得麥時泥土蒸潤苗苗茁(?)附次年應候成實收穫倍常惟布種稍後泥土乾燥雖著力鋤細下種終不能萌芽生葉尚倚之分何啻霄壤　次年春及或不信養淡之說趁耕藝禾施種撒秧日夕青葱可悅分插之後日漸枯槁雖得甘霖終不能挽後改種稗子多獲倍收卒賴其力以濟或種高粱亦熟　舊傳養淡定須三年此次甲寅被災次年乙卯禾稼不成丙辰歲人更覓種試之早禾大獲而晚禾稍遜蓋不必坐待三年也

六年丙辰	三月自白楓至沿海諸村雨雹大如卵傷麥禾
七年丁巳	是歲地數震凡十餘次甯溪民家產一牛兩目四頭墮死
八年戊午	三月有獸如熊頭如烏(?)幾(?)民家有牝雞化狗時人[illegible][illegible]鬪[illegible]傷為雄害人畜　夏蝗害稼
九年己未	夏六月寒如初冬有衣裘者

十年庚申　三月十二日雨雪　閏三月十七日隕霜

十一年辛酉　六月十二日官兵剿奇田土寇大敗死者七十餘人　八月土寇焚涼棚嶺城中大震　二十日官兵敗賊賊夜遁焚其巢　十一月初六日粵賊陷城　十一日鄉兵奪走之　十七日粵賊大至城復陷殺掠焚燒甚慘

同治元年壬戌　四月初十日粵賊夜遁

粵賊始末　邑生員林錦陷賊記云賊首洪秀全踞金陵僭稱太平天國尊天主教稱天曰天父耶穌曰天兄每月大建三十一日小建三十日無閏月自稱偽朝曰天朝亦曰長毛稱官軍曰妖偽爵封王者有一千歲至五千歲之別王以下有天義天安天福天燕天豫天侯丞相指揮檢點將軍傳宣諸名目謂之朝官卻

行曰總制知縣曰監軍監軍以下有軍帥師帥旅帥卒
長司馬等謂之鄉官其印用木長一尺橫六寸官小一
級減三分字用篆書國字从王不从或順字左邊不佚一
道舉常服不戴帽用紬巾裹頭以黃為貴次紅綠等
大約以焚殺姦淫為事來寇曰殺妖擄掠曰打先鋒擄
百姓入賊巢曰享天福將上行走遲則殺之名曰放回
家居孝廉顧樹杞紀聞云越匪何文慶結黨曰十遺遂
會邑之奸民從者頗衆及粵賊入越文慶降辛酉十月
廿三日遣子松泉犯大台陷之而偽侍王李世賢已於
廿七日由金華度蒼嶺寇仙居十一月一日陷台郡矣
文慶有勇目邱善潮邑之上洋邱人聞郡陷以為文慶
也脅紳士捐三百金納款抵郡而知為侍王遂偽首受
殿前丞相胄初六日偽瑞天福李建時偽王宗李和中
前令門丁朱子珊及善潮等率賊數百人黃巖官并盡
逃兵不血刃鄉民紛紛納貢初八日松泉率賊抵黃建
時以其薪附也拒諸橋北松泉衛之初九日善潮吳動
臣等分兵入太平及晚黑旗兵入城至學前巷擄監生
潘祥麟搜其袖有四書一卷賊曰先生也盍為我繙文
卷祥麟罵曰吾大清秀才豈為賊作幕乎賊勸之不
受復大罵乃殺之自是焚肆淫掠初十日賊至陶家洋
索前勇目陶寶登馬尋閻姬室寶登怒逐之有邵炳照
者為刑書綱局務密約武舉潘兆熊發書二十六函會

各局十一日黎明賓登首攻東門被創猶力戰西山徐濬率其下金維福管芝田從南門先入土嶺螺與家子搨浦各局勇從之賊西竄至焦坑彭映申盧錫疇等殺之時候補道蕭鏡蓉為總董各勇搶掠滿載而歸鏡蓉不能禁也十三日邑令李汝紹入城總兵張清標暨潘家奐開令歸亦入十四日知府蘇振麟侍衛胡鳳鳴台協副將奎成皆入城或謂鏡蓉曰君獨攬大權兵將用命顧按兵不進奈何鏡蓉曰天雨滑泥經費無著且北有長江西有團勇賊何懼哉惟東南一帶不發義兵殊難譯耳於是索發捐餉派土嶺一千五百貫新橋管二千貫酒食蔬菓任意搜索而進剿之謀未決鄉團解體維福等被擄出城十六日世賢由邵抵西鄉錫溥率團勇三下餘守義城嶺戰不利賊乘勝入晚竄苦竹連營焦坑鳳洋火光燭天男女老幼死者五百餘城丙惶道鏡蓉下令曰西鄉之火由潘彭報復之師非長毛也眾稍定黎明大隊入西門白娃逃亡死者無箕西橋之上血路成渠鏡蓉率兵與黃秀德周大統先遁胡侍衛率勇二百餘巷戰不利至方山下陣亡龔知府奎協鎮撫標中軍林台三慶生姜丹書等皆前後遇害惟生員王篤慶則從容赴蘇最慘者莫如邵嬌照兵房官廨火焚速宵遍地焦土十八日賊內出將攻路橋忽馬蹄前近遂東回燒眾僑山下周山下郎犯西山維福率勇與賊

力殺數十人而退十九日燒家子橋滿堀蘇氏祖塋同日賊子小千歲與松泉由貴士嶺犯高與車口時衛蔣家山建山諸村牟村民戴性道以拳勇號七老本招團接戰殺小下歲交日賊大隊復讐沿燒數里性道徒北鄉老切于封耶山力拒乃退廿一日賊分兵南至店頭旌烈女沈氏以男裝易勤馳馬上不斂武投水死半洋覽橋大樹下前頭胡江田七里新界與岸前後燒四五十村擄無算廿三日寇茅畬過吳世霖女醫之不屈剖其腹而去初善潮夏寶慶分兵過太平以徐大度爲先鋒及黃巖克復寶慶大度等亢遁追剿於蕭村殺獲無數善潮竄水漈村人截殺之有長毛六七人竄路橋被獲賊員鄭正選武生陳殿揚容留薙髮及侍王至六七賊慨然曰活命無以報顧君能力白使路橋無患衆悅十九日殿揚率衆逆賊至石湫橋賊辭之擒三人訊間出僞示招安復檄召正選授總制授殿揚監軍東南一帶持以無害有王鳴官者王橋人以備工充文慶鄉勇閔世賢至遂降封報國將軍乃妄殺示威遇薙髮者輒梟首尋加果毅將帥生員王鎮者以同族諂事鳴官貢賊所入分潤焉既而寶慶降封效天侯約大度維藩同降寶登詐降逃歸賊監送寶慶維福至郡殺之十二月世賢回金華以松泉留守封信天義撫百姓給門牌分三等費浮掠者殺無赦時耿天義潘飛熊由甯海焚

掠烏巖甯溪村民拒敗之退屯路橋同治元年正月松泉襲殺之於是買馬招兵籠絡豪霸武舉某等多爲之用十三日松泉會鏡蓉于柵浦十五日松泉函請戴性道進城款留之性道曰我匹夫何能爲使北鄉安堵我無憾焉不然我不忍去也松泉義送之廿六日賊遣主將裨天義李尚揚率兵五萬由金華至黃悉索貢賦鄉官疲於奔命二月一日尚揚令級天安楊賊撫天安李賊率隊竄樂清以居敖三反覆火其居敖三兵拒之遂燒下溪下俞諸村午後大雪自沈家村至螺嶼連營十餘里滛掠無算由佛嶺進樂清丁壯老幼被擄者二百餘人十三日尚揚強勒門牌費鄉官蔡姓遍地苛求徵太平當鋪三萬金不足被笞責以五百金贖歸越三日尚揚與松泉竄樂清以駭天義鄧積仕代先是賊以徐敬清爲將軍周大統爲軍帥六里貢賦並附黃巖及李尚揚辱敬清敬清恥之遣人說郡賊錦天義李鴻釗曰六里臨海地誠以分疆檄黃巖賊君有也鴻釗悅率賊下海門逐卡賊封敬清拊天侯寄轄重於敬清家尋分卡章安大汾原生李承謙善上也頗懐慨秀德嘗謂之請出資會剿承謙不應及章安設卡乃大會鄉族誓社抽丁自六十以下十五以上皆出戰三月十五日大破賊於章安會秀德自大陳山歸復約劉承謙允餉二千令函示鏡蓉大統等尚誠執不可秀德乃召管鑑滂居

敵三爲先鋒夏四月初二日大汾李氏杜氏盧氏蔡氏
率殺兵二千餘人渡江以秀德爲統領繼湧敵二徐顯
陳兵西山嶺時賊屯三山灘勇目周賢楚日黃巾躍馬
者非賊首王宗乎僉曰然賢楚持刀率銳卒五六人衝
陣賊圍之賢楚幾殆管屠至賊潰賢楚中鎗追王宗棄
馬渡河解衣囊擲地賢楚不顧復追之再渡河王宗忽
失足踣地賢楚力殺之自暈於地踰時從勇至賢楚呼
救衆扶之以黃衣拭其面而歸初八日鏡蓉遣弟鏡瀾
率銳卒七百屯山下郎攻北門賊傑體出戰蘇兵大戰
鏡瀾墜馬後奬繼湧援之得不死水軍秀德率愛姬觀
戰俄大風吹舩船擁岸賊趕殺水軍皆遁秀德渡江走
姬被殺鄉團紛散賊大震會吳琮何㠊等復仙居郡賊
聞報由桐巖竄甯海初十日黃賊夜竄樂清翼午太平
賊亦逃而台屬無賊蹤矣十一日秀德大統寶登繼湧
敵三黃茂和率家子沙埠諸匪入黃城掠粟米器械焚
徐朝慶林台三葉長青宅北岸鄉兵曰始吾以若能擊
賊今去賊不遠矣率衆去十二日秀德等率兵二千至
路橋勸萬金十三日掠首飾綁鄭正選阻之大鬨擊殺
數人家子援勇至火故進士捷三宅尋毀沿河民房六
百餘間十四日火正選及其弟十正屋前蔡鄭亭皆火
惟河西石曲無恙十五日仍按保勸捐勇始退張總兵
濟標李令汝紹自溫至館岳廟遂遍勸救火處放告開

徵慈局肅浩路橋稍安而四鄉仍不免多事云

二年癸亥　四月奇田土寇徐錦朋等焚掠仙浦嶼韓守承恩劉合蘭聲會兵進剿不利海防同知希慶被殺六月初三日官軍克奇田七月獲錦朋戮之餘黨號逸

三年甲子　十一月西鄉平田土寇劫官兵兵弁多死劉守璈進兵平田擒匪數十悉斬之　冬路橋大火　雷震方山北峯

五年丙寅　招撫奇田

六年丁卯　冬地震

七年戊辰　十一月孫合寇抵降奇田七僕業乃田等二百餘人充官勇

八年己巳　奇匪倪光宣二月[illegible]故四月孫令熹平臣匪百餘人下海巡盜初十日舟出海門與總兵陳紹巖之於海上共在郡城黃椒沙埠者同日俱死凡二百餘人奇田土寇平　七月路橋火

土寇始末　奇田在縣西南三十餘里沙埠之裏山也西過嶺為茅畲南連樂清太平桂山䓁復最為險阻有黃延暄者倚險為雄蟻聚亡命以屠教三項連三小華三等為爪牙結家子黃秀德周大統水港管繼湧等為聲援劫人勒贖勢漸張咸豐十一年五月廿八日率匪黨千餘人寇螺嶼大肆淫掠六月十二日邑令李汝紹城守千總徐朝慶率兵勇三千人進剿土與勇先退賊乘勢下山殺兵勇七十餘人官兵大潰七月王勇巡撫有齡委中軍林台三原任副將葉長青前令曾元澄候補縣丞許之善並檄候補道蘇鏡蓉等會剿八月初十日賊分兵屯螺嶼十二日犯沙埠塘裏張十三日燒鄭家奧石嶺嶺下十四日南侵廖湖橋土嶼各村十七日台三由西鄉進駐茅畲以攻賊之背長青及遊擊解廣華千總江潜蛟督董治平王象謙等局勇屯霓橋

以攻賊之衝朝慶沈鎮藩率鄉勇二千屯土嶺爲接應二十二日霓橋官兵巡哨遇賊追至三童嶴殺賊二十餘人賊夜遁二十三日台三八奇田焚其巢穴虎櫃頭下園堂山前路沙埠葉等十一村皆火日映長青賓華幸兵至屯螺與二十五日復赴賊巢焚燬淨盡一十六日下令搜山鏡嶴始至遍地落掠而無一獲者乃懸賞購募九月十六日茅畬年同音購獲延瞳十七日正法敖三乃因管繼湧竄溫餘賊星散適粵賊告警而奇田之事遂寢同治元年四月初十日粵賊夜遁秀德大統繼湧敖三等皆以克復功劃地分捐推秀德爲首造僞印發收條臨海北岸大統等捐之路橋以下至泉井平橋秀德捐之兆橋以東至沙南沙北鮑浦洪仙增捐之繼湧敖三捐西山以西院橋以南西及焦坑新界亢山項連三小華三捐沙埠螺與諸村程福元等捐著家奧牛極山北尤諸利池小美捐石嶺嶺下石橋奧顧由庚捐獅頭埠頭溪岸前王下浦鄭徐錦明捐苦竹茅畬小澧大澧惟烏巖以上澄江以北則盧錫疇戴性道聯絡鄉團得以無事其餘小陬海角遇尸搜求旌旗所指雞犬皆驚信乎長毛如篦土匪如蝨也 敖三下山頭人父孟池爲道士以凶悍爲人所殺兒大敖歷報之凡年敖三擒黃渠三三抉雙目剖殺之遂賓奇田及延瞳誅又因管繼湧竄溫郡十一月峯于長毛擾悟大侯于戊正

月十三日寇茅畬縱火焚掠十四日火章坑與爲延暄
後寇皆四月長毛遁散三追之遂掠樂清芙蓉十二月
投奏提督仰虎爲勇目署樂清都司二年調署嘉興都
司率兵至作浦大肆劫掠大府聞而惡之會邑令劉蘭
馨治奇田土匪急諸匪匿散三署中大府檄嘉興知府
許瑤光密捕瑤光令捡解諸匪至中途縱盡逸而身自
往謁大府大怒遂下獄論死四年六月斬以徇繼之者
爲徐錦朋黃得根錦朋大溝人以勇悍名教三去衆
推錦朋爲首二年四月入仙浦喻劫殺三人擄婦孺百
餘勒贖劉令蘭馨告急于左制軍宗棠復移請署同知
希慶參將瞿先仲衛守備張銘罄及前杭協副將王邦
慶等同至黃二十六日賊襲希慶殺之制軍調護理溫
州鎮黃載清署游擊謝復雲都司楊應龍先後率兵來
剿六月初三日應龍督勇先入復雲繼之花衕都司衛
守備張招銀戰死諸匪星散錦朋逃至塘角頭徐大度
誘而執之解縣正法諸匪既失窟穴有逃至嘉興者及
赦三獲罪諸匪復歸推黃得根爲首焚劫如故得根
延暄從子短小精悍號曰小大老四年牌門人袁小八
與甯溪王象謙爲仇引上匪至西鄉焚象謙屋挨戶勒
索五年劉守璥既平北岸專治奇田先後率兵至黃勒
殺數十百人諸匪創六年五月令仙居副貢吳琮邑生
員蔡福同編查保甲相機招撫降巨匪黃得根項連三

小華三等五百餘人七年四月汰存一百二十九人分發甯備嘉湖太湖五營令已革副將陶寶登帶領赴省項連三不肯行斬之衆推葉刀田林華照爲首旋肆搶刦十一月孫令熹商同海防同知成邦幹役行招撫八年四月降亘匪二百餘人初十日孫令熹率百餘人往海門舟中盡殺之浮其屍於海其在郡者七十餘人駐究孝寺在縣者十餘人在沙埠十餘人同日俱死初劉守檄得根歸里撫賊至是亦誅死蓋奇田先後削平黃藝熙紀亦與有力云　繼湧行五人稱管老五水港人嘗隨黃一清爲勇目甯紹台道仲孫茂材之保舉都司銜儘先千總咸豐十年逃歸四月以掠蘇鏡蓉姻淇炳鑑家革職十一月鏡蓉率兵攻水港火其室繼湧下舟遁至奇田轉奔家子黃秀德庇之乃與講十一年九月官兵剿奇田捕屠教三池小美甚急繼湧攜赴溫州與平金錢會之亂聞長毛至黃乃歸復與攻長毛長毛退以功勒捐蘇氏戚八月鏡蓉選健勇三千陳菴前三港口諸村繼湧與敖三率能千餘人陳白石山下郎諸村勒派兵餉鄉民逃散初五日會戰鏡蓉大敗追殺六十八人沿燒民房百餘間鏡蓉中大府請兵剿滅制軍遣候補遊擊甯世杰都司陳子佳率虎勝軍千餘人候補府鄧變元派之會繼湧函賺提督秦如虎總兵黃漢清等以爭功尋隙委曲申報得不罪十二月繼湧復

捐路橋千餘金與放三赴溫投如虎爲勇目二年歸仍率匪赴南鄉挨村勒捐黃守維詰張令嘉猷遇諸涂召諭之不從焚谷奧山坑等村浮殺頗眾于是守令會稟溫處道周開錫調募楚勇十二月二十八日署溫中遊擊謝復雲帶勇五百至黃是夕黃守維詰亦至二十九日謝遊擊黃守張令各率勇赴白石會勦擒繼滿斬之

水港平　徐大度塡角頭人習拳勇勢悍善鬭惡少附之因與夏賓慶王明功等結爲十八黨十一年十一月大度率粵匪陷太平踞數日逃歸同治元年陷樂清攻溫郡不克被創六月自金華逃歸二年六月徐錦朋逃至塘角頭大度恐反正誘而執之解縣正法左制軍調赴軍營不肯行三年劫米船獲罪仍聚黨拒捕五年令其黨與鄉民掠鹽局殺局員鄭燈劉守璥調兵勦捕大度逃至溫州其妾匿新橋民舍六月潛來訪千總羅懋勳偵獲之伏誅

同治二年八月初四日總督左宗棠奏本年三月間黃巖縣屬奇田地方土匪徐錦朋黃得根等恃險聚眾擄掠婦女燒燬民房並於三洞橋一帶豎旗立寨又勾結太平縣匪目徐大度王明功等爲應援四月十五日署台州府韓承恩署同知希慶署太平營參將瞿先仲台州衛守備張銘彝及已革前杭協副將王邦慶等先後到黃分紮各處要隘正擬合勦二十六日該匪忽傾巢

出犯王邦慶希慶等倉卒爲賊所乘紛紛敗績希慶力戰死之先是臣接韓承恩告急之稟請調兵勇二千人知其意在要功而王邦慶張銘磬尤非可用之人一面飛札嚴飭一面飭署溫處道周開錫商令護理溫州鎮黄巖清署鎮標遊擊謝復雲督帶所部往剿詎黄巖清等甫至而王邦慶輕率至敗臣恐賊勢日張驟成巨患遠飭都司楊應龍率忠勇軍五百人助之一面嚴飭各營併力攻剿以期迅速蕆事六月初三日黄巖清督同各營分路進攻該匪恃地勢奇險負嵎不出楊應龍督勇先進謝復雲繼之該匪穴堅壘開鎗礮花翎都司銜守備張招銀中鎗陣亡勇丁死傷者數十名各勇益奮力齊進遂將巢穴攻破斃賊百餘名餘黨衝出者復被各營圍剿殆盡並將村庄樹木一律焚伐首犯徐錦朋失其窟穴逃至太平旋經拏獲就地正法奇田以平竊查台郡各屬負山瀕海民俗强悍匪黨最多而黄巖太平瀕海之區尤爲匪藪以剽掠爲生涯以戕官爲故事惡習相仍由來已久地方官專事姑息有類養癰自髮逆竄擾以來匪黨乘機煽亂劫掠焚殺靡所不爲上年紳團克復各城經臣嚴飭該府縣將地方積惡根匪嚴究擒斬雖陸續正法數十人而根株蟠互既久一時未能盡絕即上年出力紳團亦有已名匪根竄附其中陽附嚮義之名陰懷報復之實事後論功紛紛爭執甚且

互相械鬬結黨相攻屢飭府縣秉公核保迄無定議此
民俗之敝急須擇人整理者也此次奇田土匪拒捕戕
官署台州府知府韓承恩先事漫無准備事後一味張
皇署黃巖縣知縣劉蘭馨稟報軍情諸多掩飾無非爲
邀功卸罪地步居心尤爲巧詐相應請
旨一併革職以示懲警其最爲出力之都司楊應龍應請
以游擊補用署溫州鎮標遊擊謝復雲應請加參將銜
以昭激勸至署台州府同知作浦同　知希慶都司銜守
備張招銀力職捐貤殊堪憫惻應請　飭部照例議䘏
所有剿辦奇田土匪事竣首犯就擒各緣由理合附片
陳明伏乞
皇上聖鑒訓示謹　奏
光緒二年丙子　六月八日大風雨壞廬舍拔山木有徑抱者田禾淹沒殆盡

黃巖縣志卷之三十八終

【嘉慶】太平縣志

（清）慶霖修　（清）戚學標等纂

清嘉慶十六年（1811）刻本

災祥

明

成化六年大水饑

十一年蝗民掘草根以食　邑人徐紹蕨萁行有草有草名蕨萁根生土底莖頗肥海民絕粒三月時長鑱斸遍春山歸擔頭苦重力苦褻老妻望翁來何遲忙汲清泉淨溲洗曬向斜陽未易晞且舂且焙心孔悲癡兒索食聲聲啼阿娘抱兒雙淚垂溝壑委命斯其時君不見太倉有粟自紅朽遂有餓殍渾不知

十二年水

二十二年大旱饑

宏治元年四月大風雨海溢

十一年旱

十三年饑民掘草根食

十九年地震

正德五年正月拔雲山鳴夏旱

十一年二月玉峯山鶴生三子其一鶴

十三年大水冬民訛言禁畜豬羊屠宰幾殄類

十六年大疫

嘉靖五年自五月至八月不雨民大饑

十七年新隘頑城霪雨百日不止

萬歷二十七年七月龍鬬於海風雨大作漂沒無算西園雜記嘉靖辛丑七月台州山中豺出遍身皆火諸山龍出與鬬水火相薄赤氣漫空壞臨海太平天台三邑民居田畝死者甚多

十九年五月大風拔木

三十七年四月廿七日風雨水衝入西門出東門下水洞崩

四十二年蝗傷稼

泰昌元年饑林勺楊巽等倡亂有陳大用字聚奎者素豪於鄉勺假其名號召邑人不從輒焚掠其家無賴附從至數百有司不能禁閉城嚴出入大用料眾與角不勝奔訴於府張守允登部兵至擒斬勺巽難始平微大用邑人遭塗炭矣

國朝

順治三年饑

五年一麥五穗

十一年十月十五日夜有火西流聲若雷

十二年五月雨豆八月天鳴

康熙九年三月初七日大雨雹十二月雪深丈

十五年正月金清港水清五日

十六年冬金清水復清五日

三十三年春長山起蛟形如牛走入海平地水高丈餘

四十年七月長山舒氏牛產麟火光燭室有司解獻道斃

四十七年七月初七日大風雨學宮　文廟圮東南天色俱赤聞龍吟

五十一年八月大風雨海溢邑人林鑛風災變異記太平濱海邑蛟龍窟宅夏秋間出沒飛騰風災其常事無如康熙戊子七夕之異者時飲林學博署中薄暮風稍稍起雨斜飛入戶同

飲者欲散學薄不聽去頃之風頓狂燭盡滅賓主坐暗室中電閃如金蛇目不敢一瞬四壁皆撼耳聞崩壞聲自戌至亥風稍息亟趨歸一路榛梗在頹垣破瓦中行至坊下街聞縣署坍矣學宮塌矣某處大木拔矣抵家妻兒抱頭聚屋壁下驚魂猶未定也然是年禾稼尚收上司加卹賑民困不至甚更五年壬辰八月初六雨三日不止風復起屋瓦盡揭海潮暴湧水入平壁皆黃赤色詰旦見堂寢壇閣盡如河沼登高望之一片荒白男婦漂没有全家無存者有家留一二口者屍骸棺木隨波上下城中及近郊遍處皆是晚禾方茂淹浸七八日根俱壞爛上司委官勘視謂青青者猶在田竟無爲一繪鄭俠之圖發汲黯之粟者民困之極實數倍於戊子歲特筆記之爲三歎也

六十年二月雨豆粒倍常豆味腥近芝麻氣

雍正十一年大水民毁與平壩

十三年八月大水衝新街小西門

乾隆十六年六月邑城民家飯生芽是歲大饑因劉令不放倉穀民譁築大門張令至勸捐施粥民始安靜先康熙五十年徐令以丈量激變閉城罷市至是蓋兩見焉

二十四年九月南嶴楊氏火先日鼠成羣銜尾出

二十五年五月長山澱湖水自躍過額

二十九年三月邑紳陳氏茶花結佛手六枚馥郁異常

三十年高洋人家白日有狐登屋極而嘯

三十一年七月大風海溢三塘二塘坍漂沒無算

四十一年十一月下保虎傷人

四十二年高陽季姓伐古樹中有錢一二斗色純綠大於五銖

四十五年橫山洞黃等處有狗頭虎能傷人

四十六年江下山壁崩出石皆作山水花紋

四十九年六月溫嶺程家鐵樹花開大如毬長過尺初絳色繼轉黃經月鮮豔觀者如堵諸生鄭輿嗣紀其事

五十五年六月十四大風雨海溢小西門崩

五十八年下蔣盧氏牛生犢兩首一尾四足

嘉慶元年正月雨冰

二年夾嶼民家牛生獨角一眼俱當中無鼻蹄尾皆具數日斃與下蔣兩首牛皆閻姓購得之去肉實以草存新河城隍廟觀者詫異

三年大魚死海塗眼眶骨二枚長七尺二寸闊四寸亦在新河城隍廟

五年六月廿二大風雨海中覆沒盜船無算

十年及十一年稻生蟿蟲狀似小龜色黑背硬有翼能飛集稻葉上吸其漿稻即枯死焚之作牛馬屍臭鄉俗多燒牛馬骨糞田謂蟲乃死骨化有老民葉掌鈞忽然背黃紙遍走村坊勸勿再糞死骨人從之自是連年蟿絕

【光緒】太平續志

（清）陳汝霖修　（清）王棻等纂

清光緒二十二年（1896）刻本

光緒太平續志卷之十七

禨志上

災祥

昔班氏著漢書述五行志以紀災祥其後歷史因之至方隅之地水旱偏災禽蟲小異或不能書於國史而地志宜加詳焉然傳聞異辭訪冊所書彼此乖牾未能一一覈實也若夫日月薄蝕彗孛吐芒皆國史所當書而地志則不必載蓋以所係在天下而非一郡一邑所獨見也覽者幸毋病其略

嘉慶十七年壬申大饑斗米四百錢邑富戶皆出米平糶每斗一百四十錢

〻二十五年庚辰夏城廂疫凡染者一三日卽斃經旬則無恙　秋旱米貴

道光元年辛巳六月人患鈎腳痧腳筋痛縮卽不治死者甚衆　秋大旱饑葉志稿云是年始種罌粟花而花會盛行季世之風見矣

八年戊子饑

十一年辛卯冬紅雨降閣與趙璋家著物皆赤色

徙有訟累幾茂破家宗葉志稱又云十二年六月閭噢附貢趙步雲家有紅雨
點甚粗庭砌皆赤門外則白雨
矣蓋係一事而傳聞互異耳

十四年甲午七月十四日大風雨平地水深數尺
縣大堂圮

十五年乙未夏旱饑

十六年丙申夏旱饑

十七年丁酉七月二十三日有五龍同見雲端是
夜颶風大作二十五日辰刻乃止

十八年戊戌十月晦大雷雨是夜大雪

二十二年壬寅六月朔未刻日食既晝晦如夜

二十五年乙巳夏大水金清大閘不開鄉民鬨至大堂

二十八年戊申七月初五日大水平地高八尺許初八日鄉民鬨至大堂持械毆詞之蕢衣陣邑城中罷市尋往毀金清閘壩互詳寇變

二十九年己酉十二月初三夜城隍廟災僧房起火延燒殆盡

三十年庚戌三月旱四月望後乃雨　八月大水

咸豐元年辛亥夏大水鄉民閧至大堂互詳寇變十月大街災焚店百餘間十二月廿八夜中司前災焚店百餘間

二年壬子雨豆八月廿七日夜半有白氣自天而下垂太平橋街上須臾紅若火照耀通衢居民疑有火灾驚起視之大如輪直如柱赤光徹上下移時斂至半空仍化白氣而散十一月初六夜地震

三年癸丑六月大水城外白浪如潮水鄉高至丈

餘旱禾芽爛大饑斗米六百錢饑民奪食七月初三夜有火大如斗自西南墜地光耀天有狗頭熊食人白猿竊食園蔬

四年甲寅七月初五日大風雨海溢沿海居民漂没三萬餘人十月初五日河及池井水傾側高下約尺許

五年乙卯自上年八月不雨至於三月沿海大饑

六年丙辰三月大雨雹傷麥禾五月大水鄉民往毁金清閘不克互詳寇變

八年戊戌關嶼山鳴　溫嶺有虎傷人又有貔頭

熊傷害人畜

十年庚申三月十二日雨霰十三日大雪寒甚翼

日爲清明節

十一年辛酉秋旱十二月大雪木冰

同治四年乙丑正月雪中雷鳴　雨豆　三月日赤如

血無光

五年丙寅正月八日未刻西方有聲如雷忽雲梢

光明如月橫若玉帶繼漸下垂終作乙字形及

申而散案此雲黃巖亦見之人以爲掛龍云　七月小校場金

家止司前林家神座淸明所插柳開花

六年丁卯四月地震　八月大水　十二月二十

三日巳刻地又震

七年戊辰十月東街陳姓災延燒兩街居民九十

六家屋四百餘間

十年辛未秋蠁傷稼

十一年壬申正月雨豆

十二年癸酉正月二十六日申刻日無光　冬二郁

李實

十三年甲戌七月大風雨蛟出水勢浩瀚城崩數

十丈壞民房數百間南鄉三塘又有三潮水之

患　十月桃開花

光緒二年丙子民訛言紙人翦髮

七年辛巳四月地震　五月地又震　七月十八

日颶風大作

八年壬午正月朔虹見　秋七月大水傷禾稼

九年癸未春饑設局平糶　九月大水

十年甲申八月朏大雨霖室廬有漂沒者晚禾歉收

十二年丙戌七月十四日颶風霪雨二十日始霽八月初旬水始退淹沒近月許

十三年丁亥正月朔松門雷震而雨　閏四月十二日大雨半月不止水鄉高五六尺早禾淹沒米價騰貴　六月知府成公邦幹來勘議建分水閘　七月己巳白虹見於松門　梅溪有虎傷人尋去

十五年己丑七月廿六日颶風風陡作大雨如注城

與百四十餘丈淹死男婦七八十人晚禾歉收明年春貧民掘草根以食紳富發米平糶附生林翰英徒步赴省請賑巡撫嵇駿公發米七百石銀錢一千枚飢民賴之翰英竟以勞疾卒鄉人贈扁曰澤及窮檐

十八年壬辰十一月下旬大雪深尺餘寒甚咳吐成冰河流盡凍不能行舟花木多萎百歲老人所未見也

十九年癸巳五月旱　十二月彭家墳王明德家

牛產一獸似麟鐵色有鱗甲口紅若血經宿而斃

二十年甲午七月初二日松門潮溢塘堤盡壞晚禾被傷 自七月不雨至於十月

二十一年乙未六月大旱七月大雨平地水高數尺晚禾淹沒饑

（清）杜冠英、胥壽榮修　（清）呂鴻燾纂

【光緒】玉環廳志

清光緒六年（1880）刻本

玉環廳志卷之十四

雜記志

志何以雜備攷也蓋自郭公夏五嘗有闕文野史稗官非無徵信攷諸舊文軼事雖細微瑣屑在所必書亦不賢識小之意乎況乎暘雨之不時蟲沙之告警存之足以鏡休咎燭安危尤未可屏而不書矣爰即所摭拾之端綴諸末簡以俟後之蒐採者志雜志

祥

符瑞

雍正八年七月大雨衝開一河通後埈浦口詳水利

人瑞

黃氏同胞七老　長志高生康熙乙未壽八十九歲次志籌生康熙丁酉壽九十一歲三志方生雍正甲辰壽八十三歲四志恭生雍正丁未壽七十五歲五志寬生雍正辛亥壽九十歲六志平生雍正甲寅壽八十七歲七志道生乾隆庚申壽八十一歲兄弟七人散處各方其初俱生於楚門天馬山時稱天馬山有同胞七老

生員谷瑞藹年八十三歲五世同堂樂清縣志瑞藹

玉環人遷居後所

黄國雙字開環青塘人武舉宗海之祖壽百有七歲

五代同堂同知黄秉哲贈以五世百齡額

監生潘維垣年九十歲本城人五世同堂

陳元晏年百歲教場嶴人同知杜冠英贈期頤叶慶

匾

黄聚明年百有十歲璪浦人同知杜冠英贈壽比羅

侯匾

趙允鳳年百有四歲中趙人

張朝梅年百歲南山人同治十一年具　題奉

旨建坊　賜熙朝人瑞額銀三十兩緞一疋

楊觀佑年九十一歲山外張人

韓哲泰同妻馮氏年俱九十一歲山外張人

趙奕斌年九十二歲西青街人

董廷達年九十一歲陡門莊人

王智滿年九十三歲廟灣人

董光前年九十一歲陡門莊人

張大德年九十四歲山外張人

監生李秀岡妻趙氏百歲小竹岡人

韓振祥妻陳氏九十二歲山外張人

鄉賓方位東妻邢氏百有一歲梅嶴人

李　妻金氏百歲朝陽人同知杜冠英贈百齡貞

壽匾

陳廷玉妻張氏年九十歲徐都人

葉雅好妻林氏年九十八歲三盤人

吳　妻李氏年百歲敎場嶴人

董光燦妻鄔氏年百歲陡門莊人

董文沂妻呂氏年九十三歲陡門莊人

監生沈元凱妻林氏年九十一歲小麥嶼人

董光昭妻陳氏年九十一歲陡門莊人

蔡德明年九十二歲瑤隩山頭人

陳　妻潘氏年九十歲西潭人

董光習妻蔡氏年九十歲陡門莊人

張裔名妻林氏年九十歲三盤人

蔡文挺妻邵氏年九十歲本城人

監生陳儁妻黃氏年九十四歲西青街人

盛汝高妻董氏年九十七歲小隩人

監生江呈霞妻蘇氏年九十歲蘆隩人

徐立德妻盛氏年九十二歲楚門人

異

宋

天富北監在海玉環島上乾道丙戌二年秋分月霽民欲解衣宿忽衝風驟雨水暴至闔啟膝沒及霤漊胸至門巳溺死如是食頃並海死多數萬人監故千餘家市肆皆盡荠葦有無起滅波浪中老子長孫無復安宅見（水心文集）幷（樂清縣志）

明

隆慶二年秋七月大風雨海溢漂沿海民居田地無算次年又如之於是三江大崧前塘能仁等塘盡壞見（樂清縣志）按能仁塘卽今芳杜徐都塘

萬歴二十年山門鄉十九都至二十八都虎傷人數百見樂清縣志按山門鄉即今芳杜

國朝

雍正十一年大水　十三年八月大水

乾隆二年大水　十五年九月大水　十六年大旱

五十二年秋大水　五十五年夏六月大水

嘉慶元年正月九日隕霜殺麥八月朔大風雨有火光四射草屋著火生焰隨燒隨滅八角亭石碑被風吹折衙署民房多傾倒　五年六月二十二日大風雨　十二年三月旱五月又旱　十六年夏

大旱　十七年夏大饑　十八年秋不雨至十一月始雨　二十五年旱秋七月大風雨拔木淹禾歲大饑八月大疫

道光十三年春旱七月十七日大風雨禾稼漂沒是夜聞龍鳴　十四年五月間霪雨禾抽雙穗秀而不實　十七年密溪山外張楊姓家鐵樹開花大如球

咸豐三年五月楚門港兩日無潮六月初九至二十日風雨連旬拔木淹禾歲大饑　十年七月楚城北門河水泛溢　十一年八月大蒲田戴氏家豕

生二象墮地卽斃

同治二年正月初八日申刻有聲如霹靂起自西北隕火如斗七月龍出壽昌塘大風折木　三年二月十三日雨血於樟澳陳氏家點大如豆

光緒二年六月初八日大風雨損壞禾稼　三年五月二十三日大風雨拔木害稼　四年正月十五夜雨豆二月復雨豆七月初一夜地震大風雨是秋沿海多疫

（清）張藎修　（清）沈麟趾等纂

【康熙】金華府志

清宣統元年（1909）嵩連石印本

金華府志卷之二十五

祥異

災祥之見未可以爲數之適然也顧人所以應之者何如耳婺郡僻在浙東禎祥固亦間出而水旱之災歲時有之慶爲民患惟恐懼修省而弗之玩則弭災致祥之道也廼

志祥異

漢文帝二年十一月晦日食婺一度

建始三年十二月朔日食婺九度

元初六年十二月朔日食須女十一度

永和三年十二月朔日食須女十一度

晉寧康元年正月有星孛於婺女

唐永徽四年婺州大旱

咸亨四年七月婺州大水暴溢溺五千餘人

元和元年正月月犯太白於婺女

開成二年二月慧星見於婺女

天祐元年九月婺州大雪

宋咸平二年閏三月婺州箭竹生稻

紹興元年五月婺州雨欹城郭

五年五月婺州大雨溺萬餘人八月旱蝗

八年婺州旱

十一年七月婺州火燔郡獄倉庫民廬

十四年五月乙丑水浸蘭谿縣市

十七年正月彗星出婺女

三十年婺州旱

隆興元年八月飛蝗害稼

乾道七年秋婺州旱無麥苗

淳熙元年婺州旱七年八年九年旱亦如之

慶元二年夏婺州蝗九年大水害稼

開禧元年婺大旱

五年婺無麥大饑

嘉定元年九月蝗

八年旱

九年婺大水沒田廬

十五年婺水暴溢與江濤合漂廬舍害稼

咸淳壬申年三月蘭谿縣純孝鄉產瑞麥知縣薛至周刊於石進士董坦贊曰純孝之鄉斯麥呈瑞猗與皇孝感召所致一莖雙穗秀色蠘蠘田里懽呼年豐可占

元至順元年婺大水漂沒數千人

至元二年婺自春至八月不雨

元末明祖親率大軍圍婺州五色雲見府駐蹕西峰寺城中人望見五色雲覆寺基上翌日城下見國初事蹟

明洪武三十三年六月大水入城市

三十五年蘭谿六月飛蝗自北來禾穗及竹木葉食皆盡

永樂十四年五月大水漂廬舍夏大旱七月復大水時五月水災甫息旋復作夏秋旱七月十五又發洪水高逾前八尺趙彥文有記

宣德九年夏秋金華大旱

正統八年金華大水入城市

景泰五年正月大雪深六七尺許

成化二年義烏火

十年夏大水壞通濟橋

十二年八月十一日武義水災

十五年蘭谿純孝鄉竹生實如麥民採食之

十八年五月九日武義山水暴漲入城市

二十一年武義旱竹生實如麥民採食之

二十三年秋義烏旱

弘治元年金華大旱二年三年旱亦如之

四年金華城中火延燒縣治義烏武義大旱

六年正月五日蘭谿大雷天雨黑水又自五月至八月不雨無麥禾又平渡鎮火燬巡司

八年三月蘭谿黃盆畈天雨黃土大如豌豆地即辟

九年三月蘭谿縣火災六房聚牘皆爲灰燼八月又火府館及養濟院六月十五大水

十一年旱蘭谿六月池水無風雨湧浪如潮

十六年三月十八日武義大風雨雹拔木傾屋壓死二十餘人四月十一日義烏大風

十八年九月十三日子時金華各縣地震

正德三年春蘭谿牛生犢雞犬雛皆三足

是年金華各縣大旱蘭谿自五月至十二月不雨武義自六月至次年二月始雨歲大荒旱饑禾豆粟皆無收民採蕨根樹皮野菜亦食盡餓殍載路

四年十一月大霜各縣竹木葉皆枯落經春不生菜盡死民饑尤甚

八年義烏縣火冬金華縣池水冰結成花草枝葉皆具如畫

十年四月雨雹永康武義雹尤大如拳傷鳥雀擊屋多衆

十一年金華縣火自通遠門至彌陀橋下悉爲煨燼

嘉靖五年義烏縣旱煌飛蔽天

八年八月大水冬通濟橋下獲江豚一口

九年九月金華大霜傷稼稻禾俱不實

十年九月九日義烏縣火燬民居過半

十二年大風傷稼

十五年冬大雪深四尺

十六年金華人黄華生子雙首背粘不可分

十七年二月義烏縣大火燬官民房屋

十八年六月六日金華八縣大雨浹旬水暴漲四溢金華北山蛟出洪水衝漂田廬漂溺蕩盡無餘東義永武各縣亦發洪水蘭谿尤甚城中水高丈餘居民無棲

閣者撤去樑瓦望於屋脊呼號依屋漂去百貨淹沒六畜死者不可勝計舟楫從山麓渡入田本悉陷沙泥民大饑

三十九年蘭谿三十四都徐璪家產瑞桑六穗者一本五穗者二本四穗者二本三穗者四本二穗者甚多峙齋公術知縣暨士夫咸賀以為公和德所感乃云

四十五年二月十八日夜蘭谿大雨雹是夜鼓時大如雞卵十九都尤多屋無完瓦水溢高樓婦人童子皆大驚相抱而哭

隆慶二年金華五月至八月不雨旱晚禾俱無收

萬曆二年三月蘭谿大風雨雹九月金華大水風雹橫山鄉至祭宏鄉百餘里尤大撤屋拔木百草俱盡擊死者三十餘人九月初八日金華北山蛟自山巔出水裂土石流成坑者數十處西北田塍衢梁殆盡

三年乙亥郡大旱禾稼枯槁無收

七年五星聚於婺

七年正月永康吏舍火文卷燬盡

十五年十六年十七年八縣連旱民大饑米斗二錢餓殍載道

十八年金華湯谿甘露降

是年六月義烏大火燬縣治及民居甚多

二十年蘭谿火六房雜庫監舖俱燬

二十三年金蘭東義四縣大雪山十餘日牛馬多斃山谷中人有餓死者

二十四年大風雹壞民廬舍大木盡拔

二十六年立夏日金華有飛雪是年八縣大旱顆粒無收民多餓死

三十二年十一月初九夜八縣地動江南俱震

三十八年正月義烏火延及譙樓

四十七年六月十三日暮東隅見兩日齊運分合熒吞

吐之狀

天啓七年五月洪水金華通濟橋壞八月復壞

崇禎三年義烏湖清門火延燒縣治

五年義烏縣治火延燒兩廊

八年義烏豬產豕身一頭兩足

九年八縣大旱民多食土名觀音粉

十五年浦江地大動

十六年四月湯溪李齋生瓜

是年四月二十四日午時郡中見日忽無光爲紅

赤白氣圍日四重内黑氣蒙之

十七年五月太白晝見三日乃沒

凶荒、

順治三年金東義永浦武湯七縣大旱次年春斗米八錢

十二年金東永武湯五縣大旱民饑

康熙九年七月洪水通濟橋壞

十年金東永浦武湯六縣五月旱至九月不雨撫院范公承謨奏請蠲

皆爾組

十三年閩變七月延及金華城東各鄉村民居多燬於寇十一月通濟橋亦燬於寇

是年六月永康武義為閩寇所陷民多逃竄山谷

是年八月東陽東南隅民居盡燬於寇

是年九月義烏縣治燬於寇

二十一年五月大雨三十餘日禾苗淹沒又疫蟲傷南北山多虎傷人七月初八日龍風大作府學櫺星門盡倒又冬至前一日黎明有大星自北流至西南其聲如雷

二十二年春八縣俱苦積雨小麥發黄盡死

二十二年四月東陽李爵生鹿

附歷朝變亂

宋胡帝妖賊唐萬廣誠時據恣明積史過居安豐人以爲將其術云○梁時婁林天正二年閩溪業傷亂附東陽郡○隋末兵亂遺溪土豪汪華保據歙郡弄有宣杭睦婺五州建號吳王唐武德間納款高祖授以總管六州軍事歙州刺史封越國公人以比竇融錢鏐立廟祀祭不絕○唐廣明元年黃巢陷睦婺兩州○宋宣和三年正月二十八日方臘破婺州先是邑人王宰王積中與臘戰有功特補宣義承事尋郡復陷復戰俱死於陣四月十七劉光世收復

攻城併肩戮破保全鄉民得免殘害

國朝順治三年六月二十六日王師驟臨劇城來大兵抗守至七月十六日城破大兵自焚殺民不隨令開廂之□康熙十三年甲寅閩欽逆叛東義永浦四縣城破九月閩寇餘尚朝孔營稽通山郡城圍甚十二月

康親王統率大兵駐婺相機勦撫尚朝叛兵逗留東義等縣調總督李公之芳奉

命鎮守衢州婺境以寧

(清)盧標纂

【道光】婺志稡

道光十九年(1839)映台樓刻本

婺志粹卷之十三

東陽定溪盧　標菊人氏撰錄

祥異志

漢

孝景元年金水合婺女

晉

永嘉中歲鎮熒惑太白聚牛女之間晉書元帝紀

驗異錄永嘉六年四星聚牛女

王廙傳壬申歲七月四星聚於牽牛

咸安中甘露降于長山太守范汪具表以聞藝文類聚表

曰瑞日所統長山諸縣林中木葉朝有凝露其味如蜜夕乃滴地者民咸謂甘露

寍康二年二月丁巳有星孛於女虛晉書孝武帝紀

太興二年東陽無麥禾大饑

太元二十年九月有蓬星如粉絮東南行歷須女至央星徐廣晉紀

宋

泰始二年八月丙寅六眼龜見東陽長山文如爻卦太守劉勰以獻宋書符瑞志

義熙中東陽人黃氏生女不養埋之數日於土中啼取養遂活宋書五行志

昇平年十一月甘露降于長山縣齊書祥瑞志

齊

永明八年四月長山縣王惠獲六目龜一頭腹下有萬歡字并有卦兆齊書祥瑞志

永明九年五月長山縣獲神龜一頭腹下有巽兌卦齊書祥瑞志

建武三年大鳥集東陽郡太守沈約表云鳥身備五采赤色居多案樂緯叶圖徵云焦明鳥質赤至則水之感也齊書五行志

唐

永徽四年夏秋旱五行志第二十五

時滁穎等州同旱並貸賑之見冊府元龜

永徽四年十月睦州女子陳碩眞反婺州刺史崔義元討之有星隕於賊營天文志第二十二

永徽六年秋水害稼

時冀兗等州同害詔令賑貸之見冊府元龜

咸亨四年七月大雨山水暴漲溺死五千餘人五行志第二十六

開元十四年四月婺州甘露降玉海祥瑞門

大歷六年九月甲辰有星西流大如一斗器光燭地

有尾迸光如珠長五丈出婺女入天市南垣滅天文志

大歷八年七月甲午婺州金華縣李樹連理册府元龜

九年十二月丁亥婺州上言慶雲見册府元龜

貞元十四年四月奏甘露降册府元龜

開成二年二月壬戌彗星長兩丈餘廣三尺在婺女

癸卯愈長且大新唐書天文志第二十二

宋

端拱二年正月丁亥辰星犯歲星於須女天文志五緯相犯

咸平元年永康縣民羅彥瑫妻產三男五行志一水下

咸平二年閏二月箭竹生米如稻民饑采之充食一

景祐二年九月丙午常星未見星出須女稍行近南斗沒天文志流隕

慶歷二年七月己酉星出婺女如太白青白色有尾蹟東南慢行入濁明燭地同上凡四見錄二

紹興元年雨壞城五行志木

紹興五年正月乙巳朔日食於女宋史天文五

紹興八年二月己未熒惑與填星合於女天文志五緯相合凡七見錄一

紹興十一年七月癸亥婺州大火燔州獄倉場寺觀暨民廬幾半五行志火上

紹興十四年五月丙寅水乙丑蘭谿縣水侵縣市五行志水上亦見帝紀

紹興十四年六月甲午月食於女宋史天文五

紹興十七年正月乙亥妖星出東北方女宿內如歲星光芒長五丈二月丙寅始消天文志星變

十八年八月水五行志水上

帝紀曰十二月乙卯朔賑明婺等州流民

三十二年正月戊辰朔日食於女宋史天文五

乾道元年十一月丙寅白氣出女宿歷虛危室壁奎婁胃宿入昴宿止天文志雲氣

乾道元年十二月火

乾道七年春旱五行志金

乾道八年秋饑五行志土

九年久旱無麥苗

淳熙元年八月辛巳水同上

三年水帝紀

淳熙七年大旱

八年旱

淳熙八年冬大饑浙東常平使者朱熹進對論荒政

請蠲田賦身丁錢

淳熙九年春大無麥饑

九年旱

十二年六月水侵民廬害田稼五行志水上

十四年五月旱

紹熙四年旱

慶元三年屬縣二水害稼

慶元三年秋螟

五年秋水漂民廬人多溺死

六年五月大水自庚午至於甲戌漂民廬害稼亦見帝紀

開禧元年夏大旱

開禧二年春亡麥

開禧二年五月庚寅東陽縣大水山千七百三十餘所同日奔洪漂聚落五百四十餘所湮田二萬餘畝溺死者甚衆

嘉定三年五月大雨水溺死者衆圮田廬寺郭首種皆腐

嘉定八年五月大旱

嘉定八年饑

嘉定九年五月大水漂民廬害稼

嘉定十四年大旱 以上並同前

嘉定十四年蟊螣爲災並同前

十五年七月久雨水暴流圮田廬害稼

淳祐二年水

十二年六月大水冒城郭漂室廬以上並同前

帝紀遣使分行賑恤存問除今年田租

開慶元年五月己未水漂民廬同前

帝紀發義倉米賑之

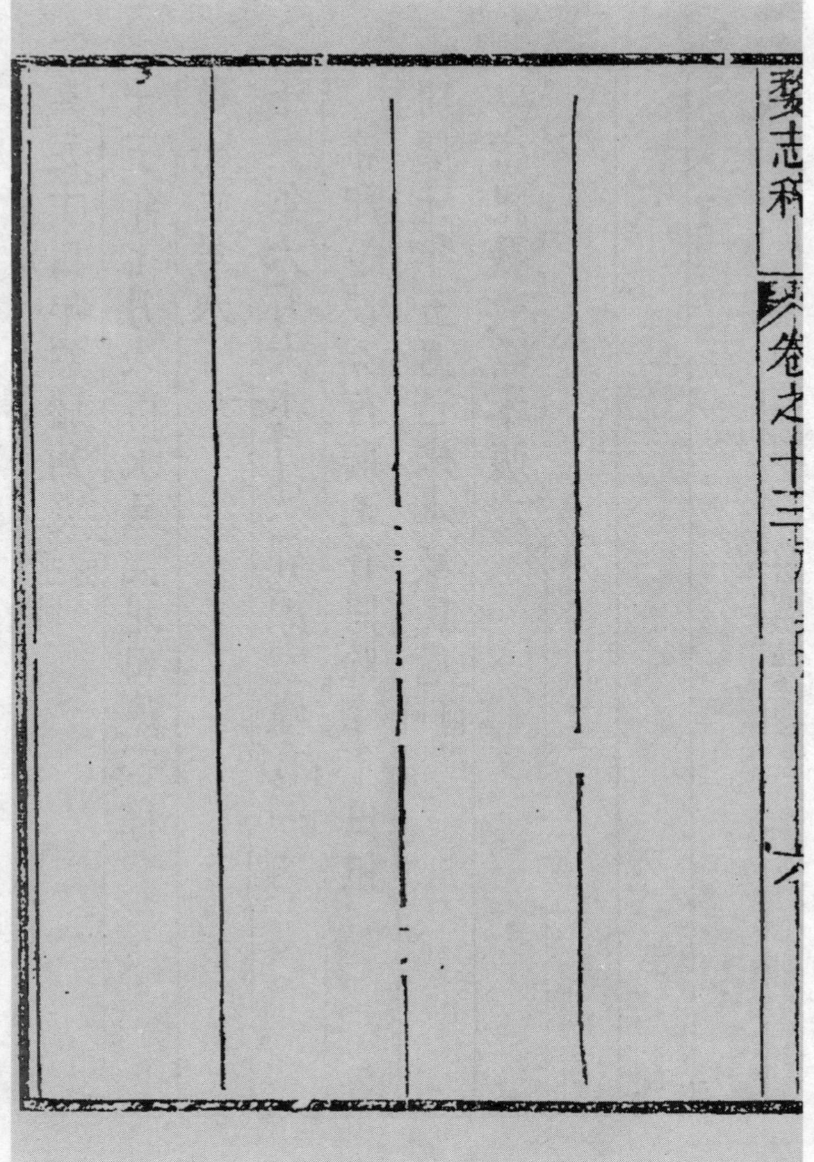
婺志稡
卷之十三

（清）趙泰甡修

【康熙】金華邑志

清刻本

祥異

洪範列庶徵春秋紀災異所以昭誥誡示儆惕也故穀陵返風下邳不雹君子美之迺知祥固由人禨亦宜爾此修德修政修救古人恒汲汲也吾邑祥異自元末以前不及紀紀自明以來亦司牧鏡省之藉也志祥異

元末明祖率大軍圍婺五色雲見城中人見之翼日降

洪武二年五月不雨至于七月　二十三年六月大水

永樂十四年五月大水漂流廬舍夏大旱七月復大水

宣德九年大旱無獲

正統七年饑　八年大水入市

景泰五年雪深七尺許

成化十年水壞通濟橋　二十一年大旱

弘治元年二年三年大旱　四年異鳥見火延燒縣

弘治十六年四月大風拔木　八年九月十二日地

正德三年旱民食草木　四年大霜殺禾

正德八年池水氷結成花草林文枝葉皆具如畫

正德十一年城中火一夕數

嘉靖八年八月大水通濟橋下獲江豚一

嘉靖九年九月大霜殺稼晩禾不實　十年慧星

嘉靖十二年七月大風傷稼

嘉靖十五年甘露降冬大雪深四尺

嘉靖十六年六月六日大雨水暴漲城外水高三四尺浸沒田禾傳北山蜃出衝壞山塌俱成坑坎近山田塘堰崩蕩一空本月十五日起晴烈日如火艸木盡焦亘至冬方小雨

嘉靖十八年六月大雨浹旬水漲四溢有蜃出於北山十二月木介

嘉靖二十三年饑

嘉靖三十九年五月雨雹大如桃李四十五年亦如之

隆慶二年自五月至八月不雨

隆慶四年竇婆觀灾

萬歷元年雨土行人衣帽沾黃

萬歷三年大旱

萬歷十六年饑穀石銀七錢民食艸根木皮夏疫

萬歷十七年旱

萬歷十八年春甘露降瑞麥生

萬歷二十三年冬雪浹春

萬歷二十六年立夏日有飛雪

萬歷二十七年春饑民食堊土

萬歷三十年十一月　日酉時地震

□四十年春夏無雨不能耕種民掘二十六都後陳
音粉食之其粉烦水浸三日
八年七月大雪紛如花片及落而消
五月洪水壞通濟橋八月復壞通濟橋水勢
□高二丈尺
□年元旦日食
六年四月二十四午時日忽無光仰視見青紅
□白氣闊日四重圍内黑氣蒙之歷攷載籍惟晉懐
帝永嘉二年二月有此變帝隨蒙塵
乙酉年六月初五夜牛火食士李闖亡綱目晉穆帝

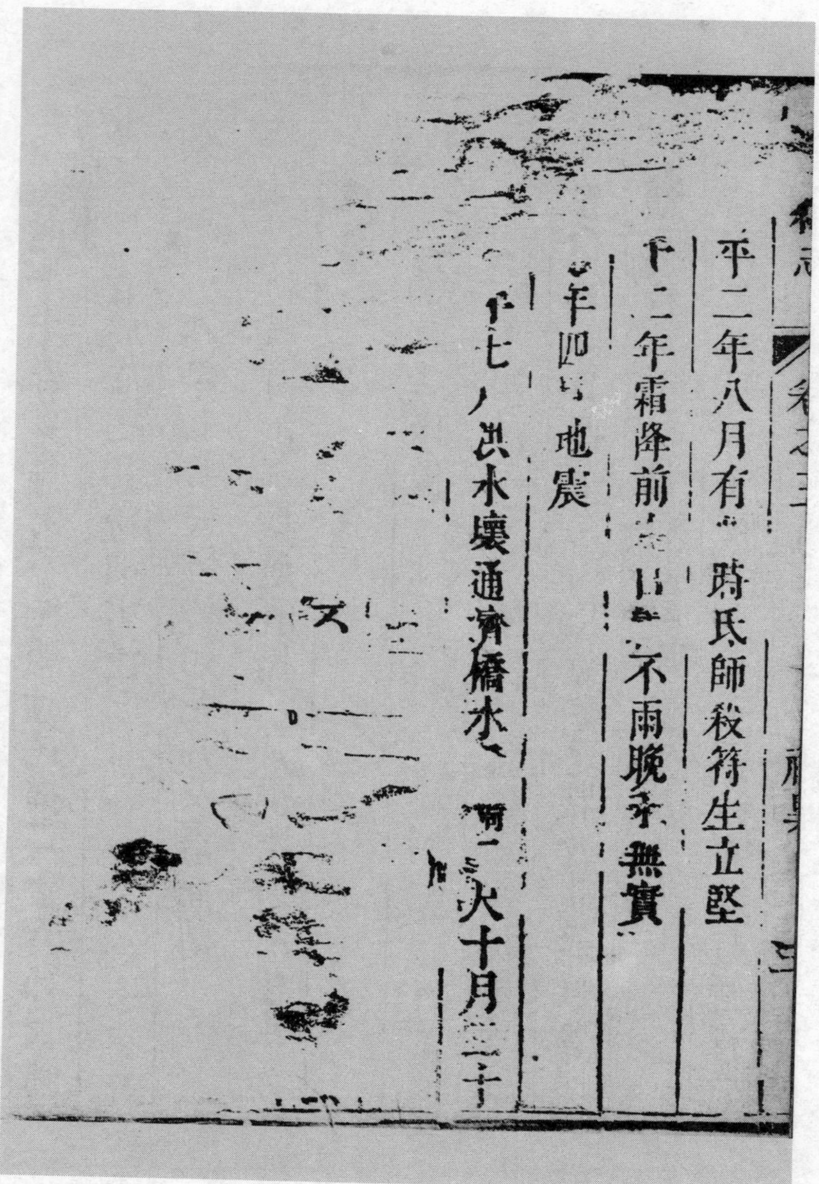

平二年八月有□蹄氏師殺符生立堅

平十二年霜降前□□□不雨晚禾無實

□年四□地震

平七年洪水壞通濟橋水□河二□大十月□二十

（清）鄧鍾玉等纂

【光緒】金華縣志

民國二十三年（1934）鉛印本

五行（按舊志舊名曰祥異今據歷代史志作五行）

漢景帝元年正月癸亥金水合於婺女（漢書天文志據錄一以概其餘按分野之說既不足據特以晉郡名縣讖緯家言附益明之世所不得也）

晉大興二年無麥禾大饑（晉書五行志上）

義熙初東陽太守殷仲文照鏡不見其頭尋亦誅竄占與甘同（據宋書五行志補）

宋泰始二年八月丙寅六眼龜見東陽長山文如卦爻太守劉勰以獻（據宋書符瑞志補）

齊永明八年四月長山縣王惠獲六目龜一頭腹下有萬歲字并有卦兆（據南齊書祥瑞志補）

九年五月長山縣獲神龜一頭腹下有巽兌卦（同上）

建武三年大鳥集東陽郡太守沈約表云鳥身備五采赤色居多案樂緯叶圖徵云

焦明鳥質赤至則水之感也（據南史五行志補）

梁天監二年六月水潦漂損民居資業（據梁書武帝紀補）

陳永定二年旱蝗（據陳書武帝紀補）

唐永徽四年夏秋旱尤甚（新唐書五行志）

六年秋水害稼（同上）

咸亨四年七月二十七日暴雨山川泛溢溺死者五千人（唐會要）

開元十四年四月甘露降婺州據五海補

大歷二年秋水災據新唐書五行志補

永貞元年十一月壬午旱據舊唐書憲宗紀補

天祐元年九月壬戌朔大風寒如仲冬十月癸酉大雪平地丈餘據十國春秋補

宋建隆三年夏五月民災同上補

太平興國四年水據宋史五行志補

咸平二年閏二月筯竹生米如稻時民饑采之充食宋史五行志按郡志作四年誤

紹興元年雨壞城同上補

四年自六月不雨至於八月旱同上補

五年五月大雨溺萬餘人八月旱蝗據康熙府志補

六年丙辰歲大祲米斗千錢據呂東萊集潘公墓誌補

八年旱據康熙府志補

十一年七月癸亥大火燔州獄倉場寺觀暨民居幾半宋史五行志

十四年五月丙寅中夜水暴至死者萬餘人同上按繫年要錄引林泉野記云士民溺死數萬秦檜匿而不奏有聞言者必罪之

十八年八月水據宋史五行志補

十九年大饑同上補

三十年旱據康熙府志補

隆興元年八月飛蝗害稼同上補

七年春旱據宋史五行志補

九年久旱無麥苗同上補

乾道二年十二月火自是火患不息人火之也同上補

七年春旱同上 秋旱無麥苗康熙府志

九年久旱 秋饑並宋史五行志補

淳熙元年旱據康熙府志補

三年八月浙東西多水婺尤甚據宋史五行志補

七年不雨自七月至九月

八年七月不雨至於十一月旱 饑並同上

九年五月不雨至於七月旱 饑同上

十二年六月水浸民廬害田稼同上補

十四年旱自五月至於九月乃雨同上補

紹熙四年自六月不雨至於八月旱同上補

慶元二年夏螟據康熙府志

三年九月屬縣二水害稼　秋螟宋史五行志

五年秋水漂民廬人多溺死同上

六年五月大水自庚午至於甲戌漂民廬害稼同上

九年大水害稼據康熙府志補

開禧元年夏浙東西不雨百餘日發大旱宋史五行志

二年無麥同上

五年無麥大饑據康熙府志

嘉定元年九月蝗同上補

三年五月大雨水溺死者衆圯田廬市郭首種皆腐按道光志作二年誤今據宋史五行志改正

八年春旱首種不入至於八月乃雨旱甚

九年五月大水漂田廬害稼

十年饑剽盜起 補

十四年蟊螣爲災 旱甚

十五年七月時久雨瀑流與江濤合圮田廬害稼 按此下舊志有嘉禧十三年七月大水一條考宋年號有嘉熙無嘉禧爲嘉熙亦誤十三年蓋承浙通志之誤也今刪

淳祐二年水 補

十二年六月大水漂室廬死者以萬數 補

開慶元年五月己未水漂民廬 補已上並宋史五行志

元至元二十六年八月癸酉饑 據元史世祖紀補

二十七年四月癸酉朔螟害稼雷雨大作螟盡死乃大稔 元史五行志按世祖本紀無乃大稔三字而五行志前云婺州饑後云大稔文不相屬當從本紀

二十八年八月戊子水 據世祖紀補

大德六年六月饑 據元史五行志補

皇慶元年十一月二十八日城中大火 萬曆府志亦見元史敬儼傳

天歷二年六月饑 據文宗紀補

至順元年大水漂沒數千人 據康熙府志補

至元 按此後至元 二年五月不雨至於六月 順帝紀 旱 五行志補

六年十一月饑 據順帝紀及五行志補

至正十三年大旱 元史五行志按道光志誤載至正年號今補

十六年大旱 同上

明洪武二年五月不雨至於七月 道志

十年正月丁酉雨水如墨汁 明史五行志按續文獻通考多池水皆黑一句

三十三年六月大水入城市 據康熙府志補

建文三年六月大水 道志

永樂十四年溪水暴漲壞城垣房舍溺死人畜甚衆 明史五行志按時五月水災府志按稱作夏仍旱七月又發洪水高逾前八尺處查文有記

宣德九年夏秋大旱 康熙府志

正統五年自六月至七月淫雨連綿江河泛溢 浙通志引實錄

七年饑趙志

八年大水入城市康熙府志

景泰五年正月大雪深六七尺上同

天順元年夏旱據明史五行志補 六七月元旱苗枯浙江通志引明實錄

四年四五月陰雨連綿江河泛溢麥禾俱傷上同

成化十年水壞通濟橋趙志

十二年八月十一日水入城外民居高五六尺成志

二十一年大旱上同

宏治元年大旱

二年大旱萬歷府志

三年大旱成志

四年火延燒縣治成志 異鳥見趙志

十一年夏旱趙志

十六年四月十一日大風拔木成志

十八年九月十三日子時地震 成志參康熙府志

正德三年旱 成志

四年十一月大霜竹木榮皆死民饑 萬歷府志

七年乏食 據明史五行志補

八年池水結冰成花草枝葉之形如畫 萬歷府志

十年四月雨雹 同上

十一年城中火城外自通遠門至彌陀橋下 成志

十二年二月至七月地數震 四月地生黑白毛長尺餘 並據明史五行志補

嘉靖八年五月大水 萬歷府志 八月二十一日大水驟至城外高五尺多通濟橋下獲江豚一口連年水災 成志

九年九月大霜晚禾不實

十二年七月大風傷稼十二月夜雷電

十五年甘露降冬大雪深四尺

十六年三十七都民高華一生子雙首共背

十八年六月初六日大雨北山出蜃塌振蕩盡砂壅成邱十五日陡晴烈日如火草木焦百穀死至冬方小雨十二月二十日雨木冰二十三二十四連日夜大雷雨已上並戚志

二十三年旱饑縣城隍廟災

三十九年五月雹

四十五年二月雹已上並道光志

隆慶二年自五月不雨至於八月萬曆府志

四年寶婺觀災道光志

萬曆元年雨土同上

二年北山蜃出裂土成坑者數十處田堰壞盡萬曆府志

三年大旱禾盡槁萬曆府志

十五年旱饑康熙府志

十六年饑夏疫穀石銀七錢民食草木趙志參府志

十七年連年旱民大饑米斗銀二錢餓殍載道康熙府志

十八年春甘露降瑞麥生 道光志參府志

二十三年大雪四十餘日人畜多餓斃 康熙府志

二十六年立夏有飛雪大旱粒米無收民多餓死 同上

二十七年春饑民食土 道光志

三十二年十一月初九夜戌時地動 二申野錄按八縣及江蘭同時俱震道光志作三十年誤今據府志及各縣志改正

四十年春夏無雨 二十六都後陳山出觀音粉雜之水投三日民以爲食道光志注

四十八年七月有雪 道光志

天啓七年五月洪水通濟橋壞八月又壞 康熙府志

崇禎九年大旱民食觀音粉

十六年四月二十四日午時日忽無光有青紅赤白氣圍日四重內黑氣蒙之

十七年五月太白晝見三日乃沒 已上並據康熙府志補

皇朝順治三年大旱次年春米斗銀八錢 據康熙府志補

十二年大旱民饑 同上

康熙七年四月地震 道光志下同

九年七月大水壞通濟橋十月雷冬大雪一月深五尺十年自五月至於九月不雨無麥禾康熙府志

十一年大饑

十三年諸村多火災按時闔邑不靖蓋疑火之也十一月通濟橋亦燬見府志

十七年大旱

二十年五月淫雨傷禾並道光志

二十一年淫雨傷禾高土有蟲食之南北山多熊南山有虎

七月初八日風壞府學欞星門道光志參府志

二十二年春雨傷麥

二十五年四月淫雨夏六月螟螣生

三十二年旱已上道光志續稿志

三十五年旱饑

三十六年旱霜早

三十七年大水

三十八年大水饑

四十四年饑

五十三年大水

五十八年大饑

六十一年饑

雍正元年大饑

十年府學藝圃產芝一大二小

乾隆十二年旱

十六年旱大饑

二十一年旱饑

三十四年十月大雪

三十八年府治火

四十五年大水五月十四日通濟橋燬

四十六年自閏月至六月不雨後大風拔木偃禾

四十八年春雨傷苗

四十九年大水

五十一年寒食大雪傷苗七月螟傷稼

五十三年五月霪雨大水漂田廬

五十五年冬雨木冰

五十六年正月木介五月多雨二麥傷

五十九年春霪雨傷麥

六十年正月大寒

嘉慶元年十二月雪麥幾死後雨仍大熟

五年正月大雪六月二十三日大雨三日山崩蛟出漂田廬丁口無算通遠門外

永鎖浮圖傾時民避水其上盡斃

六年六月大水

七年旱

二十年九月地震

二十三年十二月雷電

二十五年旱

道光二年六月赤松門外大風壞屋

三年五月多雨已上道光志

十五年夏旱已下新增

十九年十一月雨木冰除夕大雷雨

三十年五月八月並大水

咸豐二年夏大旱

同治十二年閏六月初九日大風

光緒二年十一月初七日迎恩門民王長齡妻孕六月一產四子

七年六月初三日西鄉大風拔木

八年四月初一日辰初雨天花

十五年正月初旬連日雪蓮花井屋上有巨人足跡

十六年十一月二十九日午時太白見

十八年十二月二十七大雪三日路人有凍斃者

【萬曆】湯溪縣志

（明）汪文璧修　（明）羅元齡等纂

明萬曆三十二年（1604）刻本

史家之雜俎也爲雜錄志

禨祥

春秋於災眚必書重監戒也環湯皆山谷禎符未始闕而暵潦凶瘥彗孛妖異則紀自成化來可指數焉是惡容廢觚管不以告諸字民者志禨祥

成化十年青陽有粟生一莖兩穗三穗以至八九穗者凡百莖○十二年大水○二十一年大旱○弘治元年大旱○二十二年二十三年俱

旱〇十八年九月地震〇正德三年大饑民爭食草木〇四年大霜殺竹〇嘉靖八年大水〇九年九月霣霜殺草晩禾無收〇十二年七月大風傷稼〇十二月大雷電〇十五年冬雪深四尺〇十八年春夏大雨水漲四溢〇二十三年大饑〇三十九年大雹〇隆慶二年五月不雨至八月〇萬曆三年旱〇五年[illegible]月彗星見西方其長竟天〇十八年甘露降〇十六年大饑毎穀一石值銀七錢〇二十四年三月大雹

〇二十五年八月二十六日塘潮〇二十六年五月至十月不雨五穀無顆粒之收〇二十七年四都李樹生瓜〇二十八年五月十九日西門内延及城外燬民居無數〇三十一年甘露降於儒學門外松樹

【康熙】湯溪縣志

（清）譚國樞纂修

清康熙二十二年（1683）刻本

雜錄志

禨祥　古蹟　丘墓　寺觀　仙釋　翰墨

方伎　佚事

禨祥

明天啓年分無

崇禎年分

八年五月大水青陽後張等處民居水深三尺

十六年四月李樹生瓜　十七年五月大星晝

見三日乃没　本年雞翼生爪

皇淸順治年分

三年荒旱米價高騰　四年穀百觔價二兩四錢　十二年荒旱異常

康熙年分

十年五月十三日無雨晴至八月十六日微雨早晚稻無顆粒至十一年春民剝樹皮掘蕨根以救饑　十一年秋收　十二年大有　十九年大水　二十年大水早稻無收六月豆俱淹沒無收　二十一年大水荳麥無收　二十二

年小麥發黄丹到處無顆粒收成

【民國】湯溪縣志

丁燮、薛達修　戴鴻熙纂

民國二十年（1931）金震東石印局鉛印本

湯溪縣志卷之一

(編年)

(明)

正統十三年浙江按察司僉事陶成築山口蘇村大巖三寨

時處州麗水諸縣盜起焚刦四出浙江按察司僉事陶成督兵防禦於山口蘇村大巖等處時屬蘭谿地築大寨以遏其衝擒賊黨數百民得免禍見王直陶忠烈公祠堂記按築三寨事在湯溪未設縣前二十五年(成化志)豐慶序云近歲以來處之寇不逞者不時嘯聚爲非所司雖有蹤延波及之患爲閩浙衝遂割衢之龍游處之遂昌婺之金華蘭谿四縣之邊轄合爲縣是湯溪之設疑實成於此間之多盜而爲之防而三寨之築乃其先著也故特登之

成化六年詔割金蘭龍遂四縣之地置湯溪縣

用金華府知府李嗣議也

七年以宋約爲湯溪縣知縣始建縣治

約涖任乃擇地官山爲構邑之所首縣治次學宮次分司郡館陰陽醫學以至城隍廟社稷壇風雲雷雨山川諸壇皆秩秩有序經始於辛卯六月越癸巳十月工竣見大學士商輅建湯溪縣治記

八年建儒學

在縣治西見前志學校

十年知縣宋約延縣人胡彥本作縣志見前志山川註

十二年大旱見前志禨祥

十六年築縣城見前志建置

二十一年二十二年二十三年俱大旱

宏治元年大旱

十八年九月地震

正德三年四月大霜殺竹

是年大饑民食草木（以上見前志雜錄）

四年處州礦賊擾縣境知縣劉桐計走之（見王儀劉公祠記）

嘉靖三年大饑（見前志朱繼良傳）

八年大水

九年九月霣霜殺草晚禾無收

十二年秋七月大風傷稼冬十二月大雷電

十五年冬雪深四尺

十八年春夏大雨水漲四溢

二十三年大饑以上見前志禨祥

二十七年初稅畝分充兩浙軍餉

浙省倭寇爲孽總制胡宗憲令錢糧加派畝分於是全浙派糧

共四十七萬五千四百餘兩而金華分派七萬二千三百有奇

見前志徵輸

增民壯額至一百三十名以防倭寇

倭寇蹂張郡縣多被焚掠守禦兵赴敵輒潰乃增編民壯以資

防衛見前志兵防

三十八年春處州礦賊過花園保大掠各鄉兵擊殲之

處州礦賊百餘人衷刃而過関谿至縣之花園保大肆剽掠梟胡姓一人以張其焰遠近駭愕不敢動時鄉兵稍稍集且鬭且追抵鐵中山則劉家呂村等保踵其後湯塘白鶴等保遮其前有祝砌者奮勇先登格殺六人旋中賊鏢而斃衆遂奮擊賊皆授首比官兵至已尸横滿阜因以所俘者三賊獻軍門見前志保甲

三十九年大雨雹見前志禨祥

四十年五月大水見胡煒治冢路

隆慶二年大旱

自五月不雨至八月

萬曆三年旱以上見前志稱詳

十年定一條編法

時以賦雜滋擾定一條編扒平各鄉定額民困稍蘇見新志[illegible]

十八年大饑

每穀一石價銀七錢見前志稱詳

二十二年知縣文龍建常平倉四處積穀備賑見前志[illegible]

二十四年三月大雨雹

二十六年大旱

自五月不雨至十月

二十八年五月十九日西門火內延及城外燬民居無數以上見前志稱

辭

二十九年知縣汪文璧始修縣志

三十二年十一月初九夜地震

崇禎八年五月大水

青陽後張等處民居水深三尺以上見前志穆·辭

十一年閩人種靛浙東諸郡者勾海賊作亂自金華犯縣境因有備乃竄遂昌見遂昌縣志

十二年知縣羅洪基改築縣城見前志逸叟

十七年有匪踞東南源號白頭兵

匪以白布裹頭號白頭兵踞縣之東南源爲患莫詳所自起或

曰東陽許都之餘黨也按(金華縣志)東陽諸生許都散財結客陰以兵法部署母喪會葬山中者數千人東陽令姚孫棐疑有變遽告監司收捕都黨卽葬所裂白布裹頭而反崇禎十六年十二月進逼金華巡按御史左光先調兵行勦都尋伏誅湯溪東南地與金華接近都死餘黨竄入山源爲患事當在十七年明年(弘光元年卽清順治二年)有方國安圍攻金華府之警(見寿游見聞錄)又明年(魯監國元年卽清順治三年)六月初三日方國安逃兵過羅埠經青陽之下楊埠有胡姓人年逾七十力甚健率百餘人欲奪其後隊輜重兵怒殺死六十四人傷者不計燒房屋五百餘間(見前志佚事按(東華錄)順治三年五月大軍抵杭州僞國公方國安遁歸紹興塲谷王弇埃走保台州(前志)三年作二年國安作國公今訂正弇埃疑卽

以海

（清）

順治三年秋七月清軍破金華府城縣始奉清正朔

初明閣部朱大典據守金華稱魯監國年號至是清軍抵金華攻府城破之大典自焚死金屬始奉清正朔（見東華錄及東南紀事海東逸史）

是年旱米價騰貴（見前志殘辭）

四年蠲免浙江起解戶禮兵工四部各本色錢糧拖欠在民者（見前志陷値）

是年穀貴

每百觔價銀二兩四錢

十二年大旱以上見前志選鮮

康熙三年丈量田地山塘各定糧額見前志徵綸

知縣柯弼重修儒學

學宮自明崇禎間修葺後歷三十年鞠爲茂草弼捐貲重修文

廟及東西兩廡煥然一新見前志名宦

是年大旱

自五月十三日不雨至八月十六日按（全楚府志）康熙十年全東永武浦溆大縣五月至

九月不雨

十年知縣張元會建駐防官舍兵房見前志兵防

十一年春饑民剝樹皮掘蕨根以食

秋有年

十二年秋大有年以上見前志禨祥

十三年五月耿精忠黨僞都統馬九玉陷縣城副將陳夢暘克復之

馬九玉寇金華湯溪與東陽義烏永康浦江諸縣俱陷康親王傑書遣副將陳夢暘駐蘭谿堵禦前後數十戰皆捷境得以全見蘭谿縣志

十九年大水

二十年大水旱稻無收六月豆俱漂沒

二十一年大水豆麥無收以上見前志禨祥

二十二年知縣譚國樞續修縣志

是年小麥發黃丹無收

二十五年大水漂沒民房無數以上見前志禨祥

二十七年詔康熙二十八年應徵地丁各項錢糧俱蠲免

二十八年蠲免二十四五六年未完民欠地丁錢糧以上見前志蠲恤

三十八年大水蠲免被災田畝錢糧見浙江通志

四十三年蠲免四十四年應徵地丁錢糧

四十七年蠲免四十八年地丁銀

四十九年詔明年五十年應徵地畝人丁銀兩俱察明蠲免以上見前志蠲恤

五十三年大水見前志禨祥

五十五年夏大水詔散賑平糶蠲免被災田畝錢糧見浙江通志冬十一月初九日大雷電見前志禨祥

五十六年詔浙江帶徵地丁屯衛銀兩概免徵收見前志蠲恤冬十一月大雷見前志禨祥

五十七年六月七月大雨狂風拔巨木室廬多塌見前志禨祥

五十八年大旱詔動存倉穀米散賑蠲免被災田畝錢糧見前志蠲恤

五十九年知縣宋紹業延縣人張祖年重修縣志

雍正元年知縣宋紹業建義學在縣治西北見前志學校

七年蠲免本年額徵屯餉錢糧十分之二見前志蠲恤

乾隆四年知縣李以琰修養濟院見前志建置

八年署理知縣曾景範建育嬰堂見前志建置

十二年蠲免本年地丁錢糧見前志蠲恤

十六年大旱見前志禨祥

是年穀貴

每百觔價銀二兩二三錢見治案略

二十九年知縣雷廷式建儀門西社倉見前志建置

三十五年皇太后皇上萬壽詔壬辰年地丁錢糧悉行蠲免

四十二年詔四十四年地丁錢糧悉行輪免以上見前志蠲恤

四十八年知縣陳鍾旻重修縣志

知縣陳鍾旻改義學爲九峯書院見前志學校

五十年大水

五十三年五月大水

是年饑

五十四年饑

嘉慶七年夏霪雨傷稼

四五兩月連雨四十餘日

秋大旱

十九年大水

二十五年夏大旱

自五月十七日不雨至七月十八日

秋大水

七月二十一二十二二十三等日連日大雨洪水成災

道光九年旱

十五年大旱

蠲免被災田畝錢糧

二十六年大旱

二十七年蝝傷稼

三十年五月大水

咸豐二年建試院

在儒學西北

是年大旱饑

自夏至踰立秋不雨禾盡槁有灌溉成實者又被蟲耗民不聊生

四年大水冲没民田四十五頃有奇壞白龍塔山等橋

蠲免被災田畝錢糧

八年夏四月髮賊寇衢州縣設城鄉團練局

髮賊僞翼王石達開寇衢州尋竄遂昌先是僞天王洪秀全陷金陵朝廷詔州縣團練至是湯溪始行興辦城鄉各設團練局

立團長製旗幟儲軍仗有警鳴鑼放銃爲號遞相接應以資防禦

十一年夏四月十八日髮賊陷縣城焚城隍廟踞三日遂竄金華髮賊僞侍王李世賢率賊黨由江西入浙江陷江常各縣遂竄龍游龍游民團與之戰不利團長姜懋槐及其子並陣亡賊遂進陷龍游城踞之時四月十七日也是日湯溪西北鄉各團勇俱出隊爲龍游民團聲援至湖鎮而賊已竄至爲所乘亦大敗翌日賊東竄湯溪知縣李元壽（江蘇人）已先遁城鄉各民團與賊遇輒潰散賊抵縣城自西門直入殺團長徐玉輝兩臺上焚城隍廟大掠城內外鋪戶民居十九二十二十一等日分掠各鄉

村所至姦淫焚殺被害不可勝紀二十二日竄金華

五月十六日賊自金華回竄焚縣公署仍返金華二十一日復回竄縱掠鄉間財物充積城中六月一日賊酋出僞示安民四鄉徧設賊卡置鄉官授監軍以下各僞職

僞侍王李世賢踞金華遣賊黨裨天義李尚揚僞朝將彭禹蘭等分踞湯溪尚揚與蕭章諸賊始事並起凶獷夙著自五月二十一日逐日至鄉間擄掠男女錢帛牛羊雞豕名打先鋒至六月初一日乃出僞示安民令逃避者速行回里給以門牌每戶各一每一門牌納銀幣二圓違者燬其房屋又令民進貢貢以銀米酒肉等項初但取其貢物已乃并輸貢之壯丁留之其四

鄉各大村落並設賊卡守卡賊數十百不等謂以防過往賊徒之擾掠日用供應悉責之民賊乃刺探村中向稱殷實之家藉端逼勒罄其所有或避匿在外則訪拏其親屬危詞恫喝以要挾之贖命錢視其家財力爲輕重不饜其欲不已至若民家閨秀或不幸爲賊所聞見無論許嫁與未强委禽焉其父母稍有躊躇即云不從禍且及門戶每有貞烈之女甯先自盡以免戮辱者而諸僞鄉官多係鄉里無賴爲虎作倀以故凶燄彌熾種種慘毒罄竹難盡矣

七月賊拆延興寺移其材入城改造僞公署

僞公署在縣城南內外九進壯麗無比拆延興寺及其他佛殿

之材加以雕繪爲之

九月初八日髮賊僞忠王李秀成擁賊衆過縣西北鄉鄉民被擄無算

時謂之拖大網

十一月賊大焚殺塔石山坑諸村民

塔石山坑諸村民恨僞師帥范某等挾厚大村守卡賊屢向諸村肆行毒虐遂擒范并卡賊置之死復集衆爲民團推縣學增生胡永謙爲團長築壘於百善村之營山日夜防守未幾賊率悍黨千餘攻民團壘團勇傅玉成等奮勇抵禦久之力竭壘遂破賊殺永謙玉成等遂入塔石山坑諸村大加殺戮房屋焚燬

殆盡

十二月大雪

同治元年春三月浙江巡撫左宗棠（湖南湘陰人）統大軍至衢州賊掘縣城外長濠設諸守備

宗棠自咸豐十一年十二月奉命巡撫浙江在江西籌辦軍餉至是統大軍至衢州時李世賢踞金華爲老巢以湯溪與龍游蘭谿等城爲屏蔽聞之急急設備爲死守計於湯溪縣城外西南北三面並掘長濠寬三丈許深半之以四月開掘日役民夫數千悍賊分段督工操作稍懈鞭箠立下六月濠成環濠密布木樁地鋮復數十丈又於各鄉置煎硝廠取民房舊甎爲硝料

到處穿敲村無完屋又嚴限徵糧踰限不完罪至斬首
七月十六日大軍進駐龍游賊糾合各路驍賊分踞縣之羅埠及
龍游之湖鎮蘭谿之油埠永昌鎮等處
大軍既肅清開化克復遂安遂進駐龍游衢鎮劉培元副將陸金城駐坐塘山江西道屈蟠王德榜駐全旺總兵滋大光駐茶圩按察使劉典駐高樓左宗棠自率親兵各營還駐距城十五里之源石灣時
僞侍王李世賢敗竄之後復糾合金華巨股並調溫處各路驍
賊分踞湯溪之羅埠及龍游之湖鎮蘭谿之油埠裘家堰太平
祝永昌鎮等處以阻大軍進攻之路
八月閩浙總督耆齡派知府康國器率粵勇三營由遂昌入駐縣
之南源會同剿賊

閏八月二十七日浙江布政使蔣益澧（湖南湘鄉人）攻羅埠賊壘破之遂進軍塔嶺背

益澧自長沙奉調來浙以閏八月初六日率全軍抵衢州左宗棠令與按察使劉典（湖南甯鄉人）由蘭谿西鄉進兵共圖李世賢所踞太平硯老巢時壽昌既克世賢於八月十四夜竄裘家堰結七大壘背江而陣以自固十八日益澧大隊急進合圍中間二大壘總兵高連陞率所部蹤濠先登破之劉典令朱明亮劉清亮奮攻第三壘亦破之餘壘皆潰而屯踞湯溪之羅埠龍游之湖鎮五里街（即五里牌）等處之賊尚不下數萬衆宗棠隨令益澧全軍渡江節節攻剿劉典軍駐油埠爲後路聲援會羅埠賊目僞

王宗李世祥遣人詣益灃軍前乞降益灃密諭世祥相機内應
二十七日平明益灃率諸將掩至賊壘鳴礮爲號由外殺入世祥率其黨由中殺出賊猝不及備棄壘潰竄遂大破之時湖鎮五里街等處賊壘亦爲崔大光李世顔各營破燬於是宗棠進駐新涼亭距龍游城五里而益灃亦遂率高連陞熊建益等進逼距湯溪城三里之塔嶺背駐焉

九月初一日高下莊民團隨官軍擊賊失利死王世景等一百二十人

賊撲高連陞營連陞與熊建益擊退之

初二日蔣益灃會劉典軍圍攻縣城

劉典會師攻南門高連陞攻東門蔣益澧自攻北垣圍城數帀賊穴牆門放鎗礮官軍踰濠肉薄城下前者被創後者復進相持至暮始收隊自是連日誘賊出戰斃賊不計其數

初四日康國器率粵勇出南源分駐厚大陸村上盛等處國器自駐厚大令林本駐陸村林珠駐上盛吳光亮駐夏家古捷芳駐章家

蔣益澧令熊建益謝永祜等與康國器合圍縣城各鄉村守卡賊皆於前數日竄避入城自是城外無賊踪

十二日蔣益澧攻破花園賊壘十三日會劉典軍進攻江坑賊壘賊焚壘遁去追至蘭谿縣對岸悉燬沿途賊巢而還

湯溪縣城既合圍益澧令高連陞防金華援賊而自駐羅埠以遏蘭谿之援時踞蘭谿賊僞天將譚星於江坑花園一帶結八壘踞村莊十餘里焚掠至羅埠三里外勢殊猖獗益澧乃於九月十二日督諸將進攻花園賊壘先破一小壘賊紛紛出援擊斃驍賊二十餘賊敗歸官軍乘勢猛撲遂連破其五壘惟譚星自踞之江坑二壘未破是夜益澧函約劉典翌日會攻十三日典率所部自伍家圩渡江合圍破其後壘方力攻其前壘而蘭谿援賊大至益澧令劉清亮徐文秀等率馬步迎剿殲其前鋒數十追至蘭谿縣對岸悉燬沿途賊巢於是江坑之賊亦膽落焚壘遁去而從羅埠至蘭谿之道路清矣

十五日高連陞熊建益搜勦金華援賊於白龍橋一帶追殺至距金華府城十里而還

十月初四日蔣益澧攻燬縣東南門新築賊壘斬賊目級天義李占魁

十月初三夜賊突於東門外築兩壘南門城根築一壘意在連絡城壘而留竄金華之路初四日黎明益澧飭督高連陞康國器所部力攻至午悉將各壘踏燬陣斬級天義李占魁

十一月十九日賊出城撲康國器營吳光亮古捷芳等擊退之

二十二日蔣益澧令諸軍迎勦金華援賊范汝增等於白龍橋敗之

賊久困縣城僞首王范汝增僞梯王練業坤僞戴王黄呈忠各

率悍黨自金華來援益灃令諸軍迎剿於白龍橋敗之

二十四日賊兩撲熊建益營建益擊退之

賊知援且至兩次出城撲建益營均爲建益擊退

二十五日蔣益灃會劉典軍擊蘭谿援賊譚星於羅埠外殲斃賊

六七百星易馬遁去

二十六日蔣益灃會劉典及康國器軍剿金華援賊於砧坊

十二月初八日蔣益灃督諸軍攻東門外山上賊壘不克副將何

萬華守備賀啓泰陣亡

初益灃以湯溪東門外山上賊壘最占形勢難以仰攻因派兵

偪近與之相拒陰向城壘開通地道數處爲轟攻計至是地道阻壞益澧憤而攻壘竟日斃賊數百官軍勇鋭亦傷亡三百餘而副將何萬華守備賀啓泰並以登壘中礮隕焉

十四日蔣益澧會劉典軍勦金華援賊於開化游擊彭永壽陣亡

二十一日夜賊目張成功率其黨五百餘詣蔣益澧軍前乞降受之

二年春正月初十日蔣益澧計擒賊酋僞忠裨天將李尚揚等十一日縣城克復

先是益澧屢敗金華援賊於縣城東時復射示城中曉以禍福正月初九日賊目僞朝將彭禹蘭遣人乞降益澧令副將劉樹

元守備徐文秀軍功李世祥至城邊密與要約初十日亥刻彭
禹蘭計誘僞忠裨天將李尙揚瀛天義張公慶喻天義劉明崇
慈天義李加斌等至濠邊劉樹元徐文秀出不意擒之益澧見
巨酋就縛卽令各營分攻城壘自率親兵於西門策應而康國
器軍攻其南彭禹蘭見官軍大至疾啓西門徐文秀匹馬衝入
劉清亮曹魁甲周廷瑞賀國輝王春林率隊繼之余朝貴丁賢
發亦以所部梯城而上殺賊各以千計城中火四起哭聲殷地
驍賊各奪門出走自相蹂躪間有跳越重濠者高連陞謝永祜
楊道治及康國器諸軍殲之死者不可勝數卽將縣城克復東
門外山上賊見城破火起亦棄壘驚竄爲高連陞等截殺殆盡

時已天明益澧立遣高連陞熊建益乘勝迅擊金華援賊戴首梯三僞王掩殺二千搜斬數百所有開化酤坊白龍橋等處數十賊壘一律焚燬十二日高連陞等督率各營進屯白龍橋三僞王奪路從東北竄去時李世賢已竄溧陽踞金華賊劉政宏亦率黨從東門逸連陞等遂進克金華府城是日蘭谿縣城亦爲劉典軍克復而踞龍游城賊於是日酉刻潛啓東門向湯溪西南一帶奔竄益澧奉左宗棠飛檄與康國器軍分路截擊於堰頭巖下厚大上盛等處漏網之賊寥寥無幾矣諸賊酋俘送宗棠大營尚揚磔死餘並斬首以上水旱等事據勤冊兵事據平浙紀略參攷蘭谿縣志及縣人夏廷謙王家杰諸家筆記

二月大饑夏五月大疫

賊退後流亡漸集然無所得食餓殍載途旋復繼以大疫數口

之家有死亡殆盡者

三年詔免征本年錢糧並發給穀種牛種

從巡撫左宗棠之請也

四年五月大水

七年重編縣魚鱗册

湯溪舊魚鱗册經燹無存糧產錯雜官民交困自四年設清賦

局至是重編新册後至光緒十一年册始告成

九年有龍游齋匪之警

光緒四年大水冲没民田四十三頃有奇

蠲免被災田畝錢糧

銀一千六百三十九兩二錢三分六厘米六十六石二斗四升

二合五勺

知縣趙煦勸莊村積穀爲社倉詳食貨

五年旱以上據訪册

東谷源土匪嘯聚知縣趙煦剿平之

東谷源之大坑地方山隖僻深棚民聚居燒炭陰設齋會有閩

人嚴姓習符咒衆奉爲祖師祖師則奉一王姓嬰兒爲主謬言

其先墓有王氣用相煽惑無藉流民附之約以是年十月十五

日揭竿起事附近居民紛紛遷避時署理湯溪縣知縣趙煦偵悉匪中虛實謂此宜速剿緩則難圖以倉卒不及請發省兵而金華府協鎮舒奎方調充武闈差事乃密啓金華府知府趙晉向檄金華縣募勇助守東路各要隘而自與分汛把總龐載熙率鄉勇二千餘人於十月十一日黎明分道疾進直擣匪巢匪猝不及防倉皇驚竄當獲住僞丞相以下二十八人王姓嬰兒亦一併就擒搜出僞官木質印章及火器旗幟多件餘匪潰散於是按照嚴辦土匪章程先斬首要六名梟示翌日訛傳匪黨千人將謀劫獄乃解二十二匪於府由府署派員鞫治復正法八名其餘十四名并後數日獲解之僞國師等俱分別嚴辦事

定省城調洋鎗隊二千人至取犒賞二千餘緡而去而巡撫某以履新之始不欲將叛案入告遂幷府縣弭亂之功抑而不敍云據草敘錄稿述纂證參取父老傳述

八年夏五月大水冲沒民田二十七頃有奇秋七月旱冬十二月有詔分別蠲免錢糧銀一千零六十二兩七錢六分七厘米四十三石四斗九升二合六勺

九年夏四月十七日烈風震電劇雨如注文廟圮

是年知縣朱榮璪改建九峯書院於文昌閣故址在儒學東

十二年大水蠲免被災田畝錢糧

銀三百八十八兩九分米十五石九斗一升九合六勺

十五年秋七月大水漂沒衢港兩岸民居

二十三年有狃患

有獸似犬三五成羣出西北鄉逢人即噬俗呼馬熊或曰狃也

人有戒心行必攜械結伴越數月其患始已

二十六年松林蟲

是年六月西北鄉民因衢州匪亂驚擾走避踰月始定

匪起江山以仇教爲名攻剽縣中西安亂民應之殺西教士男

婦六人幷誣指西安知縣吳德瀟（字筱村四川達縣人）通番以利刃攢刺

洞腹死三衢震擾湯溪西北鄉地接龍游民亦紛紛走避山谷

時方酷暑老弱多中暍死者踰月始定

二十七年夏五月大水　冬十二月大雪深四尺

二十八年三月初一日大風雨雹

三十二年始立九峯高等小學堂

改九峯書院爲之

三十三年秋八月旱晚稻無收

宣統元年旱

三年設城鄉自治會

劃全縣自治區域爲十區城區設議事會董事會鄉區設議事

會鄉董鄉佐至民國三年裁撤

是年十一月十三日縣奉中華民國正朔

九月間革命黨起義武昌浙江應之至是南京政府成立定國號中華民國以是日爲中華民國元年一月一日用陽曆也

（中華民國）

元年設縣議事會參事會

三年裁撤十一年復設十五年裁撤

三年大旱

自陰曆五月不雨至七月凡七十餘日

蠲免被災田畝錢糧

銀二千九百六十六兩九錢七分三釐米一百二十七石四斗九升七合四勺

四年夏大水　秋蝝傷稼

蠲免被災田畝錢糧銀九百八十七兩二錢二釐米四十二石四斗二升二合

置道倉詳食貨

六年縣人洪承魯等議修縣志

七年春地震

陰曆戊午歲正月初三日未刻地震房屋搖撼有聲

秋大疫

陰曆八九月間時疫流行死者頗衆
八年有潰兵擕械竄西源知事李洣計擒之
十三年九月衢防軍潰過縣西北鄉有攻剽居民者民大驚擾
十月閩贛聯軍過縣西北鄉
福建軍事善後督辦孫傳芳統率之
十五年十二月國民革命軍過縣西北鄉
國民革命軍起於廣東國民黨亦稱黨軍時方戰勝五省聯軍於江西進至浙邊衢防軍延入之十二月十二十三等日過湯溪西北鄉紀律謹嚴居民安堵無恐云
縣志稿成

十六年一月五省聯軍孟昭月部至縣布防

五省聯軍總司令孫傳芳聞國民革命軍既入浙以孟昭月爲浙江總司令率所部進駐省垣一月初旬敗革命軍於富陽乘勢進至桐廬又進至建德蘭谿以至湯溪二十一日入湯溪縣城逐警察所長陳曜焜（以蘭谿人張綸代之後二日曜焜被刺死又七日綸爲革命軍俘虜）搗毀九峯淑德諸男女小學校及教育局通俗圖書館自縣城東徑金雞山抵官澤亭西徑湯塘山跨箬帽坂抵張峯墈過江迤北達游埠諸葛各因地勢開掘戰壕架設巨炮爲防綫而瀔水左右縱橫數十里大小村落悉爲兵士分駐所焉

革命軍攻聯軍破之聯軍退走

革命軍之退自富陽者分駐衢龍之間以待後援於是東路軍總指揮何應欽東路軍前敵總指揮白崇禧統率所部兼程馳至遂以一月二十八日分道入湯併力進擊二十九日激戰終日日晡城東南聯軍先潰既而城西湯塘山一帶亦潰入夜箬蛸坂以西皆潰潰者爭向蘭谿退走至三十日而在湯之聯軍退已盡矣是役也革命軍死傷百餘人聯軍倍之而戰地居民以中流彈被嫌疑死者亦數十人云

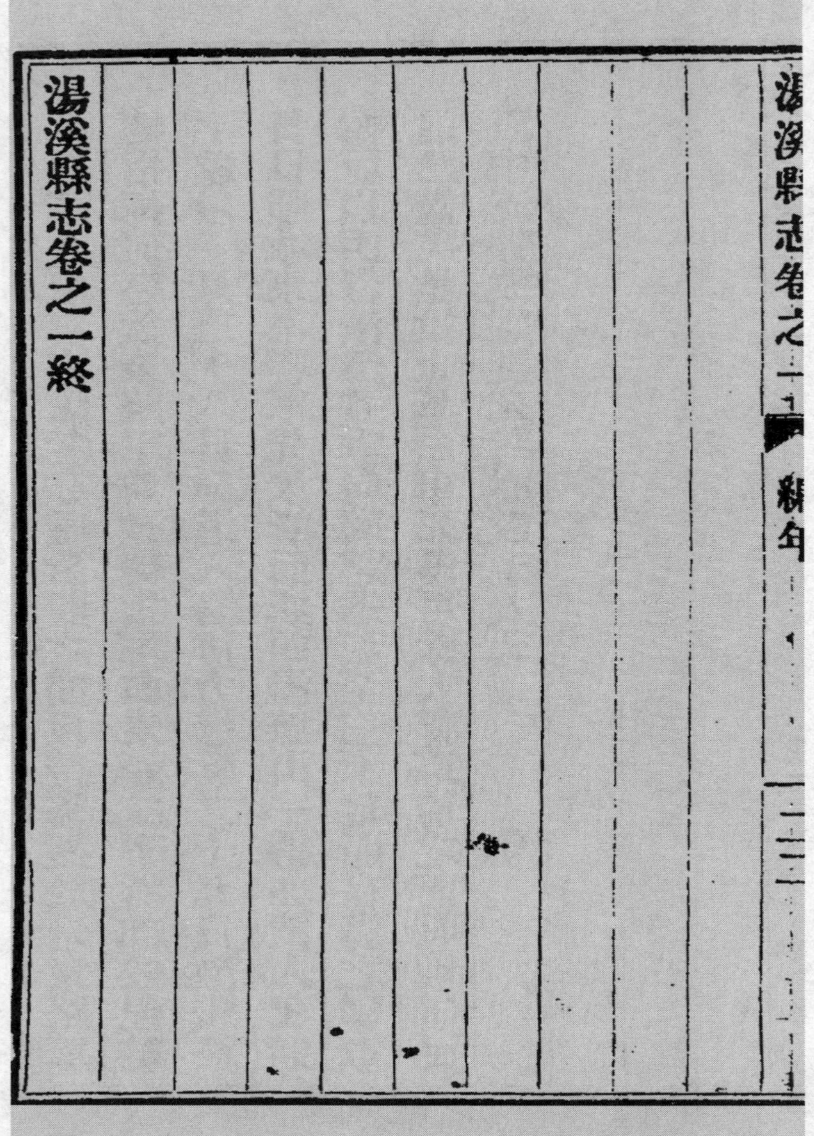

湯溪縣志卷之一終

（明）王倬、章懋、鄭錡纂修　（明）許完續修

【弘治】蘭谿縣志

明正德刻本

祥異

洪範以庶徵之休咎驗五事之得失則祥異之來豈無所自而然哉古之人有令江陵而返風滅火者有令揄次而風不鳴條者有令下邳而邑獨無雹者則祥固在於人矣而凡水旱疾疫之異爲政者其可委之於昊天乎蘭溪自昔以來物之爲祥爲異者衆矣而聞見不博未有彼焉姑錄其所可知者以爲志

瑞蘭 宋咸淳壬申孟春縣之南瑞居山出瑞蘭進士段綺賛曰邑以蘭名居多君子德馨所熏瑞蘭呈一只一幹雙葩夷齊弟兄余入其室心香適清府知縣薛至圖刊于石置縣壁中

支刻有

□秀絕句□□□□鄉□□□秀□□□□□□□□遂十□□□□

墨孝感召所致一莖雙穗秀色纖纖田里稚老□□豐可占知奇至不斷續于石置縣壁中

瑞芝 宋時黄求舒父墓生芝叢蓋黄幹人以爲祥咸初吕一人陳如珪劉山先塋亦有芝焉□□□□處并一本五秀長山侯仲申爲作原芝蘇平仲作原芝之吳學士潘仲作瑞芝詩皆以爲孝感所致

雙頭蓮 景泰初紫岩鄉靈湖青荷花雙頭而並著時大姓郭氏家於湖上其年秋郭公仲通與兄子時顯聯名鄉薦人以爲雙蓮之應

大水檀 銅山鄉黄溢之下大溪岸上有檀木一章其大合抱其高十數丈不知幾何年矣每歲春夏時溪流漲後始生枝葉其發生早晚必以水漲早晚爲期如或漲後而不發生則必復有大水人因以爲水之候焉

□五月大水繡衣坊下

□鼓樓皆没□平屋

水災 唐咸亨五年山水暴漲溺死人○太和中大水害稼○宋紹興十四年五月乙丑水侵縣南西

一年五月 八高景象 大水三次 死萬人 嘅下田無 旨之甚 下 科粒無收 同連年 採樹皮和 新和米 樹合一斗合 五月麦尽

寅中夜水暴至漂溺者萬餘人。慶元三年五年大
水漂民廬舍田稼。元至順元年八年皆水。洪
武三十三年六月。永樂十四年七月皆大水漂
溺人畜田廬不可勝計。正統八年成化十八年
十九年皆水入城市。弘治元年夏霪雨彌旬不
六月十五夜純孝鄉三峯塔彈兩潯之中共水崩
山乾溪暴漲平地深數丈漂蕩房室以百計壞田
畝以千計人畜溺死者亦以百計或云有蛟出焉
○弘治十一年六月十一日未時縣之諸鄉各池
塘中水忽然湧起高二十三尺旋即退消。正德五
年四月半後連日大雨各鄉山溪水大漲溪傍禾
麥皆浸死衝壞田土甚衆民廬亦有漂去者

旱災

宋紹興五年八年三十年皆旱。淳熙元年十二
年十七年八年九年連旱。開禧元年夏百餘日
不雨大旱嘉定八年春旱首種不入至八月乃雨
元後至元二年自春至八月不雨。宣德元年大
旱正統五年旱景泰七年皆旱　弘治元年大旱
自五月至八月不雨早晚禾皆失望　三年四年
又旱弘治十一年六月又大旱　正德三年大旱
自五月至十二月不雨早晚禾豆粟皆不收蕨根

入雪字五 青月字六 五年廿六 四

風雷雹 皇立夏後 十六月初九 月風雹 方群 八年五月廿八 雜及頭門

樹皮野菜皆採食盡民饑死者甚衆

蟲灾 宋隆興元年八月飛蝗害稼又蝻多爲穀灾○嘉定九年九月又蝗○十四年蟊螣爲灾○洪武三十五年六月飛蝗自北來禾穗及竹木葉皆盡

地震 弘治十八年九月十二日子時地震

大雪 唐天祐元年九月壬戌朔大風寒如仲冬後又大雪○景泰五年大雪自正月至于二月深六七尺

大霜寒 正德四年冬十一月連日大霜寒凍極甚竹木之後凋者葉皆枯落有經春不復生者蔬菜盡死民饑尤甚

非時雷 弘治六年正月初五日夜大雷天雨黑冰九月十八日又雷○正德三年十一月初一日雷時微雨十二月　日又大雷雹○廿二年十二年十二月二十八夜迅雷疾風驟雨

火災 成化二十三年五月七日邑中大火城市民廬十六七八○弘治六年平渡鎮火巡司燬

……鋪　內六房火　及儀門　為煨燼　傍火災　三十餘間

○弘治九年三月火災縣之六房積年案牘皆爲灰燼其八月又災縣前民居商舖及養濟院皆毀○弘治十四年四月十三日夜平渡鎮又火○正德元年六月二十七日邑市又大火市肆民廬林燬幾盡

竹生麥 成化十五年縣孝鄉壽昌界竹生實如麥民採食之 廿六年又出竹米數萬斛 百年間花結子云

天雨黃土 弘治八年二月縣城北黃盆塢中天雨黃土有大如碗者然甚輕至地即碎

十月牡丹 成化十四年十月桃花塢劉家園內紫牡丹開花弘治五年十月黃泥嶺童家園內牡丹亦花

梨李再花 弘治八年九月鄉間梨李皆再花山上盡開紅杜鵑花絕類春時

【光緒】蘭谿縣志

(清)秦簧、邵秉經修　(清)唐壬森纂

清光緒十五年(1889)刻本

光緒蘭谿縣志卷八

雜誌

凡無所繫屬者彙而書之爲雜誌厥目五曰祥異曰兵燹曰古蹟曰遺事曰存疑有仍前志參訂者有新采纂入者以之覘民生之休戚驗時俗之盛衰考先賢芳躅之存亡證軼事傳聞之同異罔勿釐然豁然且藉以補各門之所未備云爾

祥異

前志庶徵分別名目隸事類書茲則總括休咎依世次紀之遵通志例也其前志闕略而錯見他籍者參補焉

唐咸亨四年山水暴漲溺多人（前志作五年茲依府志唐書五行志咸亨四年七月婺州大雨山水暴漲大歷二年秋浙東西大水永貞元年秋浙江旱元和元年夏浙東大疫）

太和中大水害稼（唐五行志太和五年六月兩浙大水害稼）

天祐元年九月壬戌朔大風雨雪嚴寒如隆冬（康熙邑志）

宋建隆三年夏五月災（錢王俶遣使賑恤見十國春秋）

咸平二年饑（宋史五行志閏二月婺州箭竹生米如稻時民饑採之充食按府志作閏三月）

景德二年饑（宋五行志兩浙饑）

嘉祐六年七月淫雨（宋五行志七月兩浙淫雨爲災）

紹聖四年夏旱（文獻通考夏兩浙旱）

元符二年水（宋五行志兩浙水患）

宣和元年旱 按范香溪先生年譜時年十八歲有嘆旱詩我行田閒嘆且驚田閒旱塊縱橫荆榛惡草亦枯瘁雖有稷黍何由生田邊老人爲予語欲語先愁淚如雨老兒百指住山西世業農桑不工賈年年此田收好穀玉粒長腰舂百斛公私取給有羸餘作飯爲糜肥口腹今年旱種艮辛苦抱甕澆畦甯入土囷傾舊穀已無餘新穀疎蕪復如許年年百指無憂畏今年百指俱憔悴餓死塡溝自不辭只愁逋負官家稅即今官稅催輸入督吏臨門如火急老兒可是樂徵呼其奈黍頭無一粒我感翁言情激烈卻笑老翁言太拙爲陳天子有深仁子惠窮民念民切況今官府皆時賢會將租青都蠲捐庶幾儉歲亦得飽且與爾曹圖醉眠

宣和閒純孝鄉董少舒父墓生芝紫蓋黃幹 正德邑志

紹興二年饑 文獻通考兩浙饑斗米千錢

四年四月淫雨至於五月災 通考四月霖雨至於五月浙東西郡縣壞圩田害蠶麥蔬蓛

五年旱 宋五行志五月浙東

西旱（萬歷府志）五月婺州旱蝗大雨溺萬餘人八月旱蝗八年旱（通考）紹興六年春浙東大饑民多流徙十年浙東游饑人食草木（府志）八年婺州旱十四年五月乙丑洪水浸城市次夜更暴至溺死萬餘人（五行志）五月丙寅婺州水蘭谿縣水浸城市十八年冬浙東饑三十年旱（五行志）秋旱浙東尤甚十月浙郡國螟蝝

隆興元年八月飛蝗害稼又有螟爲災（五行志）浙東西郡國螟害穀入月大風水

乾道二年淫雨夏寒麥蠶不登（五行志）正月淫雨至於四月夏寒浙郡損稼麥蠶不登六年夏旱（五行志）夏浙東旱七年旱（五行志）春婺州旱（府志）秋婺州旱無麥苗九年旱（五行志）婺州久旱無麥苗

淳熙元年旱（五行志）浙東饑府志元年婺州旱七年八年九年旱亦如之二年旱（萬歷

邑志）三年水（五行志）浙東西多水婺州為甚（金華縣志）八月水　七年旱（五行志）浙皆饑婺大旱自四月不雨至九月　八年旱（五行志）婺旱　九年旱饑（文獻通考）春大無麥婺州饑

紹熙五年饑（宋五行志）春浙東西郡縣自去冬不雨至於夏冬無麥苗浙東西皆饑

慶元三年大水（五行志）秋婺州螟（府志）二年婺州螟（文獻通考）四年秋浙東西洊饑道多殣

五年夏大水漂民廬害田稼（五行志）六月浙東西霖雨至於八月婺州水漂民廬多溺死　六年夏大水冬無雪（五行志）五月婺州大水積五日漂廬害稼冬燠無雪桃李華蟲不蟄　九年大水（府志）大水害稼

嘉泰四年旱（五行志）五月不雨至於七月浙東西皆旱

開禧元年夏百餘日不雨歲大饑（五行志）夏浙東西不雨百餘日婺州大旱

二年無麥（文獻通考婺州無麥府志婺無麥大饑）

嘉定元年九月蝗（五行志五月浙江大蝗）三年夏大水（五行志五月婺州大雨水圮田廬市）八年春無雨至八月乃雨首種不入郭首種皆腐（五行志浙郡皆旱婺州為甚）九年夏大水（五行志五月大水婺州漂田廬害稼浙東蝗萬歷府志大水沒田廬）十年饑（文獻通考婺州饑）十四年蝗螣為災（五行志婺州螽蝝為災）十五年七月大水（萬歷府志婺水暴溢與江濤合五行志七月蕭山縣大水時久雨衢婺嚴三州暴流與江濤合圮田廬害禾）十六年無麥禾（五行志浙郡國皆無麥禾）

嘉禧十三年秋大水（續文獻通考七月辛丑婺大水冒城郭溺人）

咸湻八年正月縣南塘山出瑞蘭一幹雙花（段綺贊云邑以蘭名

居多君子德馨所熏瑞蘭生只一幹雙葩夷齊弟兄余人其室心香逾清三月純孝鄉麥秀兩歧（董坦贊云純孝之鄉斯麥呈瑞猗歟聖孝感召所致一莖雙穗秀色纖纖田里歡呼年豐可占時知縣群至圖刊於石嵌置署壁）

元至元十八年饑（元史五行志二月浙東饑）二十七年夏有螟（五行志四月婺州螟害稼忽雷雨大作螟盡死歲乃大稔）二十八年水（五行志浙東水）

大德六年夏饑（五行志六月婺州饑）

至順元年八月水（萬歷府志大水漂沒數千人）

至元二年自春至八月不雨饑（元史順帝本紀浙江旱自春不雨至於八月民大饑）

至正十三年旱　十六年大旱（並見五行志）

明洪武初陳如珪豹山先塋生芝朱莖紫榮一本五秀時長山胡翰爲作原芝之記蘇伯衡作廣原芝之記吳沆作瑞芝記皆以爲孝感所致

十年正月丁酉雨黑水如墨汁池水皆黑（續文獻通考）金華處州皆然

建文二年六月大水（孫之駼二申野錄）庚辰六月金華大水入城市（府志亦云六月大水入城市（按）府志與（舊邑志）均作洪武三十三年今改正（金華縣志）作建文三年

四年六月飛蝗自北來食禾穗及竹木葉皆盡（按）府志與（舊邑志）並作洪武三十五年

永樂十四年七月大水漂溺人畜田廬無算（二申錄）（按）通志引（萬歷府志）五月金華大水漂屋疫癘大作六月大旱七月又大水今（府志註）時五月水災甫息疫癘作夏仍旱七月十五又發洪水高踰前八尺應彥文有記

宣德九年大旱（二申錄）傷稼

正統五年旱（二申錄）尋大水（明實錄金華衢州自六月至七月淫雨連綿江河泛溢）

八年大水入城市（二申錄）

景泰元年夏紫巖鄉靈湖生荷花雙頭並蒂（康熙志時大姓郭氏家於湖上其秋郭仲初與兄子時頤聯名鄉薦僉以爲雙蓮之徵）五年大雪自正月至於二月深六七尺（二申錄）七年旱（康熙志）

天順元年夏旱（明實錄金華六七月尤旱苗枯）四年陰雨彌月水傷麥禾（明實錄金華四五月陰雨連綿江河泛濫麥禾俱傷）

成化十四年十月桃花塢劉家園紫牡丹開花（見前志）十五年純孝鄉竹生實如麥民采食之（並見府志）十八年三

月水入城市（二申錄）十九年水亦入城市（二申錄）蘭谿餘姚連年水

二十三年五月大火城市民廬十去八九（二申錄）本（前志按）作大水未知孰是七月邑中又火市廛民廬十燬七八（康熙志）

宏治元年大旱自五月至八月不雨早晚禾盡槁（二申錄）五月蘭谿大旱（萬歷府志）金華大旱二年三年旱亦如之三年旱四年亦旱（二申錄）九月蘭谿大旱五年十月黃泥嶺童家園牡丹花（二申錄）六年正月初五夜大雷雨黑水五月至八月不雨無麥禾九月十八日大雷是年平渡鎮大火燬巡司（府志）八年三月黃溢畈天雨黃土大如碗至地即碎九月梨李再華杜鵑盛開如春時（俱見二申錄）九年三月縣治火六

房桑墳皆爲灰燼六月十五夜純孝鄉三峰坦達兩源山崩乾溪水暴漲高數丈漂沒田廬溺死人畜不計或云蛟出（二申錄蘭谿大水）八月縣前又火府館及養濟院燬爲（並見府志）十一年旱六月十一日未時城鄉池塘水無風雨湧湶如潮高二三尺（二申錄六月蘭谿縣川湖池沼水忽騰湧三四尺旋即消去）十四年四月十三日平渡鎮火（亦見二申錄）十八年九月十三日子時地震（府志金華各縣地震二申錄金華各縣同時地震有聲）

正德元年六月二十七日邑中大火市肆民廬焚燬幾盡（二申錄蘭谿大火市井爲墟）二年十二月二十八日迅雷疾風

三年春牛生犢鷄犬雛皆三足夏五月驟雨見二申錄不雨至十二月旱晚禾豆粟皆無收蕨根樹皮采食無遺民多餓莩二申錄金華各縣大旱十一月初六日雷十二月大雷電見二申錄四年十一月大霜竹木蔬菜盡死舊志連日大霜寒凍極甚竹木之後彫者葉皆枯落經春不復生蔬菜盡死民饑尤甚府志注各縣竹木葉皆枯落經春不生菜盡死五年四月望後連日大雨溪水洪漲害禾麥壞田漂廬舊志六年旱大饑見楓山年譜日紀

嘉靖五年正月十六夜地震有聲二申錄八年純孝鄉章贊家生芝舊志贊與弟贊同居庭前產芝之連莖其後子孫科甲蟬聯王世貞李攀龍皆有詩記十八年五六月大雨浹旬城中水漲丈餘居民皆乘

屋泛舟漂溺者甚衆尋大疫多死（通志引萬歷府志）

人

縣犬雨浹旬北山蜃出田稷塘堰蕩盡東義永武四縣皆發洪水蘭谿特甚水高丈餘民無樓居者棲於屋脊　陸體仁家

二十二年純孝鄉陸家榴開重樓並蒂庭有盆榴生花重樓並蒂（永康程文德詩）何處盆榴有異花銀臺仙吏陸君家已知多子非凡種今見丹心更瑞葩並蒂紅渠慚豔態重輪赤日擁青霞知君世德原忠孝留福層層正未涯（餘姚孫督僉堪詩）炎夏繁朱英柔枝嬋無力烈烈擢秋風昭昭露褭赤

二十三年大旱穀昂貴民閒鬻子女哭聲滿途（二申錄）是年浙江大荒

三十一年七月飛蝗爲災禾穗盡落（二申錄）飛蝗蔽天

三十九年紫巖鄉生瑞麥（舊志）三十四都徐環家生有瑞麥六穗者一本五穗四穗者各二三穗者四二穗者甚多時吳縣蔣彬知縣事士夫咸賀以爲和德感召云（按府志作瑞粟今從邑舊志）

四十一年六月大雨連

日洪水暴漲城中水高數尺禾浸沒饑（康熙志）四十五年二月十八日夜大雨雹（府志註）是夜亥時雨雹大如雞卵十九都尤多屋無完瓦　冬大霜如雪茶麥樹木多凍死（前志）

隆慶二年十二月庚子日天鼓鳴見（康熙志）三年十二月初旬雨雪至次年正月積深四五尺（前志）

萬歷二年三月大風雨雹撤屋拔木（府志註）風雹橫山鄉至紫巖鄉尤大撤屋拔木百草俱盡擊死三十餘人　三年旱（府志）禾稿無收　七年蝗害稼（前志）十三年六月大風黃沙蔽天拔木摧屋行人撤去里許河船多覆見（三中錄）又有青蟲爲災（前志）青蟲害稼稻穗多落　十六年大水入城市田禾盡沒民食草木疫癘大作死者

接踵（前志）後大旱民多流亡（前志）禾皆枯死無收邑患無儲蓄男女多就食各省有不能復還者（府志）十五年十六年十七年八縣連旱民大饑餓殍滿道是歲五月城南地有聲如洪鐘次年正月亦如之（康熙志）五月初旬晨桃花塢至南門上下地有聲如洪鐘圓轉往來不定次年正月亦如之　二十年縣治火六房譙樓監舖俱燬見（府志康熙邑志）　二十三年正月至二月雨雪四十日六畜凍死（府志）金蘭東義四縣大雪四十餘日牛馬多斃山谷中人有餓死者　二十四年八月二十六日無雨各池塘湧浪如潮高尺許（前志）　二十六年大旱（府志）八縣大旱顆粒無收民多餓死　二十八年五月甘棠鄉葉家火男女多焚死者（前志）十八都葉氏家方演戲於樓火起四面圍牆堵塞人不得出男女焚死者百餘人　三十年冬連日隕霜樟

木經春不發〔前志〕三十二年四月麥生三歧〔前志〕金蘭交界處田出三歧麥時縣官俱入覲士民歸美於郡伯周著胡僖爲記十一月十八日夜地震〔按〕府志作初九夜是夜八縣地動江南俱震〔三〕中錄十一月初九日戊時金華嚴州開化同日地動江南俱震三十七年麥生二歧時知縣劉宇烈治繁理劇有政聲爲士民所頌四十六年六月天雨花〔康熙志〕戊午年六月赤日中雨空花白下視之似從日中出至詹際而沒

天啟二年暴水入城市〔三〕中錄八月四日暴水滿入蘭谿城市三年金蘭書院梁上產芝大如斗〔舊志〕知縣楊兆升題其堂曰蔚芝之堂〔徐應亨頌〕云英英芝草擢秀發祥按圖考籍自昔揚芳月精雲母五色煌煌辟兵返矢壽永千霜漢宮九葉詠播芝房昔我邦后維周與莊爲守爲令晉蔭其棠德被草木福澤滂洋爰建祠宇比於桐鄉神芝表異產自虹梁吐柯紆

藹霞燦雲翔金蘭協瑞煜煜生光四郊歌舞歸美循良何嘗朵擢入薦明堂（與校二申錄）作余闕書院時知縣吳國琦斂練端嚴

崇正五年孟春縣生白瑞蘭花四如玉琢合邑爲之頌（見康熙志）　夏純孝鄉出瑞麥有兩岐三岐者（前志）　十月初十日南門火燬民居數百家二十五夜西門又火延及城樓十二月南門又火（與三申錄同）　九年大旱饑（府志）八縣大旱民多食土名觀音粉　十一年九月甘棠鄉出瑞粟雙穗者兩莖六穗者一莖圖形勒石於縣左壁時知縣盛王贊者有循聲（邑人郭堯濂頌）云洪範八政首重農殖樂只君子豐收儉稷來宣來旬粒我烝民庭貽燕喜永兆休徵一莖六穗濟陽上瑞遵彼瀫濱厥產亦纇纖莖羅露香稼搖風邑有循牧帝座自通寒露滑滑是有舉處行將王燭燮理以示穀我士女（見前志）　十[illegible]大水入城市（前志）天啟二年暴水滿入城市崇正十五年大水如前

國朝順治三年旱（康熙志）四年大旱穀昂貴民食草木時穀石價至二兩五錢 六年大水漂沒民廬無算硯山與大慈嶺同夜崩裂平地水高二丈有餘人民廬舍被漂溺者無算 九年七月天雨珠（前志）雨顆大小錯落圓凝如珠瑩澈如水晶其集如霰及地即散無質以爲雨珠云 十一年冬大凍 十二年水（前志）幽居菴產青蓮花祇一枝時以爲異 九月初旬驟寒大霜蕎麥豆無收（俱見康熙志）

康熙九年夏朱家荷沼開青蓮（前志）庠生朱紱山家沼中開青蓮花一朵頂千瓣房上生房又聳出高瓣如玉簪花色更青郭若緯詩淨植亭亭出水隄冰心竟體脫淤泥不須傳粉矜霜質厭薄施朱襲碧緹鄭重禪胎投火宅恍然天女現玻璃當年曾受燈圖咒優鉢旃檀香氣齊 十二月大雪旬餘深五六尺 十年大旱饑民多流離（前志）

夏秋俱無收飢民掘白色山泥充食名觀音粉七月東門火延及縣治頭門

二十二年春苦雨小麥無收府志春八縣俱苦積雨小麥發黃盡死

五十六年饑時甘棠鄉陳觀品出米散給志義行

乾隆十六年自五月至閏六月不雨歲大饑五十三年水俱見前志

嘉慶二年大水以下新纂十二年火災又大水二十五年又大水饑

道光八年大水沿溪居柩多被冲落十四年春疫大作民多死亡夏有蟲害稼饑是冬斛米價百文十五年大旱饑自四月不雨至次年二三月方雨禾荳粟麥及雜糧俱無收大饑二十一年十一月大雨雪草

木皆冰大樹多壓折時天寒異常夾雪夾雨著草木卽凍茅一莖有重至十餘觔者占者以爲木甲或亦謂之木介震澤長語云春秋書木冰漢書謂之木介又曰木稼三十年五月二十五日大水八月十六日又大水皆入城市五月衢港大水八月婺港大水兩次皆入城市惟署前與官井頭無水

咸豐二年夏四月地動是日戊亥時地忽動門環窗鈴琅琅有聲五六月旱四鄉設醮禱神至秋稍得雨而稻已傷三年七月霪雨穀生芽時值秋穫民方得食冒雨刈歸炒穀礱米爲食四年十一月初四日西鄉塘水傾湧日午後各塘水多傾泄一邊至有見其底者或從中騰湧暨高數尺移時始平八年二月城五坊大火自官橋街至麻車巷口及官井街楚相第衖皆延燬約二百餘開十一年四月大水十二月大雪樟木多凍死雪深五六尺嚴寒異常諺云凍

死者枕藉饑餘老羸

同治元年正月復大雪去年十二月雨雪大凍正月復連旬雨雪凍更甚溪澗冰厚尺餘平地雪深六七尺人不得行時賊盤踞邑境百姓東竄西徙多棲止山谷間值此久雪無處覓食饑寒交迫輾轉致死者不堪言狀甫晴霽賊四出剽掠百姓聞風又欲避徙而山雪未消婦女傾跌巖壑者甚衆吁可歎矣　二年夏大旱饑民食草木餓殍滿途是時斗米千錢復大疫死亡枕藉詳善後記略　三年南街火南門起公輸廟止四年四月大水八月又大水未幾南門四坊火延燒二十餘間

五年十一月南門四坊火六年南門四坊又火夏旱時六月初方亢旱忽一日午後西北鄉暴雨嶺日新宅諸莊平地水漲數尺山石多崩鐵田被沖一月之間災異互見　七年七月初六日四坊復大火起自南門馬頭延至赤帝

廟公牆止約百餘間十坊八年北街麻車巷火九年河下街亦焚幾百餘間五月二十五日南門四坊火自趙家馬頭至白酒巷止十月初一日夜怪風是夜大風自西北來西鄉雷股殿蘆墟殿西上徐興俱摧折滿堂岡路亭柱離礎尺許而棟宇不壞羣以爲異十年夏旱十一年六月初一日雨花是日天清日赤雨花如雲雪迴旋而下近簷即沒自辰至申方止有疑爲楊花者或以爲茅花然六月楊花已盡茅草猶未有花

光緒二年十二月初八日南街火在十坊延燒百餘間四年五月大水越二日又大水水入城市漲高三四尺民多避登屋脊無可起爨縣主朱公棵備粥飯及諸食物令吏乘小船入街巷分濟餘者多從樓檻中綴入十月初四日南街火九坊延燒二百餘間十一月初旬南街城外又火四坊一帶約百數十

聞

是年洞源村後麓地陷一穴穴有水色碧深不可測初陷僅尺許逐陷逐廣倏成潭陷時有婦喪子在麓哭之哀地倏陷因名哭潭　五年夏旱自五月不雨至於七月　五月初九日小雨至七月初三日方雨時邑侯祈雨遣往箬潭迎請龍神供於武院仍不有俗謂院牆繪抗像龍與抗鬬故不得雨乃移供大雲寺甫出院疾風驟雨萬瓦齊飛俗傳果有徵耶　六月十六日縣西蛤蟆巖崩水溢　是日赤晴午後幾間雲起雨如注水驟漲近巖諸村如古塘崇儒下湯家源田多浸沒均以為災　六年三月雨雹東北二鄉較甚　七年五月二十八日夜怪風　自太子橋掠過黃歷溪蔡侯廟稠川至轉虹橋其勢甚猝倏忽間頓息　八年五月初五日大水入城市高二尺　較四年漲　九年四月初八日夜大風雨雹西鄉瑞山鄉尤大古木多有折拔者　六月十六日夜雨如注水暴漲　是夜

三更後惟西鄉大雨至曉泛溢無垠柱竿七月大水山與建德界諸山皆有崩裂均以爲蛟出十九日至二十二日連日大風雨寒如深秋北鄉十養源溪尤大源內諸山皆有崩裂亦以爲蛟出云年五月十九日大風雨雹南鄉較甚下余宗祠皂洞口龔氏祠石夾殿西郭殿瀔溪殿俱折毀十一年六月二十二夜城南街火燬九十坊延六十餘家是夜四更火起至黎明方息十二年三月初七夜東鄉大風雹麥草皆如薙雹大如拳平地積至數寸許自西而東過上下郭入北山其聲如洪鐘睡醒者皆警麥草吹折如薙去七月大水歲歉自望日大風狂雨暨十八十九日水暴漲入城市沿河各都圖禾盡漂山徙稻穀皆芽

（清）張營堠修　（清）周家騶等纂

【嘉慶】武義縣志

清宣統二年（1910）石印本

雜記

古人正史之外有外紀外傳雜錄雜記其中雖多牴牾或誕漫無稽然亦存而不廢所以廣見聞也然於禨祥休咎與夫瑣事畸聞軼見於他說難以徵信者甚不蒐羅詮次亦稗官野乘之義焉志雜記

祥異

明成化乙巳歲大荒山鄉小民多食蕨粉焉食於他鄉忽竹林中枝頭出穗形如米如麥而色赤民採食之賴以全活後不復得　十二年八月山水暴漲入城市　十八年五月亦如之

二十二年十二月大雪平地高五尺

宏治四年旱饑殍載途　十六年三月十八日大風雨雹拔木

傾屋壓死二十餘人　十八年九月十三日子時地震

正德三年六月不雨至明年二月雨大飢民食樹皮野菜　四年十一月大霜竹木皆死經春不生民饉　十四年四月雨雹如拳鳥雀雞鶩多傷

嘉靖八年五月平地水高丈餘　十八年六月六日大雨決旬發洪水

隆慶三年六月平溪潭盡涸忽一日夜半大雨水驟至入城街衢可行舟損廬舍禾畜無算

萬曆三年五月不雨至明年二月雨　十五十六十七三年旱斗米銀五錢流殍滿道疫大發縣令陳公大烈齋沐至三潭迎龍須臾雲起潭中龍見其爪得一物如線俗謂之線龍貯瓶中舁歸中途甘霖如注時六月初七日也又鄉民取得蛇

龍一貯瓶中過周氏家謀奪之碎其瓶蚫龍蜒出不可得是夕大雨雹飛瓦拔木五六里内禾盡仆又是年霜害蔬木　二十六年五月不雨至八月雨早晚禾失收　二十八年八月大水　二十九年四月淫雨麥爛　三十一年夏旱至秋早晚禾失收　三十二年十一月初九地震　三十三年旱禾俱失收　三十四年七月大風吹壞譽前左右坊　三十六年夏旱早禾失收

崇禎五年火焚熟溪橋　九年五月不雨至八月雨　十二年六月大水平地丈餘熟溪橋壞

國朝順治三年四月不雨七月

大兵破婺城乃雨四年大荒斗米銀四錢　七年大水入城近溪民居水高丈餘　十二年六月不雨至八月二十九日雨三

日復旱九月二十四五六大霜三日蕎麥禾荳悉槁冬至方雨 十三年春夏大荒斗米銀三先是大凍樟木盡枯民謠云凍殺老樟飢民喪亡至是果驗

康熙十年五月不雨至九月乃雨疫癘大作 十一年四月大水熟溪橋半壞淹沒民居無算 二十一年七月彗星見於西方自朔至望始隱八月項山頭地方山忽崩飛出半里塞于山口如膝洗成深潭今民賴其水以濟禾 二十二年春淫雨小麥黃死 二十三年七月大水入城市 二十八年六月不雨至十一月乃雨民飢 二十九年冬大寒凍不解樹木盡死 三十三年三月初一日午時青天無雲天鼓鳴 三十五年三月旱至七月乃雨禾不能種種者盡槁 三十六年自五月不雨至七月始雨八月霜三日蕎麥禾荳不

賞發飢民食廒粉　三十七年八月下陽大梨白姆嶺下湯
等處蛟發洪水暴漲漂沒田屋無數居民多溺元邑南城腳
洗作深潭衝倒城垛數十餘丈熱溪橋壞　五十八年旱
六十年旱
乾隆七年旱　十三年旱　十六年大旱各士民捐輸助賑經
浙閩總督喀等奏請分別議叙　其捐銀貳百兩以上者均蒙
咨部
准予職銜外如董虞臣董虞輔何廣登周尹何廷俊董兆蒔徐宗
彝何若參邵元愷何勝千徐基王惟騄何元芳何孚惠徐志
文等共捐銀數千兩煮粥分賑司道府縣並給以樂善可風
桑梓蒙庥匾額并備書捐賑姓名懸掛鎮東廟建福庵等處
以示獎勵　二十二年火自縣前至石水缸百餘家玉堂學

士坊燬　三十九年大雨雹所壞墻屋樹木鳥雀無數芸薹二麥顆粒無收　五十五年兩木冰　五十七年大風水部司空坊壞

嘉慶五年六月二十三日大水沿溪村居盡被漂沒巖商曹堦江洪闓商陳紹遠邑人陳李瑋林德濂徐煥渭等逐日饋飯饑者藉以全活與商王治成分送男女布衣三百餘套又邑人徐仁美顧廷葵陳稷馨林德澄顧時彥徐清起何松濤顧廷蔚陳瓊林夢熊等捐貲掩埋淹斃人口上自永康界下至金華界分路督理搜尋半月餘共瘞葬貳百餘口道憲蔣以好善可嘉為善可風匾額給王治成曹堦等以獎善舉　七年旱

【光緒】永康縣志

（清）李汝爲、郭文翹修　（清）潘樹棠等纂

清光緒十八年（1892）刻本

祥異

天甸其道地扡其緒時行物生厥有常度戾乎其常斯爲異矣春秋災異必書不言事應而事應具存蓋五事之得失庶徵之休咎係焉非可委諸氣數之偶然者謹天戒而恤民隱惟歲惟月惟日各有宜深省矣一邑雖小曰旦曰明之所及不在茲乎

宋

宣和三年寇火縣治學宮民居皆燼

紹興六年秋大水

乾道五年旱

淳熙十二年大水

慶元三年螟秋九月水害稼

開禧元年夏大旱

嘉定三年大水　八年大旱　九年大水　十四年蟊螣　十五年大水

元

至元十三年火

明

正統十四年夏五月雨霜處寇焚公署民舍殆盡

成化十九年大水漂沒田廬不可勝計冬大雪一夕深

五尺　二十三年秋旱
宏治四年大旱民採蕨食之　五年大有年　八年秋九月十六夜有星如月自東南流於西北有聲如雷　十一年下市火延及布政司門城隍廟門　十三年雨雹大如卵屋瓦多碎　十八年秋九月十三日子時地震
正德三年大旱自五月不雨至于冬十月民採蕨根樹皮野菜以聊生飢死者甚衆　五年大水又旱　八年三月城東火燬民居幾盡　十年春正月大雪彌月不止三月雨雹四月又雹　十六年春正月元日

彗星見二月仁政橋火延及譙樓

嘉靖三年大旱　八年夏中市火秋七月大水城中可通舟楫　十八年大雨浹旬壞民田舍　二十四年赤氣見西方大旱餓殍相枕藉

隆慶三年秋七月蜃發水溢山阜多崩禾稼盡沒

萬歷七年春正月縣吏舍火文卷燬盡民居多火六月七月大旱　二十年大水城中可通小舟　二十六年大旱人多流離次年春發預備倉穀一十八廒賑濟　三十九年中市火　四十七年九月六日縣東五里樹頭有甘露

天啟三年上市火延燒北鎮廟五聖殿兩街燬盡 七
年夏五月乙酉地震戊子大火
崇正三年春二月庚午大雨雪麥多凍死越十日復抽
麥苗加盛 五年春正月永甯坊火 七年春正月
自巳丑雨雪至二月壬申秋七月城中水滿過膝
九年大旱斗米千錢民食白泥 十年縉雲界上獲
一人裸體被髮黑肌深目問之言語不通禁於獄月
餘而死 十六年冬東陽寇亂連陷東義浦三邑初
至永康十三都民拒之後從東路入邑城署縣事教
官趙崇訓誘而殲焉其大隊敗於金華悉伏誅 十

七年長生教煽亂知縣單世德密請捕殺之次年方
兵肆掠金華將入永康知縣朱名世築城荄道禦之
又次年田兵過邑城中男婦悉走兵屯城中一日掠
攫財帛而去夏旱斗米千錢

國朝

順治三年六月

王師下金華初選知縣劉嘉楨老成愷悌民賴以安　四
年大飢斗米千錢民食樹皮舁平鄉民阿雨產一兒
四手四足若相抱者面與腹則渾爲一　五年土寇
亂城中作木柵固守五月入仁政橋協鎮陳武力戰

寇敗走之離城十里外恐寇蟠踞凡六閱月後上司檄官兵督保甲挨都廓清投誠者隨給免死牌然後東義永數萬之寇一朝解散其渠魁皆伏誅　八年大飢斗米千錢以台鹽場廢民暫食杭鹽數年商民俱困　十一年四月癸酉雨雹大如雞卵夏秋大旱象山有熊八月東義寇從八仙坑入境火民居殆盡寇至長恬城中惶駭知縣吳元襄嚴守木柵靜以鎮之　十二年大飢米每石銀三兩民食糠粃　十三年春正月自甲申雨雪至己亥雪深五尺樹木盡枯夏秋亢旱民食草根　十八年東義寇又從八仙坑

入境東北居民悉遭焚刦後府中調兵至寇皆伏誅

康熙四年大澤民坊火諸暨劇盜嘯聚十二都梧坑連都四十里內保甲共起逐之衆駐十三都知縣李灝給牛酒勞焉　五年亢旱奉

旨蠲租　六年有年冬十一月永甯坊火　七年八年有年　九年大有年冬十二月雨雪五日高與身等　十年春雨麥爛夏秋亢旱稻生青蟲黎民疑懼不安知縣徐同倫嚴點保甲勘踏災傷隨奉

旨蠲租民掘山粉食之亦有兼食石粉者七月大澤民坊火是日鄉間火者五處　十一年春大飢知縣徐同

倫發倉米賑濟分守道梁萬禩請米平糶並捐銀買
米施粥民賴以安　十三年甲寅正月三藩糾亂六
月壬子耿逆徐尚潮陷溫處道永康丁巳兵數千突
至都人倉猝避於山僻戊午寇進據金華至道山距
府城一舍與官兵對壘者半年
大兵於十二月丙申乘霧襲破山寨殺萬餘人次年春正
月癸亥知縣徐同倫單騎回縣招集殘黎迎請
王師恢復安堵如故　十四年大有年　十五年有年
十六年二十年旱　二十一年太白晝見　二十二
年無麥　二十三年旱　二十五年春夏大水　二

十七年旱太白晝見　二十八年大有年邀
皇恩全免錢糧　二十九年三十一年旱　三十二年大
旱　三十五年三十六年旱　三十七年有年　四
十二年旱　五十三年大旱自夏五月不雨至于秋
八月　五十五年大旱　五十八年夏旱秋七月壬
午雨枯苗復青有未刈者一莖生三四穗稔竟得半
民賴不飢　六十年大旱自五月庚戌不雨歷一百
二十日民大飢爭入山採榆皮蕨根以爲活次年知
縣張發廩倡賑各鄉皆設廠煮粥以食飢民多所全
活　六十一年大有年

雍正元年旱

乾隆十年夏蝗秋瘟疫盛行民飢次年三月奉憲平糶

十三年夏五月雨潦傷禾自六月不雨至于秋冬之

泉脈盡枯竭菽麥皆不能下種次年二月始得雨民

食草木道殣相望　十六年大旱知縣楊瑛捐粟濟

飢尋得

旨賑恤民賴以生　四十一年四十二年大有年　四十

三年閏六月辛酉夜有星大如甕五色有聲　五十

一年夏蝗　五十五年冬十二月雨木冰

嘉慶元年春大寒無麥苗夏旱　五年夏六月癸卯甲

辰大雨蛟水陡發漂沒田廬近水居民溺死者無數水退知縣張吉安捐廉掩埋淹斃爲粥以食飢者通詳各憲 奏請奉
旨賑荒

附治蛟法禮記月令季夏之月命漁師伐蛟周禮秋官壺涿氏掌除水蟲夫聲罪致討之謂伐去惡務盡之謂除然欲謀攻治之方當先求伏匿之處其地霜雪不積草木不蕃鳥雀不集土色赤隱隱有氣其氣朝黄而暮黑星夜視之黑氣上沖於霄卵既成形聞雷聲自泉間漸起而上其地之色亦漸顯而明遠聞之似秋蟬鳴其出也多在夏秋之交善辨者於未起二三月前視地之色與氣掘之三五尺其卵即得大如二斛甕預以不潔之物或鐵與犬血鎮之或用利刃剖之其害遂絕又蛟畏金鼓及火山中久雨夜立高竿掛一燈可以辟之夏月田間作金鼓聲以督農則蛟不起即起而作波但疊鼓鳴鉦多發

火尤以拒之水勢必退 六年七月水 七年大旱奉

旨緩征冬十二月戊申有白氣著天如布西北行有聲讙

如雷 八年飢知縣王斯懸借領烏程歸安二縣倉

米平糶 十五年大有年 十六年彗星見大旱奉

旨緩征 二十五年大旱七月己未縣治火冬桃李華

道光二年大有年 五年春正月雨雪雷電三月戊戌

夜雨雹大風拔木 十二年夏旱秋冬潦 十三年

春夏潦蟲秋疫 十四年斗米六百錢人多食樹皮

道殣相望春夏大疫疫所染飢民爲多至有全家死

亡者六月壬戌夜嶺脚木渠雅呂等處蛟水發橋路

多漂沒知縣李汝霖捐廉修築　十五年大旱巡撫
烏　奏請奉
旨賑恤並照被災分數蠲租知縣廖重機勸捐接賑　十
七年秋早禾中禾大熟七月己亥夜雨大風庚子水
沿河晚禾豆苗木棉多被傷　十九年冬大寒雨木
冰大樹被壓皆折　二十五年冬大寒樟柑多枯死
二十六年旱自五月初旬至七月凡六十餘日不
雨　二十八年秋大風拔木禾盡偃　三十年六月
朔天狗墜東南方大數圍色白其聲如雷至地不見
咸豐元年地震山鳴　二年自六月初至十二月不雨

歲大祲邑侯湯力請賑恤得冬春二賑民賴以生并
奏
旨蠲免三分有奇　三年六月連日雨七八螟螽爲災秋
熟將穫一霎時稻禾立稿穀貴多耗歲又歉　四年
水溢塘池皆沸起高尺餘逾時乃伏　五年冬大雪
平地尺餘一夕忽暖風大作山地雪卽時盡消　八
年四月十二日粤逆由處縉寇永康六月初八遁去
是歲夏秋之交彗見西方數閱月乃沒　十一年粤
逆復由金武寇永康佔踞邑城民始附是年夏彗見
斗旁

同治元年四月攻勦城賊不勝殺掠無算六月武平等鄉大雨雹塡滿山谷六七日不消　二年正月寇聞官軍卽逼民大饑夏秋疫染者多死奉
旨蠲免荒墾地丁錢糧　三年旱四鄉多獸噬人是年又蠲免民租　五年六月地震　六年至七八年大有年　十年春夏潦　十一年十二年歲大熟
光緒元年春水潦　四年春夏水潦　五六年大有年　七年大雨雹昇平義和錦綉屋瓦皆裂稻穀盡壞奉
旨蠲緩錢糧　十五年無麥七月孝義鄉蛟水爲害田地

沙石堆積橋梁亭閣漂沒無數

咸同間寇亂紀略

道光季年粵匪構亂始事金田諸偽號有曰天王洪秀全東王楊秀清及蕭朝貴石達開李世賢等皆偽稱王號合謀爲逆覬覦各省楚南北與江右先受其殃至咸豐三年金陵失守賊踞爲巢寇勢愈猖流燹幾徧八年三月偽翼王石達開陷處郡四月十二分遣偽帥憲天燕及偽軍政司程姓者襲永康假招安爲名強設各鄉軍師旅帥刻剝民財誅求無厭幸郡城固守賊不能安六月初八日遁去是歲城居之民雖被騷擾一空而四鄉尚未甚罹害至十

一年辛酉四月僞侍王李世賢出江西路陷金華尋又分股陷處州五月十八日遂由縉雲入永康時各鄉民團防守盡力故賊亦時至時退蹤跡不常至八月僞帥蕭大富領賊數萬來踞縣城亦假安民之術於各鄉要路多設賊卡號召鄉官設立門牌多方嚇詐而城中賊夥及他郡賊之往來經吾邑者四散分掠無處不到計邑中惟孝義一鄉地險人和賊不能至外則方巖及經塵山賊亦不能上焚燒殺戮慘莫名言十鄉雖密有民團苦於賊衆蟻聚蜂屯勢難措手越次年壬戌同治御極元年也四月初武平鄉團民憤不能忍遂率衆突至石柱將守卡賊十數人盡行誅戮次日城中賊疑官軍近下

令各鄉卡賊盡撤回城十二日僞帥蕭大富親領賊黨數百自行出城望南來偵軍民消息不聞是日四鄉民團已多伏於雷金嶺山曲伺賊過嶺一聲炮響四面伏勇喊聲齊起奮力誅擊賊多殺傷時蕭賊在馬上魂飛魄落勢莫云何亟於懷中出洋百數十元望空亂撒計圖脫身卻被勇中壯悍者奔至馬後以刀斫倒於地隨即挫作數段餘賊飛奔回城閉門固守是日誅賊魁蕭大富殺賊黨百數十人奪馬四匹自是人心一快民團氣奮約日齊集邑城攻打賊巢十四日團勇畢至紮圍甚密城中賊大駭至十六日賊開門出圍勇迎擊之傷賊數人旋退入城十七日

賊復出勇又迎擊之戰方合不防金武賊黨數萬來援突從桐琴路殺至是時吾民腹背受敵正欲分路擊之奈中怯者已望先驚潰勢莫能止遂至四散奔竄賊乘勢追擊各路被傷者無算嗣是賊連日四出大縱擄掠窮兇極惡莫可名狀鄉民惟有各據山險多取巖石以與賊抗賊至援石壓之賊屢有被傷者餘賊亦多卻而走踰月後賊復出示招集僞曰安民而害虐如故四鄉民之罹難者兩夕霜晨幾無暇刻東奔西竄迄莫甯居最痛者寒迫饑驅坐甃山之南北尤憐者妻離子別未知人否存亡嗚呼慘矣幸癸亥正月左文襄蔣果敏大軍克復衢之龍游壽昌

暨金華蘭谿等處吾邑賊亦於是月十三日自遁民始得蘇息焉然計數載以來闔邑之衆已損十之七所餘者又是飢民房屋幾燬五之三獲免者亦祇破屋村墟寥落鳴吠無聞粒米珠珍炊煙罕舉所賴　皇朝體卹深仁撫綏厚澤蠲民之賦除民之租貸民以耕給民以種吾民乃猶得有孑遺耳嗚呼亂離之慘如此茲特爲紀其略亦欲後之人知未亂不可無防亂之思臨亂須亟籌禦亂之策庶幾能免於亂而亂可不及矣乎　按壬戌勇潰後邑民猶多獲餘生者亦亟賴王明經藻江濟綫調停之力故當時私諡之曰甯愚先生可謂允當云